피터와 샘을 위하여

케빈과 펠릭스를 위하여

KB058164

찰스 제임스의 드레스를 입은 찰스 제임스 부인, 1948년경. 세실 비턴 사진.

20세기 패션
20TH CENTURY FASHION

밸러리 멘데스 · 에이미 드 라 헤이 지음
김정은 옮김

도판 280점, 원색 66점

SIGONGART

시공아트 036

20세기 패션
20th Century Fashion

2003년 4월 25일 초판 1쇄 발행
2016년 1월 11일 초판 7쇄 발행

지은이 | 밸러리 멘데스 · 에이미 드 라 헤이
옮긴이 | 김정은
발행인 | 이원주

발행처 (주)시공사
출판등록 1989년 5월 10일(제3-248호)

주소 | 서울시 서초구 사임당로 82(우편번호 137-879)
전화 | 편집(02)2046-2844 · 마케팅(02)2046-2800
팩스 | 편집(02)585-1755 · 마케팅(02)588-0835
홈페이지 www.sigongart.com

ISBN 978-89-527-3016-9 04590
ISBN 978-89-527-0120-6 (세트)

책값은 뒤표지에 있습니다.
파본이나 잘못된 책은 구입하신 서점에서 교환해 드립니다.

차례

머리말

의식용 의상과 직업 의상, 민족 의상과 달리 패션은 그 수명이 매우 짧다. 20세기에는 패션계가 1년에 두 차례 열리는 가을/겨울, 봄/여름 컬렉션의 스케줄에 따라 움직이게 되었으며, 시즌 중간 컬렉션과 스페셜티 라인을 추가하면서 확장되었다. 이 시기는 최고의 디자이너가 각 고객의 주문에 따라 의상을 수공으로 맞춤제작하는 오트쿠튀르식 생산에서 좀더 저렴한 디자인으로의 변화, 즉 한정 생산되는 확장 라인과 신속하게 제조되는 기성복 패션으로 크게 전환되었다.

실용성보다는 새로운 스타일에 대한 열망 때문에 폐기되는 패션의 고유한 속성에 소비자와 이론가 모두 주목하고 있다. 패션은 끊임없이 변화를 거듭해서 지속적인 가치를 갖지 못하기 때문에 자본주의가 조작한 경박한 미적 현상이라는 조롱과 비난을 받아왔다. 이미 1899년 『유한계급론 *The Theory of the Leasure Class*』에서 소스타인 베블런이 지적했던 패션의 '과시적 소비' 특성은 1900년의 사치스런 의상뿐만 아니라 한 세기 후의 디자이너 로고로 장식한 '날 좀 보세요' 의상에도 적용되고 있다.

패션은 여러 전문 분야에 걸친 중요성 때문에 점점 더 학계의 관심을 끌고 있으며, 인정 받고 있다. 따라서 복식사가뿐만 아니라 심리학자, 인류학자, 경제학자, 철학자, 사회학자, 연극과 영화 디자이너 등이 연구를 통해 패션에 학문적인 정당성을 부여하고 있다. 문화사학자와 기호학자들의 적극적인 주장으로 초등학교에서부터 대학교까지 모든 교육 과정에 패션 관련 교과 과목이 증설되었다. 다른 예술 분야는 자세한 문헌 자료가 부족한 반면에 다양한 패션 관련 문헌은 현재 빠르게 증가하고 있으며, 이것은 크게 패션 이론과 복식사 그리고 의상학 관련 문헌으로 구분된다. 제2차 세계대전 이후 신문과 TV의 패션 관련 보도가 늘어나고 시대물 영화와 의상 전시회가 증가하자 외모에 대한 관심이 커졌으며, 이는 역사적인 의상 양식뿐만 아니라 최신 패션에 폭발적인 관심을 불러일으키게 했다. 이와 같은 역사적 의상은 유럽과 북미의 생활 문화를 드러내주므로, 문화 유산의 복원 작업에 있어서도 중요한 역할을 할 것으로 기대하고 있다.

패션의 인기는 일반 대중들이 쉽게 접근할 수 있다는 데에서 비롯한다. 모든 사람이 옷을 입고 치장하는 과정에 참여해 그 기쁨과 고통을 경험하며, 전문가건 아니건 간에 자신 있게 패션에 대해 이야기한다. 패션은 명백한 사실에 따라 해석되기도 하지만 개개인의 입장에 따라 해석될 수도 있다. 20세기 의상 컬렉션을 분석하는 박물관의 큐레이터, 심리학자, 경제사학자는 당연히 의복의 역사, 의복의 의미 또는 의복 구성에 대한 각기 다른 측면을 강조할 것이다. 20세기 말에는 연구자들이 다양한 시각을 공유하게 되면서 학술 포럼의 범위가 확장되고 있다. 디자이너들이 웹사이트를 구축하고 패션쇼를 담은 CD-ROM을 제작하면서 배타적이었던 엘리트 패션의 세계에 쉽게 접근할 수 있게 되었다.

패션 업계는 새로움에 대한 끊임없는 요구와 복잡한 내재적인 요소, 그리고 외부의 요구에 의해 빠르게 변화해왔기 때문에 디자이너들은 멈춰 서서 자신의 역사를 기록할 여유가 없었다. 그들의 시즌별 컬렉션은 소매상들에게 유통되었고, 샘플은 스튜디오에서 판매되었으며, 보도자료 외에는 기록물이 거의 남지 않게 되었다. 그러나 이러한 현상은 부분적으로는 복고 경향의 여파와 점점 더 증가하는 저작권 분쟁에 대처할 증거를 확보하기 위해 변하고 있다. 마들렌 비오네는 자신의 권리를 보호하기 위해 소소한 사진 자료와 실제 제작물까지 간직했던 예외적인 디자이너였다. 전통 있는 회사들은 과거를 통한 미래의 이미지 창조를 위해 아무리 사소한 것일지라도 현존하는 기록들을 소중히 하게 되었다. 디자이너와 의류 회사들은 이제 예전의 컬렉션에 나왔던 의상들을 입수해 자사의 역사를 만들어가고 있는데, 그중 많은 의상들은 1960년대에 세계적인 경매업체의 주도로 시작되어 성장한 20세기 패션 경매를 통해 입수되었다. 쏟아져 나오는 복식 관련 논저와 디자이너들의 전기 출판으로 자료를 얻을 수 있게 되었지만, 전기는 미사여구로 포장되어 있는 경우도 종종 있다.

1980년대 중반부터는 주도적인 위치를 점하고 방문객 수를 늘리려고 고심하던 미술관들이 패션의 인기를 끌어들이면서, 전쟁과 순수 미술을 주로 전시했던 기관들조차 주요 패션전을 개최하기 시작했다. 마찬가지로 카펫부터 자동차까지 다양한 상품시장에서 패션의 잠재력을 깨달은 제조업체들 역시 패션을 받아들이기 시작했다. 특히 인테리어 디자인 잡지를 비롯한 전문 잡지들이 영역을 넓혀 패션 기사를 싣고 있다. 학문적, 상업적 관심이 실험적인 디자인과 진보적인 패션 간행물을 판매하는 몇 개의 전위적인 부티크에 집중되고 있다.

패션은 개인, 집단 그리고 성적 정체성을 나타내는 지표이며 더 나아가 패션의 흐름은 사회 기반의 변화를 반영한다. 예를 들어 20세기 초반 패션이 엄격한 사회 계급의 계층화와 의례를 드러내는 반면, 그로부터 60년 후의 패션은 사회 계층의 붕괴와 젊은이들의 승리를 나타냈다. 지난 세월 동안 패션은 하이패션의 주도에서, 디자이너 브랜드의 의상에 시대 의상이나 민속 의상은 물론 변화가의 싸구려 의상까지도 적절히 매치해 입는 '무엇이든 가능한' 형태로 변화했다. 젊은이들의 하위문화는 유행을 거스르는 독특한 모습으로 등장했지만 역설적으로 전세계 패션 스타일에 막강한 영향력을 행사하게 되었다.

『20세기 패션』은 통신, 여행, 제조업이 격변하면서 빠르게 변동한 20세기 서구 패션의 변화상을 스타일과 의복에 주요한 영향을 끼친 모든 요인들을 통해 설명한다. 1900년대 초반 파리 쿠튀르의 진귀한 분위기부터 1990년대 인터넷을 통한 즉각적이고 전세계적인 영향력의 파급까지도 다루고 있다. 파리의 최고 디자이너들, 그중에서도 특히 워스 의상실이 어떻게 19세기 쿠튀리에의 업적 위에서 성공하게 되었고, 1968년 설립된 막강한 파리 의상조합의 후원을 받아 위치를 확고히 했으며, 20세기 후반 하이패션의 중심지라는 주도권을 성공적으로 사수하였는지 그 과정을 보여준다. 여전히 패션의 중심지로 남아 있는 파리는 물론, 자국의 특성과 국제적인 룩의 조화를 강조하는 미국, 이탈리아, 영국, 그리고 그 후에 등장한 일본 디자이너들의 발전과 성장도 고찰했다. 1999년 언론은 21

세기 세계적인 패션 산업의 출현을 예고하는 "지구촌 패션"이란 용어를 만들어냈다.

　이 책은 다양한 해석 방법을 적용했지만 주로 20세기 패션의 변화를 가져온 중요한 사건들에 초점을 맞추어 연대순으로 구성했다. 세계적 변화와 각 연대의 혁신적인 디자이너들의 뛰어난 의상에 초점을 맞추었다. 사회경제적, 정치적, 문화적인 배경에 대한 설명과 함께 흥미롭고 때로는 혁신적인 패션의 발전을 다루었다. 각 장들은 10년 단위로 나누는 인위적인 구분에서 탈피해 스타일상의 주요 변화와 세계적인 사건들 중심으로 구성되었다.

　이 책은 세세한 분석과 사례를 생략한 간결한 연구서이긴 하지만, 방대한 참고도서 목록을 제시함으로써 심도 있는 연구를 향한 길을 열어놓았다. 유명 디자이너들의 주요 업적을 제시하고 패션 중심지의 윤곽을 그리고 있으며, 많이 알려지지 않은 재능 있는 디자이너들의 의상들도 살폈다. 특히 대량생산과 하위문화 스타일의 의미를 중요하게 다루었으며, 하이패션과의 관계도 논했다. 모든 디자이너들이 증명하듯, 옷감은 그들의 예술에서 기본이다. 따라서 하이패션에서 사용된 특수한 소재와 섬유공학자들이 발명한 20세기의 영향력 있는 '인조 섬유'도 비중 있게 다루었다.

　이 책이 지난 100년간의 패션을 빠짐 없이 소개함으로써 패션 분야에서 좀더 깊은 연구를 향한 촉매 역할을 했으면 한다.

1장____ 1900-1913
변화와 이국취미

1 1903년 프랑스 도빌의 해변 휴양지에서 아름다운 여름옷을 입고 있는 상류사회 사람들. 트레인이 달린 스커트와 하이넥의 비둘기 앞가슴 같은 상의로 이루어진 화려하게 장식한 연한 색상의 드레스는 이 시기의 전형적인 하이패션이었다. 깃털이나 조화로 장식한 모자와 긴 손잡이가 달린 파라솔, 조그만 핸드백과 새끼염소가죽 장갑 등 고가의 액세서리로 앙상블을 마무리했다. 훌륭하게 제작한 모닝 코트를 입고 앞코가 아몬드 모양인 신발과 밀짚모자를 쓰고 있는 우아한 남성은 마티외 드 노아유 백작 (Count Mathieu de Noailles)이다.

'벨 에포크(La Belle Epoque)'와 '풍요의 시대(The Age of Opulence)', 그리고 '에드워드 시대(The Edwardian Era)'는 1900년부터 1914년까지의 기간을 일컫는 친숙한 명칭이다. 이러한 명칭은 우아하게 차려입은 상류층이 비아리츠를 거닐거나, 런던의 로튼 로에서 승마를 하거나, 뉴욕 메트로폴리탄의 오페라에 도취해 있거나, 라이트 섬에서 요트를 즐기는 등 한가로이 여가를 즐기는 모습을 연상케 한다도1. 기득권층이나 '신흥 부자'들은 사치스런 생활 방식, 특히 여성의 호화로운 의상으로 부를 과시했다. 정상적인 의상에서 벗어나면 사회적인 조롱을 감수해야 했기 때문에 엄격하게 패션의 규율을 지켰다. 지위와 계층, 나이는 의상을 통해 명백히 드러났다. 1900년대 초반의 여성 패션에는 19세기 후반 스타일의 자취가 아직 남아 있었다. 1907년부터 조금씩 변화의 조짐을 보이기 시작했지만 1908, 1909년 폴 푸아레(Paul Poiret)의 디자인과 디아길레프(Sergey Diaghilev)의 발레 뤼스(Ballets Russes)가 출현하면서 비로소 패션의 방향이 전환되었다. 전통과 절제의 가치를 중시하고, 엄격한 의복 규율을 준수한 남성복은 여성복처럼 심한 변화를 겪지 않았다.

스타일을 의식하는 전세계 부유한 도시인들에게 파리는 여전히 하이패션의 중심지였다. "파리" 상표는 뛰어난 패션 감각을 지닌 상류층임을 인정하는 보증서와 같았다. 페(Paix) 거리의 고급 의상이 너무 비싸다면 유사한 모방 제품으로 만족했다. 디자이너와 의류 판매업자들은 널리 홍보되는 유명 쿠튀르의 화려한 의상에 영향을 받았다. 새로운 세기의 상서로운 출발이었던 1900년 파리 국제박람회는 파리 디자이너들의 우수성을 세계만방에 과시했다도2. 여성과 어린이 의상조합(Chambre Syndicale de la Confection pour Dames et Enfants)은 20명의 주요 쿠튀르의 의상을 전시하는《쿠튀르 컬렉션 Les Toilelles de la Collectivité de la Couture》을 열었다. 의

2 1900년 파리 국제박람회에서
〈화실로 가다 Going to the Drawing
Room〉라는 제목의 워스의 정교한
디스플레이. 밀납으로 정성스럽게
제작해 마치 실물 같은 진열창의
마네킹은 미혼 여성의 앙상블에서
궁정의 공식행사용 드레스까지
디자이너의 가장 아름다운 의상을
입고 있다.

상조합 회장은 전세계 패션에 영향을 미치는 파리 패션 산업의 활
력과 중요성을 알리고자 한다는 취지를 밝혔다. 전시회는 구슬, 시
퀸, 자수, 레이스, 조화와 풍성한 뤼시(ruches, 목 주위에 트리밍으로
사용한 정교한 프릴이나 레이스 장식—옮긴이, 이하 *)으로 화려하게 장식
한 의상들로 구성되어 주목을 받았다.

　　1900년대 초반 유행을 따르는 여성들은 옷차림을 완성하는 겉
옷 밑에 속옷을 여러 겹 입었다. 옷을 입고 벗는 일은 하녀의 도움
을 받아야만 하는 장시간의 힘든 노동이었다. 맨 먼저 정교한 수와
레이스로 장식하고 가는 끈으로 조이게 만든, 촘촘하게 직조된 흰
색 면 슈미즈(chemis, 어깨에서 늘어뜨려 엉덩이를 가릴 정도 길이의 여
성용 속옷*)와 드로어즈(drawers, 반바지 풍으로 된 헐렁한 내의*), 혹은
둘을 합친 형태의 속옷을 입었다. 다음으로는 형태를 잡아주는 데
제일 중요한 코르셋을 입었는데, 착용자의 행동을 조절해주고 겉옷
의 선도 살려주었다. 여성들은 코르셋의 불편함을 토로했으며, 의
사를 비롯한 의상개량주의자들은 이러한 옷이 뼈와 내장 기관에 미
치는 나쁜 영향에 대해서 비판했다. 건강을 위한 예술적인 의상 조

WEINGARTEN BROS.

AMERICA'S Leading *Erect Form* & *La Vida* CORSETS

3 1900년대 초를 특징짓는 S자형 실루엣은 단단한 코르셋으로 만들어졌다. 이 광고에 등장하는 미국산 코르셋은 급격한 곡선과 커다란 가슴을 강조하기 위해 옆모습을 보여주고 있다. 너무 외설스럽게 보이지 않도록 세 명의 인물 주위에 얇은 천을 드리웠다.

합(Heathy and Artistic Dress Union)의 계간지 『드레스 리뷰 *Dress Review*』 같은 간행물들이 독자들에게 코르셋을 입지 말고 좀더 편안한 가슴 거들의 착용을 권했다. 그러나 유행을 따르기 위해 여성들은 기꺼이 고통을 감수했다.

1850년대에 시작하여 20세기 초에 마감된 의상개량 운동은 주류 패션에 영향을 미치지 못했다. 코르셋 제조는 수익이 큰 사업이었으므로, 숙련된 코르셋 제작자들이 많이 필요했다. 코르셋이 여성의 몸매를 훨씬 매력적으로 보이게 한다는 것은 이 시기의 일러스트레이션에 나타나 있다. 두꺼운 쿠틸(coutil, 두꺼운 면 트윌 천*)로 만든 코르셋, 갈비뼈를 감싸는 보강틀 안에 쇠나 고래 뼈대를 여러 개 넣은 코르셋, 튼튼한 징과 고리로 여미고 앞판 중앙에 강철 버팀 살대가 있는 견고한 코르셋 등 현존하는 자료들이 잔인했던 당시의 현실을 보여주고 있다. 견고성과 지속성을 위해 안감을 댄 밝은 색 새틴 코르셋이 가장 고가의 멋진 제품이었다. 날씬하게 보이기 위해 보통 등의 중앙을 따라 낸 아일릿(eyelit) 구멍에 끈을 끼워 꽉 조였다. 앞은 꼿꼿하며 가느다란 허리와 현저하게 돌출한 처

4 이브닝 스타킹은 매우 장식적인 것이 많았다. 1900년 파리 국제박람회에서 뱀 모양으로 시퀸을 단 스타킹이 선보인 후 특히 다리를 타고 올라가는 뱀 모티프가 인기를 끌었다 (왼쪽에서 두 번째). 이 스타킹들은 1903년 무렵 프랑스 제품이다.

진 가슴, 그리고 이와 균형을 이루는 둥근 힙으로 이루어진 S자형의 곡선을 인위적으로 만들기 위해 다양한 길이의 코르셋이 생산되었다도3. 1880년대 후반부터 코르셋에는 대부분 가터를 대신해 긴 고무 서스펜더나 스타킹 고정대를 달았다. 드레스와 잘 어울리는 다양한 종류의 스타킹을 고정하기 위해서였다. 데이웨어나 스포츠웨어에는 면, 울, 레이스 실로 만든 문양이 없는 스타킹 혹은 자수가 은은하게 놓여있거나 줄무늬가 있는 스타킹을 신었다. 우아한 여성은 이브닝용으로 호화롭고 정교한 레이스와 자수로 장식한 프랑스제 실크 스타킹을 신었다. 다리를 감고 올라오는 뱀을 아플리케한 과감한 스타킹도 있었다도4. 긴 스커트 자락이 올라가면서 발과 발목이 아찔하게 드러나곤 했기 때문에 스타킹의 아랫부분에는 예쁜 장식을 했다.

코르셋으로 조여 풍만한 곡선을 만들고 그 위에 우아한 코르셋 커버를 두르는 일은 하녀들이 매일 여주인의 의상 착용을 도울 때 맨 먼저 해야 할 일이었다. 수많은 회고록과 자서전, 그리고 사회사와 경제사에 관한 자료를 통해 공작 부인에서 화류계 여성에 이르기까지 서구 사회의 패션 선구자들의 옷차림과 생애에 관한 정보를 얻을 수 있다. 소니아 케펄의 『에드워드 시대의 딸 *Edwardian Daughter*』, 어슐러 블룸의 『우아한 에드워드 시대의 사람들 *The Elegant Edwadian*』, 콘수엘로 밴더빌트 발산의 『반짝이는 것과 금 *The Glitter and the Gold*』은 쾌락을 추구하던 에드워드 7세의 궁정을 둘러싼 상류사회와 매년 열리는 런던 시즌의 행사에 참석한 상류사회 사람들의 의상에 대한 귀중한 자료를 제공하고 있다. 5월 초에 시작해서 7월 말까지 지속되는 런던 시즌은 애스컷 경마대회부터 이튼 학교와 해로 학교의 크리켓 시합까지 주요한 공공 행사뿐만 아니라 런던의 명문가에서 열리는 다양한 사적인 행사로 이루어져 있었다. 런던 축제가 끝나면 귀족들은 여름 휴가차 외국으로 떠났다. 유럽의 다른 도시들과 궁정들도 행사를 개최했는데, 모든 행사에는 적절한 옷차림이 필수였다. 미국에는 영향력 있는 인사를 기록한 사교계 명사 인명록이 있었으나, 1890년대에 애스터(Astor) 여사가 "400인"이라고 알려진 좀더 엄선된 뉴욕 상류사회 인명록을 만들었다. 귀부인에서 창녀까지 부유층 여성들은 사교 행사에 어울리는 적절한 옷차림을 위해 막대한 양의 옷을 소유해야 했다. 장갑, 모피, 부채와 앞코가 아몬드처럼 생긴 신발 등 다양한 액세서리가 각각의 차림을 적절히 장식했다도5 . 길고 날씬한 우산이나 파

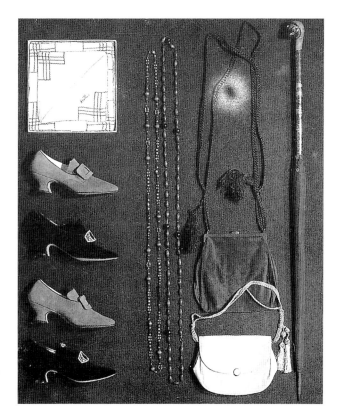

5 1908년에서 1914년까지의 액세서리. 루이스 힐에 허가죽이 높이 올라오고 앞코가 아몬드 모양의 신발과 긴 손잡이가 달린 백, 그리고 긴 구슬 목걸이와 모노그램 문양의 손수건.

MLLE MAROUSSIA DESTRELLES DU THEATRE DU VAUDEVILLE

6 화장품이 저속하다고 생각되었기 때문에 제조업체들은 광고에 주의를 기울였다. 때때로 상품을 광고하기 위해 여배우를 기용했다. 이 광고에서 제조업체 젤레(Gellé)는 파리 보드빌 극장의 마루시아 데스트렐레의 이름을 빌렸다.

7 머리숱이 적은 여성이 풍성한 올린 머리를 할 수 있도록 고안된 제품. 파리의 헤어드레서 마리우스 앙은 깊고 풍성한 웨이브를 만들 수 있는 가발을 만들었다. 그는 대머리나 나이 든 여성을 위한 흰색이나 회색 가발도 판매했다. 1905년 『페미나 Femina』 지에서 발췌.

Marius Heng

ses postiches

33. Rue Bergère

Pour avoir de beaux che-
veux, il faut les bien soigner
et pour ne les point casser en
les ondulant, se coiffer avec
les postiches de la Maison

Marius Heng

Marius Heng

fait, pour dame chauve
âgée, des modèles spéci-
en cheveux blancs ou gris
toute beauté, et à des p
défiant toute concurren

Marius
Heng
33, Rue Bergère, 33

✠ ✠ Envoie franco ✠ ✠
Catalogue sur Demande
TÉLÉPHONE 110-73

8 1911년 10월호 『모드』 지에 실린 개불알꽃 추출 파우더가 피부를 개선하고 영양을 공급한다는 광고. 뛰어난 효과를 특히 강조하고 있다.

라솔, 혹은 지팡이가 마무리로 사용되곤 했다.

제1차 세계대전 이후에 비하면 화장품 산업의 규모는 작았지만, 아름다움에 대한 요구를 충족시키기 위해 점차 화장품과 향수가 중요해졌다. 당시에는 저속하다고 여겨졌음에도 불구하고 여성들은 내실에서 조금씩 솜씨 있게 화장을 했다도6, 8 . 20세기에 들어서면서 작은 책처럼 생긴 종이 파우더가 나왔다. 파우더 한 장을 얼굴에다 문지르면 점과 결점을 감출 수 있었다. 털과 점을 제거하고 모공을 줄이기 위해 전기분해법을 사용했다. 자연스럽고 건강한 피부색과 피부 관리도 강조되었다. 비첨(Beecham)과 웰턴(Whelpton) 같은 정화제가 창백한 뺨을 건강한 홍조로 바꿔준다고 광고했다. 많은 여성들은 핑크빛이 돌게 하기 위해 뺨을 꼬집고 입술을 깨물었으며 좀더 대담한 여성들은 효과가 빠른, 색이 나는 입술 연고나 루즈를 발랐다. 1900년대에는 모스 로즈(Moss Rose), 라벤더(Lavender), 메이 블러섬(May Blossom)과 뉴 모운 헤이(New Mown Hay) 등 시골 정원의 향이 나는 은은한 향수가 인기 있었다. 반면에 인도 꽃에서 추출한 펄나나(Phul-Nana) 같은 이국적인 느낌의 자극적인 향수도 있었다.

우아한 머리 손질은 여전히 여성들의 즐거움이었다. 여성들은 18세 이전에는 머리를 길게 늘어뜨리다가 18세가 되면 유행하는

9 1910년 파리 레드페른의 모피 살롱.
오트쿠튀르 고객이 우아한 분위기
속에서 자유롭게 행동하고 있다.
이 사진에는 망토의 가장자리에 흰
담비털로 트리밍 작업을 하고 있는
모습, 의상실 모델이 모피 스톨(stole)을
걸치고 있는 모습과 레이스로 장식한
흰 담비 액세서리를 살펴보고 있는
고객의 모습 등이 세심하게 포착되어
있다.

넓고 풍성한 스타일로 휘감아 올렸다. 머리숱이 적은 여성들은 가발이나 "래트(rat, 소시지 모양의 롤 또는 머리 속에 넣은 펠트˚)"라고 알려진 패드를 사용해서 볼륨을 살렸으며, 헤어핀과 빗으로 고정했다. 컬을 만드는 젓가락으로 일시적으로 머리를 높게 유지하기도 했다. 그러나 1906년 샤를 네슬레(Charles Nestlé)는 패드나 가발 없이도 부풀린 스타일을 할 수 있는 영구 웨이브 만드는 방법을 소개했는데 이것은 시간이 많이 소요되었다도7. 탈모 등 모발에 문제가 있는 남성과 여성들은 토닉이나 탁월한 효과를 선전하는 아를렌(Harlene) 같은 발모제를 발랐다. 남녀가 함께 사용할 수 있는 다양

SALON DE FOURRURES

REDFERN

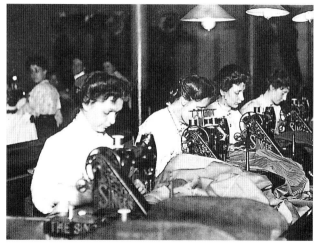

10 이 1909년 사진에는 패션계의 어두운 측면이 담겨 있다. 희미한 불빛 아래 봉제공들이 장시간 재봉틀에 엎드려 작업하고 있다.

한 머리 염색제와 머리를 세지 않게 하는 약품을 광고했다.

패션의 최상층은 엄선된 고객을 상대로 하는 그랑쿠튀리에 (grands couturiers, 대의상점)의 의상을 입었다도9. 작은 규모의 드레스 제조업자들은 백화점에서 판매하는 최신 유행 기성복의 고객이기도 하던 중산층의 수요를 담당했다. 많은 사람들이 우편주문의 혜택을 입었다. 이브닝 가운을 만들기 위해서는 많은 양의 옷감과 아름다운 장식이 필요했지만, 값싼 종이 옷본과 재봉틀 덕에 집에서 경제적으로 옷을 만들 수 있었다. 가난하고 혜택을 받지 못한 사람들은 옷가지를 중고 시장에서 구입하거나 남에게 물려받는 등 새 옷을 거의 사지 않았다. 상류사회의 전통주의자들은 계층을 유지하고자 했으므로 하녀가 여주인의 옷을 모방하지 못하게 했다. 신분에 맞는 옷차림이 되도록 하녀의 의상을 검은색 드레스, 캡, 에이프런으로 제한했다.

19세기 말, 20세기 초 기성복이 비약적으로 성장할 수 있었던 것은 규제를 받지 않았던 '노동착취 산업' 덕분이었다. 고급 의류 제조업자들이 값싼 노동력을 의류 제조에 활용했던 것이다. 영국 제조업자들은 남성복·여성복 제조를 위해 외부 노동자들을 하청이나 혹은 계절 단위로 고용했는데, 이러한 임시 고용으로는 최저수준의 생활을 유지하기 위한 돈도 벌기 힘들었다. 비슷한 상황이 이미 대부분의 유럽 도시들에도 나타났으며, 미국 산업계를 지탱했다. 이러한 노동 착취에 대한 저항 운동이 점차로 추진력을 얻어갔다. 1906년 런던 퀸즈 홀에서 《데일리 뉴스 노동착취 산업전 *The Daily News Sweated Industries Exhibition*》이 열렸으며 베를린에서도 이와 유사한 전시회가 1904년과 1906년 1월에 잇달아 열렸다. 삽화를 곁들인 카탈로그의 초판 5,000부가 열흘 만에 모두 팔려나갔다. 여기에는 비참한 생활 조건, 건강 악화, 장시간 노동에 시달리는 옥외 노동자들을 잠자리가 부족해 자신이 만들고 있는 숄을 덮고 자는 노동자의 이야기와 함께 자세하게 소개했다. 숄에 술을 다는 한 노동자는 4명의 아이가 있는 과부로서 방 두 칸에서 살고 있으며, 1주일에 5실링을 벌기 위해 하루 평균 17시간을 일한다고 했다. 커다란 숄 하나를 만들기 위해서는 숄을 두 바퀴 돌아 15미터에 달하는 길이에 프린지(fringe, 술 장식*)를 달고 매듭을 엮어야 했는데, 그 대가로 10펜스를 받았다. 영양실조에, 병을 앓고 있는 외부 노동자들은 그들이 만드는 옷을 통해 전염병을 전파시키기도 했다. 이미 여러 해 전부터 개량주의자들과 무역조합이 노동보호법 제정을 강력히 주장했지만, 이 전시회가 '노동 착취'의 죄악을 대중들에게 알리려는 목적을 훨씬 빠르게 달성했다.

최신 유행을 동경하는 사람들은 여성 잡지를 통해 최신 경향을 알 수 있었다. 프랑스에는 파리 무역과 리옹의 고급 텍스타일 산업을 옹호하는 세련된 패션 언론이 발전했다. 19세기 말 사진이 발달하자 신문은 전통적인 선묘 패션화를 재빨리 사진으로 대체했다. 『모드 *Les Modes*』지는 선명한 사진 도판을 실어 사진 인쇄의 길을 개척하였다. 패션만을 다루는 잡지들도 많이 생겨났다. 『레이디스 렐름 *Lady's Realm*』 같은 잡지들은 여성의 모든 관심 영역을 다루었는데, 항상 그림을 곁들인 패션 기사를 실었다. 파리의 새롭고 혁신적인 패션을 다루는 기사는 "최신 파리 모델" 등 자극적인 문구로 소개되었다. 신문 역시 독자들에게 패션 소식을 전했다. 1900년 『뉴욕 헤럴드 *New York Herald*』의 파리 판은 패션 전문 주간지를 창간했으며, 런던에서는 『이브닝 스탠더드 앤드 세인트 제임스 가제트 *Evening Standard and St James Gazette*』가 베시 에이스커프 (Bessie Ayscough)의 패션 드로잉을 인쇄했다.

19세기에 유럽과 미국에서 생겨나기 시작한 백화점이 성공을 거두었다. 이 거대 상점들은 패션에 막대한 영향을 미쳤다도12. 대부분의 백화점은 기성복 코너뿐만 아니라 드레스와 슈트를 만드는

11 1900년대 초 엽서에 수많은 여배우와 미인들이 등장하면서 엽서가 최신 패션을 홍보하는 역할을 했다. 여배우 앨리스 러슨이 1906년 엽서에서 여름용 얇은 가운을 입고 요염한 포즈를 취하고 있다.

12 런던의 해러즈 백화점 외부 모습. 1909년에는 1900년대 초의 과장된 곡선이 화려하게 장식한 커다란 모자와 길고 직선적인 실루엣으로 대체되었다. 말쑥한 도시 남성들은 모닝 코트와 프록 코트에 톱 해트를 쓰거나, 점차 보편화되는 격식이 완화된 라운지 수트에 볼러를 쓰고 있다.

13 좁은 작업장 안에서 모자 제조공들이 타조털로 모자를 장식하고 있다. 1910년 파리.

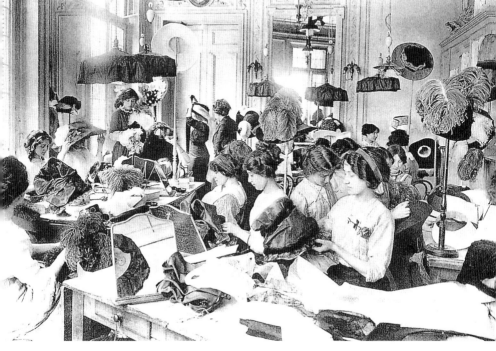

14 20세기 초 가장 부유하고 유명한 신대륙의 상속녀로서 영국 귀족과 결혼한 말버러 공작 부인, (미국인 상속녀 콘수엘로 밴더빌트). 공작 부인의 미모에 매료된 화가 폴 엘뢰는 1900년대 초 그를 모델로 한 많은 그림을 그렸다.

15 1904년 런던 무대에서 '기브슨 걸' 역을 맡은 여배우 카밀 클리퍼드. 그의 둥근 모래시계형 실루엣은 사발 모양의 깃털 장식 모자와 커다란 타조 깃털 부채, 휘감기는 트레인에도 나타나 있다.

자체 제작실을 갖추고 있었다. 해러즈(Harrods), 스완 앤드 애드거 (Swan & Edgar), 데번엄 앤드 프리보디(Debenham & Freebody), 그리고 1909년부터 셀프리지스(Selfridges)가 런던의 소비자들에게 좋은 서비스를 제공했다. 거대한 셀프리지스 백화점은 미국 태생의 사업가 고든 셀프리지가 옥스퍼드 거리에 세웠다. 파리에는 갈르리 라파예트(Galeries Lafayette), 오 프랭탕(Au Primptemps), 라 사마리텐(La Samaritaine) 등의 백화점이 있었다. 미국에는 버그도프 굿먼(Bergdorf Goodman), 헨리 벤델(Henri Bendel), 1907년 설립된 니먼 마커스(Neiman Marcus)가 있었다. 대부분의 백화점들은 상품이 마음에 들면 구매하라는 조건으로 우편주문 카탈로그와 액세서리를 제작했다.

이 시기의 유행 스타일은 엽서와 담배 카드를 통해 전파되었다 도11. 이것은 계층의 구분을 초월해 폭넓은 층에게 다가갔다. 담배 카드는 보어 전쟁에 참전한 장군, 미식축구 선수와 야구 선수 같은 남성 지향적인 주제와 더불어 나체에 가까운 미인이나 무희들뿐 아니라 잘 차려입은 여배우의 사진을 실었다. 그러나 담뱃갑에는 무용가 로이 풀러(Loïe Fuller), '기브슨 걸(Gibson Girl)' 카밀 클리퍼드나 뮤직홀 가수 개비 델리스 같은 여성들을 싣는 것이 더 적합하고, 엽서나 잡지에는 세련된 여배우나 귀부인의 초상화가 적합한 것으로 생각되었다. 이런 초상화들은 연극배우와 귀부인들은 하나같이 가장 아름다운 드레스를 입고 사진관에 앉아 있는 모습을 담고 있다. 일반 여성들은 이 여류 인사들의 태도와 헤어스타일, 정교한 의상을 따라했다. 변두리 사진관에서는 여성들에게 소형 카드 형태의 초상화를 만들어주었다. 이상화하기보다는 사실성을 추구한 이러한 사진은 부유하지 못한 그들의 '가장 좋은 의상'을 잘 보여준다. 후대에 길이 남을 명작은 당대 최고의 예술가가 그린 유화들에서 나왔다. 조반니 볼디니(Giovanni Boldini), 필립 드 라슬로(Phillip de Laszlo)와 존 싱어 사전트(John Singer Sargent)는 가장 인기 있는 초상화가였으며, 폴 엘뢰(Paul Helleu)의 그림과 판화 역시 1900년대 초의 하이패션을 훌륭하게 기록했다.

영국의 알렉산드라 여왕은 1902년 대관식 당시 이미 58세였지만 여전히 영국과 미국의 스타일에 영향력을 행사했다. 곧은 자세와 아름다운 외모(때때로 사진에 손질을 가했다)를 지닌 여왕은 빛

나는 장식을 많이 단 궁정 드레스를 입을 때나 장식이 없는 승마복을 입을 때나 모두 세련된 모습이었다. 알렉산드라 여왕은 나이가 들어가면서 점점 진해지는 화장(흔히 에나멜을 칠했다고 묘사된다)뿐만 아니라 술을 단 헤어스타일과 초커(choker)로 유명했다. 에드워드 7세의 정부 릴리 랭트리와 앨리스 케펄은 성숙한 여성들을 위한 유행을 만들어냈다.

엄청난 재산으로 영국 귀족 사회를 재정적으로 부양하던 신대륙의 상속녀와 영국 귀족의 결혼에 영국 언론의 관심이 집중되었다. 1895년 말버러 공작과 결혼한 콘수엘로 밴더빌트(Consuelo Vanderbilt)는 2만 파운드 가량의 지참금을 가져왔다. 이러한 결혼을 통해 쿠튀리에의 최고급 의상을 입은 교양 있는 미국 여성들이 영국 사교계에 진출했다도14. 언론은 이러한 새로운 인물들을 재빨리 취재했으며, 그들의 훌륭한 의상에 사진의 초점을 맞추었다. 연극계 역시 귀족들에게 젊고 매혹적인 여성들을 소개했다. 1900년에서 1914년까지 적어도 6명의 귀족이 여배우와 결혼했으며, 이들의 만남이 가십란과 패션란에 이상적인 기사거리를 제공했다. 미국 출신의 여배우 카밀 클리퍼드는 1906년에 애버데어 경의 상속자와 결혼하면서 주목을 받았다. 그는 〈기브슨 걸 *Gibson Girl*〉의 런던 공연에서 주연을 맡아 영국에서 명성을 얻었다. 기브슨 걸은 20세기 초 미국인 화가 찰스 데이너 기브슨(Charles Dana Gibson)에 의해 탄생한 이상적인 여성상이다. 굴곡 있는 풍만한 몸매와 가느다란 허리, 그리고 숱이 많은 머리를 틀어 올린 기브슨 걸은 자신감 넘치는 젊은 미국 여성을 대변하면서 '신여성(The New Women)'의 상징으로 생각되었다도15.

소수의 여성들은 개성적인 스타일을 선호해 주류 패션을 따르지 않았다. 이들은 대부분 작가와 예술가, 그리고 솔즈(Souls), 빈 공방(Wiener Werkstätt), 블룸스베리 그룹(Bloomsbury Group) 같은 문학가나 예술가 집단이나 디자인 학교 출신이었다. 영국 리전트 거리의 의상점 리버티(Liberty)에는 유행을 초월하는 옷과 옷감을 찾는 사람들이 드나들었다. 1900년대 초반 이 의상점은 다양한 원류와 시기의 시대 의상에 기본을 둔 부드러운 의상을 특화했다. 1909년 당대의 유행으로부터 탈피하고자 하는 의도에 공감한 무대 디자이너 겸 텍스타일 디자이너인 마리아노 포르투니(Mariano

17, 18 최고급 의상실의 화려한
앙상블. 1912년 레이스로 장식한
파캥의 이브닝웨어는 코르셋 형태의
짧은 소매가 달린 하이웨이스트
보디스에 폭이 좁은 스커트로 이루어진
드레스였고, 머리에 깃털을 장식해
키가 커 보이게 했다(왼쪽). 1909년부터
두세의 의상은 깃털로 장식한 높은
모자와 함께 착용했다(오른쪽).

Fortuny)는 유명한 델포스(Delphos) 가운으로 특허를 얻었으며 베
니스의 팔라초 드 오르페이에서 스튜디오를 운영했다. 그리스의 키
톤(chiton)에 기본을 둔 델포스 가운은 선명한 색상으로 염색한 실
크를 특수한 방법으로 주름을 잡아 어깨에서 땅까지 반짝이는 기둥
모양으로 떨어지도록 만들었다. 이것을 베네치아 유리 구슬로 장식
하고, 겉으로 드러나지 않는 끈으로 목과 팔 주위를 조였다도16 . 얇
은 그리스풍의 의상과 천을 두르고 춤을 추었던 로이 풀러, 포르투
니의 고객이었던 이사도라 덩컨과 모드 앨런 같은 자유로운 예술가
들이 인체를 구속하지 않는 이러한 의상을 선호했다.

20세기에 접어들어 처음 8년 동안 의상에서 급진적인 변화는

19, 20 워스 의상실의 의상. 워스는
화려한 드레스로 유명했는데, 그 중
'공작새 드레스'가 가장 유명하다.
설립자의 아들인 장-필립 워스가
디자인했고, 인도 총독 부인 커즌
여사(시카고 출신 상속녀 메리 라이터)가
1903년 공식 영국 제국회의인
델리 두르바르(Durbar)에서 입었다.
아이보리 색상의 새틴은 특별히
인도에 주문해 견사와 메탈 사로 수를
놓고, 무지개 빛깔의 딱정벌레
날개 모양으로 공작의 깃털을 연결한
디자인이다(오른쪽).
1912년 이브닝 드레스.
'로브 뒤 수아 robe du soir'는
딸기 색상 파니에 스타일의 열린 드레스
자락 밑에 구슬 장식의 드레스로
구성되었다(왼쪽).

나타나지 않았다. 새로움에 대한 열망은 시즌별로 출시되는 새로운
색상과 신선하고 대담한 장식으로 충족되었다. 파리의 쿠튀리에 칼
로 자매(Callot Sœurs), 두세(Doucet), 파캥(Paquin)과 워스
(Worth)는 이러한 장식에 뛰어났다. 디자이너들은 당시 유행하는
흐르는 선을 만들기에 적당한 유연한 최고급 소재를 사용했다. 보
온을 위해 모피, 벨벳, 울과 타조털 목도리를 활용하였다 도17, 18 .
여름용 이브닝 드레스에는 "명주 모슬린(mousseline de soie)"과
"별똥별 크레이프(crêpe météore)", "냉동 망사(frosted tulle)" 같은
재미있는 이름의 가벼운 리넨, 면, 실크를 많이 사용했다.

문양이 없는 천을 주로 사용하고 여기에 아름다운 레이스, 크
로셰(crochet, 손으로 짠 레이스 혹은 손으로 짠듯한 레이스 술*), 자수와
브레이드(braid, 장식끈)로 장식을 했다. 뼈대(boning, 형태를 만들
기 위해 드레스나 코르셋 브라에 넣는 것*)와 패스닝(fastening, 여밈 장

치) 등 이미 만들어놓은 부속품과 자수, 구슬, 깃털, 파스망트리 (passementerie, 의복에 다는 금몰·은몰 장식*), 조화 등은 파리의 전문점과 아틀리에에서 구입할 수 있었다. 크림색과 흰색으로 장식한 파스텔 계열의 의상은 가든파티가 자주 열렸던 당시 전원의 긴 여름에 신화적인 분위기를 자아냈을 것이다. 패션 평론가들은 암녹색, 연한 자주색, 장밋빛 핑크와 하늘색을 예찬했다. 장례용 의복과 실용적인 테일러드 수트에는 어두운 색상이 꼭 필요했으므로 검은색이나 회색, 자주색 같은 수수한 색이 사용되었다.

노동집약적인 의상실을 운영하기 위해 당시 파리 최고 쿠튀리에들은 약 200명에서 600명의 직원을 고용했다. 서열은 엄격했으며 일은 체계적으로 운영되었다. 각각의 작업실이 한 가지 직능이나 특정한 의상 제작에 활용되었다. 여점원이 모델이 입은 최신 의상을 고객에게 소개하는 것으로 과정이 시작되었다. 정숙해 보이도록 모델은 하이넥에 긴소매가 달린 검은색 '언더' 드레스를 입기도 했는데, 어깨가 드러나는 옷을 입을 때도 착용했다. 맞춤의상만이 가지는 배타성은 고객이 앙상블을 선택한 후 숙련된 재단과 구성, 가봉 과정으로 이어지는 제작 절차에서 생겨났다. 1902년 포부르 생토

노래 거리에 있는 펠릭스(Félix) 의상실의 맞춤제작 무도회복은 런던의 리버티 의상점의 기성복 이브닝 드레스보다 무려 50배나 비쌌다. 20세기 초 파리에서 가장 유명한 쿠튀르 의상실은 워스 의상실(House of Worth)로 당시에는 설립자의 아들인 장-필립과 가스통이 운영했다. 워스는 부유한 상류층을 위해 의상을 만들었는데 고객 중에는 유럽 왕실의 여성, 미국의 상속녀와 유명한 여배우들도 있었다. 1900년대 초 워스의 의상은 상당히 고가였고 때로 너무나 화려해서 한눈에 누구의 디자인인지 알 수 있었으므로, 그의 의상을 입고 있는 고객이라면 부와 권력을 지닌 여성임을 뜻했다도 19, 20 .

　워스와 레드페른(Redfern)의 지점이 있던 런던에서 왕실 가족들의 구매력은 엄청났다. 궁정에서는 엄격한 의복 규율을 준수해야 했지만, 여성들에게 지위와 취향, 부를 나타내는 화려한 옷차림을 과시할 수 있는 기회를 제공하기도 했다. 이렇게 이윤이 많이 남는 맞춤제작 고객을 확보하기 위해서, 기존의 양재사들은 왕실의 의상제작자로서 끊임없이 새로운 스타일을 선보였다. 전문가들은 레빌과 로시터(Reville and Rossiter), 매스콧(Mascotte), 핸들리-시모어

22　백화점에서는 자수와 리본으로 장식한 속옷이 혼수용으로 판매되었다. 1910년 파리 프랭탕 백화점의 리넨 상품 우편주문 카탈로그는 차분한 디자인의 상품을 다양하게 제안했다.

부인(Mrs Handley-Seymour), 케이트 라일리(Kate Reily) 등의 양재사를 호평했다. 그중 케이트 라일리는 흩날리는 부드러운 실크 소재의 유연한 드레스에 뛰어났다. 런던은 여전히 고급 맞춤복계의 중심지로서 산책복과 승마복에 대한 수요를 충당했다. 19세기 말에 시작된 자전거의 선풍적인 유행이 20세기까지 이어지면서 양재사들은 자전거를 타기에 적합하도록 다리 부분을 두 갈래로 나눈 통이 넓은 의상을 생산했다도21. 1900년부터 1913년 사이 일하는 여성들이 급증했다. 블라우스('러시안' 블라우스가 가장 잘 팔렸다)와 산뜻한 투피스는 사무실에서 입기에 완벽한 의상이었다.

당시 결혼은 의무라 할 수 있었으므로, 사교계의 젊은 여성들은 다양한 혼수를 준비해 결혼 생활을 시작했다. 속옷은 가장 가벼운 면으로 만든 낮과 밤용 슈미즈, 페티코트, 속바지, 코르셋 커버 세트로 구성되었다도22. 에티켓 지침서는 미국의 신부들에게 각종 속옷을 12개씩 구입하고 겉옷은 패션이 너무 빨리 변하므로 많이 사지 말라고 충고했다. 겉옷으로는 이브닝 가운 12벌, 이브닝 가운 위에 걸칠 옷 2-3벌, 외출복 2-4벌, 코트 2벌, 모자 12개와 집에서 입을 옷 4-10벌이면 충분하고, 신발과 스타킹은 12켤레씩 구입하라고 권유했다. 게다가 도시를 벗어나 한 철을 지낼 것을 대비해 뉴포트나 팜비치 같은 휴양지에서 입을 전원용 의상과 해변용 의상이 추가로 필요했다.

상류사회의 여성들은 아침, 이른 오후, 티타임과 저녁 등 하루에 적어도 4번 이상 옷을 갈아입어야 했다. 아침에는 사교적인 모임과 쇼핑을 위해 테일러드 의상을 입었다. 아침 의상은 스커트, 재킷 혹은 코트로 구성되었으며, 때때로 블라우스와 벨트를 조화시켰다. 모직 특히 표면이 부드러운 모직은 가을옷과 겨울옷에 적합했다. 스커트는 1900년대 초 패션에서 가장 중요한 아이템으로 패션 잡지에서 따로 다룰 정도였다. 몸매의 굴곡을 강조하기 위해서 스커트에는 주름이나 허리부터 허벅지 아래까지 딱 맞게 하는 고어(gore)를 활용했다. 스커트의 앞은 땅 바로 위에서 나팔꽃처럼 벌어지고 뒤는 트레인이 땅을 쓸 정도로 길었다. 돔 모양으로 뒷모습이 잘 살아나지 않으면 버슬 스커트용 부착물을 허리에 매달았다. 의복 구성에서 허리 위로 비둘기 앞가슴처럼 늘어진 블라우스와 셔츠도 중요한 아이템이었다. 블라우스에서 빳빳하게 높이 세운 칼라는 고래뼈나 셀룰로이드 또는 철사로 지탱했다. 결코 편안하다고 할 수 없는 이 스타일에 코르셋을 입어 자세가 휘지 않도록 했으며, 목을 곧게 펴서 키를 늘이고 턱은 교만하게 치켜들도록 했다. 모자가 필수였으므로 모자 제조업자들은 전보다 훨씬 더 많은 장식품으로 모자를 치장했다. 영국과 미국에서 깃털 장식을 반대하는 운동이 일어나자 정부가 금지령을 공표했지만 깃털 부착을 신분의 상징으로 생각했으므로 심지어 새 한 마리를 통째로 장식하기도 했다. 1900년대 초에는 유행하는 풍성한 헤어스타일 위에 작고 깊은 모자나 중간 크기의 모자를 썼다도23.

명문가의 여성들은 다양한 종류의 옷을 많이 갖고 있었다. 계절과 시간, 경우에 따라 입어야 할 옷이 정해져 있었기 때문이다. 특히 시골 별장에서 주말을 보낼 때에는 많은 옷이 필요했다. 지붕이 없는 자동차가 말이 끄는 마차를 대체하고 있었다. 진취적인 여성들은 자동차를 타고 시골에 갈 때 넓은 먼지 보호용 더스트코트, 보호용 모자와 베일, 고글을 썼으며, 실내외 오락을 위한 다양한 물품들을 가득 채운 트렁크를 차에 실었다도25. 승마는 여성들에게 꼭 조이게 테일러링한 의상을 입고 아름다운 몸매를 과시할 수 있는 기회를 재공했다. 골프, 사냥, 스케이트, 테니스, 크로케, 등산, 양궁, 수영 등의 운동에는 여가로 즐기건 아니면 본격적으로 운동을 하건 간에 전문 의상이 필요했다도24. 영국 디자이너들은 그들의 명성을 이용해 고급 테일러링 의상과 활동복을 생산했으며, 크리드(Creed)와 레드펜른, 버버리(Burberry)에서 최고품을 만들었다.

티 가운이 우아한 여성에게는 필수적이었으므로 패션 간행물이 최신 디자인과 착용법을 수시로 다루었다. 에드워드 시대를 배경으로 하는 소설과 자서전에는 이 의상에 대한 향수가 많이 표현되어 있다. 원래 낮과 저녁을 구분하는 오후 5시경은 전통적으로 차를 마시는 시간이었는데, 이 때 잠깐이나마 여성들이 몸을 조이는 코르셋에서 벗어나 쉬는 것이 허용되었다. 티 가운과 위에 걸치는 옷은 몸이 쉴 수 있도록 길고 부드러웠으며, 폭이 넓은 것도 있었다. 여성들은 관습에 따라 이런 편안한 옷을 입고 내실에서 손님을 맞을 수 있었는데, 이것이 간통의 원인이 되기도 했다.

이브닝웨어는 아주 화려했으며, 도발적이었다. 보디스는 좁은 어깨끈이 달리고 깊이 파였으며 아코디언 주름이 있는 실크 다발로

장식했다. 여기에 보석으로 장식했는데 특히 다이아몬드와 진주가 각광받았다. 티아라(tiara, 왕관형의 여성용 머리 장식*)와 보석을 단 화려한 장신구로 머리를 장식했으며, 긴 진주 목걸이도 착용했다. 진짜 보석을 살 여유가 없는 여성들을 위해 아름다운 모조 보석이 생산되었다. 에드워드 시대의 프루프루 스타일(frou-frou style, 러플, 리본, 레이스 같이 부피감이 있는 장식을 해서 움직일 때 사각사각 소리가 나는 드레스 스타일*)에는 호화로운 옷감, 특히 빛을 반사하여 광택이 나는 새틴을 애용했는데, 여기에 주름잡은 보일, 시퀸과 구슬이 달린 패널, 손으로 직접 그림을 그린 조각, 레이스 프릴과 주름 장식(flounce)을 달아 우아함을 뽐냈다. 트레인이 달린 스커트 아래에 사각사각 소리를 내는 태피터(taffeta, 견이나 인조 섬유의 필라먼트 사(絲)로 직조한 평직물로 가는 골이 있으며 광택이 있는 고급 여성용 직물*) 페티코트를 입어 의상을 감각적으로 마무리했다. 포근한 안감을 댄 화려한 망토가 차가운 저녁 공기로부터 화려하게 차려입은 여성을 보호해주었다.

23 1911년 벨벳을 댄 챙을 위로 향하게 만든 멋진 모자로, 흰색 타조 깃털이 여러 층으로 나부끼고 있다. 타조 깃털은 당시 특히 인기를 끌었다.

24, 25 스포츠 활동에는 전문 의상이 필요했다. 골프를 칠 때는 이렇게 긴 실크 코트처럼 스타일과 편안함을 결합한 기성복 스포츠웨어를 입었다. 유연성이 있어 스윙을 할 수 있었으며, 바람이 센 골프장에서 실크는 보온 효과가 있었다. 남성적인 큰 캡과 베레모가 머리를 보호했다(왼쪽). 자동차가 인기를 끌자 오픈카를 타고 여행하기에 적합한 보호용 의상이 나왔다. 그러나 1905년 4월 런던의 여성 자동차 클럽 회장인 서덜런드 공작 부인은 통상적인 장갑과 베일, 고글을 착용하지 않았다. 챙이 납작한 큰 모자의 끈을 턱밑에 단단히 매서 머리를 보호하고 있으며, 헐렁한 더스트코트를 주간용 앙상블 위에 착용하고 있다(오른쪽).

26. 가정에서 옷을 만드는 사람들은 종이 옷본을 이용해 티 가운과 위에 걸치는 옷, 그리고 집에서 입는 드레스를 싼 가격에 만들 수 있었다. 런던, 파리, 뉴욕에 지점이 있는 버터릭 사(社)는 1907-1908년 겨울 패션 카탈로그에서 다양한 취향을 만족시킬 수 있는 디자인을 선보였다.

20세기 초 이브닝 드레스와 티 가운 중 엠파이어(Empire), 디렉투아(Directoire), 마담 레카미에(Madame Récamier) 등 다양한 명칭으로 불렸던, 하이웨이스트에 실루엣이 수직으로 떨어지는 스타일이 인기 있었다도28-30 . 1909년 무렵에는 이 형태가 주도적인 스타일이 되었다. 1900년대의 부드러운 색상은 강렬하고 명확한 색상으로 대체되었다. 점진적으로 이루어진 이러한 변화는 일련의 문화 현상과 함께 파리를 중심으로 하는 다양한 아방가르드 예술가들이 주도했다. 1905년 강렬한 색채를 사용하는 '야수파' 회화 전시가 장식미술에도 큰 영향을 미쳤다. 발레단 발레 뤼스의 창설자인 세르게이 디아길레프는 1906년 러시아 미술전을 기획하고, 1909년에는 레옹 박스트(Léon Bakst)가 디자인한 밝은 색상의 무대의상과 무대장식으로 러시아 황실 발레단의 〈클레오파트라 Cléopâtre〉 공연을 감독했다. 발레 뤼스는 1911년 런던에서 초연을 펼쳤는데, 이는 1년 전 미술 비평가이자 화가인 로저 프라이(Roger Fry)가 기획한 첫 번째 후기인상주의전이 선풍을 일으키면서 런던 예술계에 큰 영향력을 행사했던 시기이기도 했다.

이러한 예술계의 움직임 속에서 폴 푸아레의 디자인이 주목을 끌었다. 푸아레는 1900년대 초반의 곡선적인 형태의 풍만한 실루엣을 길고 날씬한 선으로 변화시켰다. 자신을 알리는 데 뛰어났던 푸아레는 코르셋의 억압으로부터 여성들을 해방시켰으며 밝고 강렬한 색상을 사용했던 최초의 디자이너로 인정받고 있다. 오리엔탈리즘의 유행 속에서 옅은 색상으로부터 강렬한 색상으로의 변화는 당연한 것이었다. 발레 뤼스를 위해 박스트가 채택한 선명한 색상(특히 1910년의 〈셰헤라자데 Schéhérazade〉)과 푸아레가 고른 밝은 색상의 헐렁한 의상은 빛바랜 색상을 버리라고 설득할 필요도 없이 대중들 속으로 파고들었다.

두세, 워스와 함께 일했던 푸아레는 1903년 자신의 의상실을 열었다. 패션 기자들이 푸아레를 제1차 세계대전 이전의 가장 뛰어난 쿠튀리에라고 극찬했다. 뛰어난 열정과 상상력을 지닌 푸아레는 자신의 디자인에 힘을 실어 줄 수 있는 생활을 했다. 그의 아내 드니즈 불레는 원통 모양의 하이웨이스트 디자인에 이상적인 모델이었으며, 파리에 정원을 꾸며 모델들을 돋보이게 하는 장소로 이용했다. 이 정원은 모든 손님들이 이국적이고 환상적인 의상을 입었던 악명 높은 '1002야(夜)' 파티 등 푸아레가 주최한 유명한 축제의 배경이 되었다도34.

자찬하는 어조가 뚜렷한 푸아레의 자서전에는 옷을 만드는 예술에 대한 그의 열정이 담겨 있다. 그는 최신 호화 소재와 이국적인 직물을 혼합하는 등 색상, 질감, 소재를 다루는 데에 탁월했다. 연극 무대의상에도 자부심을 갖고 있었는데 구성의 뛰어난 디테일보다는 마지막 효과에 탁월했다. 그 결과 어떤 의상에는 그의 고유한 장미 로고가 있는 레이블이 조잡하게 달려 있기도 했다. 창의력을 충분히 펼친 8년 동안 푸아레는 패션 디자인에 새로운 길을 열어 놓았다. 1911년 그는 향수 로진(Rosine)을 소개했으며 장식미술 스튜디오 아틀리에 마르틴(Atelier Martine)을 설립하고, 1914년 모델들을 데리고 유럽 여행을 했다. 제1차 세계대전의 발발로 인해 그의 혁신은 중단되었다.

푸아레의 업적은 1912년 런던과 뉴욕, 파리에 지점을 낸 루실(Lucile, Lady Duff Gordon)과 비교된다. 루실은 계절마다 우아한 의상을 선보여 고객들의 수요에 대응했을 뿐 도전 정신은 없었다.

28, 29 하이웨이스트 엠파이어 라인의
이브닝 가운. 기동형으로 된 이 드레스는
드레이프지고 유동적인 선으로 주름잡은
스커트에 중점을 두었다. 몇몇 패션
일러스트레이터들이 이상적인 장면을 배경으로
로맨틱한 드레스를 그렸다.
위는 〈저녁기도 *Nocturne*〉(1913)이며,
아래는 〈장미를 어루만짐 *La Caresse á la
Rose*〉(1912)으로 『가제트 뒤 봉통 *Gazette du
bon ton*』에서 발췌했다.

30 조르주 드 푀르는 날씬한 앙상블의
'우아함'을 포착했다(1908-1910). 문양이 있는
수평 밴드는 원통형 가운의 수직적 디자인을
가로지르는 반면, 올린 머리와 거대한 깃털을
꽂은 모자는 나무핀 모양의 실루엣을
만들어내고 있다.

de FEURE

그의 특기는 인체에 직접 옷감을 대고 작업하는 입체재단이었다. 1920년대에 여전히 풍만한 형태가 인기 있었으나 점차 과장된 곡선은 사라지고 기둥 같은 형태가 강조되었다. 일부 진보적인 여성들은 코르셋을 벗었지만, 대부분의 여성들은 그렇지 못했으며 유행하는 스타일에 따라 코르셋은 변형되었다. 루실은 '즐거움과 낭만'을 의상에 도입했던 디자이너로 평가받고 있다. 그는 1907년 〈즐거운 과부 The Merry Widow〉에 출연한 릴리 엘시를 위해 의상을 디자인하는 등 무대의상에도 탁월함을 보였다. 이 연극은 커다란 모자를 유행시켰는데, 극단적인 경우에는 지름이 1미터에 달하기도 해 안전을 위해 만든 긴 핀으로 고정했다 도35. 루실은 1900년대 초 담홍색을 주로 사용했으며 동시대인들처럼 새틴, 시폰, 망사, 금색 레이스, 방울과 술 장식을 가장자리에 장식한 스팽글 패널을 함께 사용했다 도32, 33. 보디스는 여전히 정교하게 재단되었으며 뼈대를 댔다. 오버스커트나 튜닉 상의의 단이 수직적인 원통형 실루엣은 무릎길이에서 수평으로 끊겼다. 이러한 오버스커트에 관심을 갖고 있던 디자이너들은 장식술이 달린 단의 길이가 고르지 않은 것이나 사선으로 늘어뜨리고 조화로 고정시킨 것 등 다양한 형태를 선보였다. 푸아레처럼 루실도 아름다운 여성을 모델로 기용해 의상을 입혔는데, 그는 자신의 디자인에 "감정을 가진 가운(gowns of emotion)"이라고 부르는 등 이름과 개성을 부여했다. 그의 자서전도 푸아레와 마찬가지로 자기선전용으로는 훌륭했지만, 20세기의 첫 5년간의 최고급 의상 제작을 연대순으로 면밀하게 고찰하지는 못했다.

1909년에서 1914년까지 가장 자유분방한 여성들조차도 푸아레가 디자인한 독특한 호블 스커트(hoble skirt)를 입었다. 무릎을 조이고 걸음을 구속하는 스커트의 좁은 통으로 인한 어색한 움직임 때문에 이러한 이름을 갖게 되었다 도36. 이 의상 역시 루실이 유행시킨 커다란 바퀴 모양의 모자와 매치해 머리 부분을 강조했다. 이 스타일은 풍자 대상이 되기도 했지만 당대의 평가는 무시되었다. 영국의 여성 참정권론자들은 반(反)관습적인 개혁 의상을 입어 외관으로 주의를 끌기보다는 주류 패션을 존중하면서 자신들의 운동을 펼쳐 나갔다. 보라색과 흰색, 녹색은 '여성에게도 투표권을! (Votes for Women)'의 상징으로 여겨졌으며, 이 색상들을 사용한

31 꽃으로 장식한 커다란 모자와
매치한, 푸아레 스타일로 자수를 놓은
새틴 망토는 여러 단으로 접힌 우아한
주름을 폭포처럼 바닥까지 늘어뜨렸다.
직업 모델이 착용한 이 망토는 1909년
최고의 파리 패션을 보여준다.
시버거 형제 사진.

의상과 장신구도 소규모로 제작, 판매되었다.

　사회 규범이 점차 완화되면서 유럽의 젊은이들은 활기 넘치는
춤에 빠져들었는데 대다수가 아메리카 대륙에서 들어온 것이었다.
특히 아르헨티나의 탱고는 영향력이 커지면서 탱고 신발과 탱고 코
르셋, 심지어 탱고 향수까지 유행시켰다 도37 . 새로운 유행을 선도
하던 유명한 무용수 아이린과 버논 캐슬(Irene and Vernon Castle)

32, 33 제1차 세계대전 이전의 유행 양식이 잘 남아있는 작품이다. 1912년경 폴 푸아레는 밝은 색상과 반짝이는 금속사로 고급스러운 오페라 망토를 만들었다. 색상은 당시 패션에 큰 영향을 미쳤던 오리엔탈리즘을 반영했다. 클로즈업 사진은 금색 메탈 사(絲)로 된 프린지와 같은 실로 만든 코일 모양의 단추, 그리고 금색 소매를 보여준다(위). 비슷한 시기의 화려한 의상으로 루실이 즐겨 사용하던 장미 문양이 있는 벨벳 이브닝 망토로, 주름 장식이 있는 높은 칼라는 여러 개의 새틴 장미로 장식되었다(왼쪽).

34 일러스트레이터 조르주 바르비에는 1912년 4월 『모드』지 표지 〈푸아레의 자택 Chez Poiret〉에서 유명한 푸아레의 정원을 배경으로 동양 의상의 이국적인 형태와 밝은 색상에 영향을 받은 이브닝 앙상블을 그렸다. 나른한 포즈의 두 모델은 백로 깃털로 장식한 터번을 쓰고 있다. 오른쪽은 바틱(Battick) 염색의 대담한 추상 문양에 털로 장식한 이브닝 코트이며, 왼쪽은 이집트 예술에서 따온 문양으로 장식한 튜닉이다.

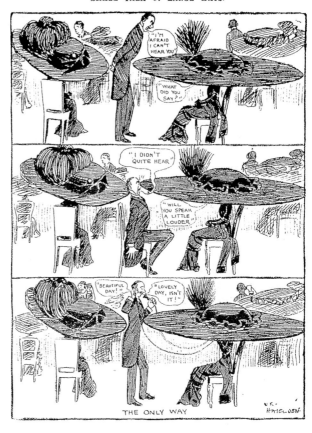

35 챙이 극도로 넓은 당시의 모자를
소재로 한 만화. 1910년 헤이즐던
(W.K. Haselden)은 『데일리 미러 *Daily
Mirror*』 신문의 만화에 유행하는 모자의
거대함을 비웃고, 의사소통의 문제를
해결하고 대화를 가능하게 하는 방법을
소개했다.

이 최신 스텝의 시범을 보였다. 1914년 제1차 세계대전이 발발하기
직전 커다란 모자는 사라졌고 기둥 형태의 실루엣은 점점 더 좁아
지고 날씬해졌다.

　　스타일에 관심 있는 부유한 신사들은 지나가는 유행에 많이 좌
우되지 않았지만 때와 장소에 따라 적절히 옷을 갖추어 입기 위해
여러 종류의 옷을 구비했다. 1900년에서 1913년 사이 남성복에서
급격한 변화는 나타나지 않았지만, 점차 격식이 완화되면서 라운지
수트(lounge suit)가 주도적인 의상이 되었다. 단추를 추가한다든
지 라펠이 약간 좁아진다든지 아니면 새로운 형태의 칼라를 다는
등 세세한 변화가 거론되었으며 이러한 변화에 남성들은 만족해 했
다. 19세기를 계승한 20세기 초의 의복 규율을 어길 만큼 용감한 사
람은 거의 없었다. 의복은 사회적 신분의 표현이었다. 1912년 영국

44

의 더비 데이(Derby Day)처럼 왕실 인사들이 참석하는 중요한 사교 행사에 올바른 차림, 즉 검은색 모닝 코트(morning coat)와 톱 해트(top hat)로 참석한 명사들은 칭송받았으며, 회색과 갈색 라운지 수트를 입은 군중들은 비난을 받았다.

에드워드 7세는 1902년 대관 당시 이미 61세였지만 눈에 띄는 옷차림을 계속했으며 자신의 외모에 자부심을 갖고 있었다. 맥스 비어봄(Max Beerbohm)이나 보니파스 콤 드 카스텔란-노브장(Boniface Comte de Castellane-Novejean)처럼 맵시 있는 품위를 지니지 못한 뚱보였지만 에드워드 7세는 왕세자이자 국왕으로서 여전히 패션의 권위자였다. 까다로웠던 왕은 신하들의 옷차림이 부적절하면 훈계했다. 에드워드 7세는 노픽 수트(Norfolk suit, 등에 플

36, 37 극단적인 유행. 왼쪽: 1910년 걷기 불편한 호블 스커트를 즐겁게 끌어 올리고 있다. 오른쪽: 제1차 세계대전이 발발하기 몇 해 전 탱고가 유럽을 강타했으며, 의복 스타일에도 많은 영향을 미쳤다. 여성 무용수는 발목에서 주름을 잡은 넓은 퀼로트와 오버튜닉으로 구성된 '쥐프 퀼로트 (jupes culottes)'를 입고 있다. 파트너의 옷옷자락, 바지와 비교해 볼 때 매우 이국적이다.

38 노년에 들어 매우 뚱뚱해진 에드워드 7세는 여전히 세련된 차림새를 했다. 그는 굵은 줄무늬를 좋아했으며 여기에는 재킷의 윗부분에 단추가 달린 싱글브레스트 재킷으로 이루어진 단정하면서도 편안한 라운지 수트를 입었다. 사망하기 직전인 1910년 4월 프랑스의 비아리츠 해변 휴양지에서 두 명의 수행원과 함께 산책하고 있다.

리츠를 넣고 벨트를 두른 기능성이 뛰어난 재킷과 슈트의 조합*)에서 홈부르크 해트(homburg hat, 브림이 양쪽에서 약간 젖혀지고 크라운 중앙에 접은선이 나타나는 신사용 중절모*)까지 여러 아이템을 유행시켰다도38 .

우아한 차림을 하기 위해서는 흠잡을 데 없는 테일러링에 덧붙여 완벽한 치장이 필요했다. 시종들은 주인의 옷차림이 깨끗하고 완벽한지 점검했다. 머리는 짧게 다듬었다. 나이 든 사람들과 선원들이 흔히 턱수염을 기른 반면, 젊은 남성 중에는 콧수염을 기르는 사람들이 종종 있었다. 청교도적인 절제정신에 따라 향수를 최소한으로 사용했는데 약간의 향수를 손수건에 묻혀 머리에 바르는 정도였다. 이발소에서는 머리를 염색하고 대머리를 가리거나 치료했다.

영국의 테일러링이 세계 최고로 각광받으면서 부유층들은 본드 거리와 새빌 로(Savile Row)에 있는 전통 있는 유명 테일러들을 후원했다. 기브스(Gieves)와 헨리 풀(Henry Poole)이 가장 뛰어난 테일러로 인정받았다. 왕실의 위임이라는 명예를 얻으면서 테일러링 업계가 부흥했다. 최고급 신발과 부츠는 수작업으로 생산했으며, 로브(Lobb) 같은 신발 제조업자는 고귀한 고객들을 위해서 나무로 만든 구두 골을 보관했다. 신발의 앞코는 타원형이었으며 스패츠(spats, 양쪽에 단추가 달리고 발목과 발등을 덮는 짧은 가죽 각반)가 인기 있었다. 최고의 모자업자들은 오페라 해트(opera hat)에서 볼러(bowler)까지 주문 제작한 모자를 고객에게 제공했다. 이 시기에 톱 해트는 쇠퇴했으며 1914년 이후에는 가장 격식을 갖추어야 하는 행사에만 착용했다. 리넨은 깨끗하게 세탁해야 했다. 셔츠는 앞에 버튼이 없었으므로 머리에서 뒤집어서 착용했다. 높이가 3인치나 되는 떼었다 붙었다 하는 빳빳한 리넨 칼라는 불편했으며 높고 뼈대가 든 여성복 칼라와 비슷했다. 2중 칼라는 관리가 어려우므로 장식 단추로 셔츠에 고정했다. 색 멜빵, 줄무늬 셔츠, 멋진 손수건과 다양한 네크웨어 같이 절제된 몇 가지 장식이 허용되었다. 도시 남성들은 날씬한 지팡이나 단단하게 말은 우산을 항상 지참하였다. 백화점과 판매 카탈로그는 값이 저렴한 의상과 식민지에서 근무하는 사람들을 위한 특수 열대용 의상을 판매했다. 지나치게 스타일에 관심을 갖는 것은 적절하지 않았지만 남성들은 멋진 차림을 해야 했다. '단정함'과 '차분함' 그리고 '적절함'을 모토로 삼았다. 테일러와 시종들이 최신 트렌드에 대해 조언을 해주었고 맵시 있는

39 아메리칸 스타일. 빳빳한 셔츠와 높은 칼라는 캐주얼웨어에도 필수적이었으며, 줄무늬는 깔끔한 아메리칸 룩에 이상적인 소재였다. 애로(Arrow)는 19세기 말 뉴욕의 트로이에서 상표를 등록했으나 미술가 레인데커가 그린 활기 있고 매력적인 광고가 시작된 1913년부터 널리 알려지면서 성공을 거두었다.

ARROW COLLARS AND SHIRTS

ARROW Collars are made in the greatest variety of styles and heights, in such a careful way, of such excellent fabrics, that even the most fastidious, to whom cost means nothing, give them preference.

2 for 25 cents

ARROW Shirts fit most men comfortably. They quickly reflect the tendencies of fashion. They do not lose their original freshness of color, and render such sterling service that the label will serve as your guide to shirt satisfaction.

$1.50 and up.

CLUETT, PEABODY & COMPANY, INC., TROY, N. Y. Send for Booklets.

차림을 연출해주기도 했다.

착용하는 날은 며칠 안 되었지만, 검은색 고급 모직으로 된 무릎길이 더블브레스트 프록 코트(frock coat)는 1900년대 초에도 여전히 격식을 갖춘 데이웨어로 여겨졌다도40-42. 보통 더블브레스트 조끼와 높고 빳빳한 칼라가 달린 셔츠 위에 줄무늬 바지나 어울리는 다른 바지와 함께 착용했다. 톱 해트가 이 앙상블을 완성했다. 당시 바지는 통이 좁았으며 커프스가 있는 것도 있고 없는 것도 있었다. 모닝 코트와 모닝 코트 수트가 점점 더 프록 코트보다 많이 착용되었다. 전형적인 모닝 코트는 싱글브레스트로 꼬리가 무릎 뒤까지 닿았다.

허리선이 들어가지 않은 라운지 재킷(lounge jacket)이 점차 프록 코트와 모닝 코트를 대신했다도43, 44. 후에 비즈니스 수트가 된 라운지 수트는 북아메리카가 주도하는 비형식적인 남성복 트렌드를 보여주었다. 영국 잡지 『테일러 앤드 커터 Tailor and Cutter』는 미국 시장의 중요성과 독특한 수요를 알고 있었으나, 영국인이 휴

43, 44 아침에는 스리피스,
싱글브레스트 라운지 수트를 점점 더
많이 입었다. 줄무늬가 인기 있었으며,
액세서리로는 풀 먹인 윙 칼라,
지팡이와 볼러 모자를 착용했다.
오른쪽: 가벼운 헤링본 트위드
소재의 여름용 라운지 수트로 바지에는
폭이 넓은 커프스가 있다. 지팡이,
외알 안경과 풀 먹인 윙 칼라가
격식을 더했고 보터 모자와
부토니에르(단춧구멍에 꽂는 꽃)가
따뜻한 날씨용 복장이라는 것을
암시한다. 두 슈트 모두 1912년 제품.

일이나 스포츠웨어로나 적당하다고 생각하던 활동적인 옷을 선호
하는 미국인의 성향과 '양키의 거만'을 경멸하는 내용의 기사를 실
었다도39, 45. '기형적인 아메리칸 수트'의 경박함과 무절제를 경고
하면서 미국인들이 '완벽한 남성복의 고장'에 와서 영국의 테일러
를 찾아야 한다고 주장했다. 이 잡지는 영국과 미국에서 노동착취
공장의 해악과 그에 따른 1912년의 테일러들의 파업, 그리고 최저
임금제 도입과 같은 심각한 문제도 다루었다.

1900년대의 저녁 행사를 그린 일러스트레이션에 나타난 여러 가
지 색상의 화려한 여성 드레스는 남성 파트너의 흑백으로 이루어진
의상 때문에 더욱 강조되었다도46. 흰색 부토니에르(boutonnière,
단춧구멍에 꽂는 꽃 혹은 장식 단추의 구멍*)가 있는 검은색 테일코트
(tailcoat, 연미복)와 바지는 흰색 조끼와 흰색 웨이스트 밴드, 날개
달린 높은 칼라의 셔츠와 함께 착용했다. 흰색 장갑과 무도회용 에
나멜 가죽 구두가 필수적이었으며, 몇몇 신사는 외눈박이 안경을
쓰고 있다. 미국에서는 턱시도, 프랑스에서는 몬테 카를로라고 알

45 영국 양복 재봉사들이
"활기 있다"라고 묘사한 1912-1913년
아메리칸 라운지 수트. 왼쪽에서
오른쪽부터: 대담한 더블브레스트
재킷과 넓은 커프스가 있는 바지의
〈아메리칸 *The American*〉,
가장 인기 있는 타입의
〈유니버설 *The Universa*〉,
격식을 더 갖춘 〈드렉셀 *The Drexe*〉.
넓은 어깨의 슈트는 미국인이 주머니가
많은 것을 좋아하고, 레저웨어로는
헐렁하고 편안한 바지를 선호한다는
것을 보여준다.

려진 격식에서 약간 벗어난 이 디너 재킷을 처음에는 부담 없는 저녁 행사에만 착용하다가 빠르게 통용되었다.

타운웨어로는 다양한 스타일의 체스터필드 오버코트 (chesterfield overcoat, 자락이 긴 남자용 오버코트*)를 입었는데, 벨벳 칼라가 달린 것은 우아했으며 가슴받이가 있는 스타일은 특히 인기가 있었다. 얼스터스(Ulsters, 원래 허리띠가 달린 두껍고 헐렁한 더블 오버코트*) 코트와 망토가 부착된 외투는 여행용으로 많이 착용되었다. 새로운 타입의 방수 외투가 출시되었는데, 제조업자들은 고무를 소량만 사용해 냄새가 나지 않는다고 광고했다. 점점 늘어나는 자동차 인구로 인해 계절에 어울리는 더스트코트와 모자, 안경, 긴 장갑 등의 보호용 액세서리 구매가 증가했다.

스모킹 재킷(smoking jacket)은 여성의 티 가운에 해당하는 옷이었다. 여러 옷감, 특히 벨벳을 사용해 착용자가 휴식을 취할 수 있었고 보기에도 좋았다. 스모킹 재킷과 드레싱 가운은 모두 군복의 느낌이 나는 프로그(frog, 장식적인 늑골 모양의 걸어매는 장식 여밈 단추*)를 다는 경우가 많았다.

레저웨어와 스포츠웨어는 특별한 활동에 적합하도록 디자인한 옷을 말한다. 보트를 타건 크리켓을 하건 간에 적절한 옷차림은 필수적이었으며, 한 가지 스포츠용 의상을 다른 스포츠를 할 때 입지 않았다. 줄무늬가 있는 플란넬 슈트나 플란넬 바지와 보수적인 짙은 청색 코트, 그리고 밀짚으로 만든 모자 보터(boater)를 세미 정장으로 착용했다. 긴소매의 니트 스포츠 스웨터가 흔해졌는데 이 옷이 앞으로 중요한 역할을 하게 되었다. 그러나 전쟁의 수요와 피해로 인해 '황금시대'와 화려했던 생활과 패션은 막을 내리고 곧 다른 스타일이 패션을 주도하게 되었다.

46 이 만화에는 1904년 널리 회자되던 "남성복은 죽었으나 여성복은 살아 있다"는 말(복식사가들은 이의를 제기했던 개념이다)이 에드워드 시대 미인의 프루프루 스타일, 곡선과 대비되는 남성 파트너의 전통적인 흰색 타이와 검은색 연미복, 바지에서 나타나고 있다.

제1차 세계대전으로 인해 패션 디자인과 소재, 그리고 의복제조 방식에서 중요한 변화가 나타났다. 여성복이 급진적인 발전을 이루었는데 특히 낮에 입는 의상과 직장에서 입는 의상에서 뚜렷했다. 독일이 1914년 8월 3일 프랑스에 전쟁을 선포했을 당시 파리에서는 가을 패션 컬렉션을 준비하고 있었고, 컬렉션은 예정대로 세계 각국의 많은 고객들에게 공개되었다. 그러나 1914년 말 불안정한 금융시장과 전쟁의 파급 효과에 대한 불안감이 유럽의 상류층을 붕괴하기 시작하면서, 호화로운 오트쿠튀르 의상에 대한 소비가 위축되었으며 선적(船積) 제한으로 대미(對美) 수출에서 오던 수익도 더 이상 보장받을 수 없었다. 전쟁이 현실로 나타나자 많은 남성 쿠튀리에들은 의상실을 여성들에게 맡겨놓고 전쟁에 참가했다.

미국은 1917년이 되어서야 비로소 전쟁에 참가했으므로, 미국의 패션 산업계는 전쟁 초기 오랫동안 패션계를 이끌어 온 프랑스 의상실들을 지탱하려는 노력을 다각도로 펼쳤다. 예를 들어 1914년 11월 미국『보그』지의 편집장인 에드나 울먼 체이스는 전국 규모의 자선 단체인 시큐어 내셔널(Secour National)을 위한 기금을 모으기 위해 패션 축제를 여러 차례 개최했다. 첫 번째 쇼가 뉴욕의 유명한 헨리 벤델 백화점에서 열렸는데, 메종 자클린(Maison Jacqueline), 타페(Tappé), 군터(Gunther), 커즈먼(Kurzman), 몰리 오헤라(Mollie O' Hara)와 벤델 자신을 포함한 미국 디자이너들의 의상을 선보였다. 이 패션 축제는 프랑스 디자인에 대한 미국의 의존성을 보여주려는 목적으로 계획되었지만, 파리에서는 전쟁 때문에 미국이 자국의 재능을 발전시킬 기회를 포착할까 우려하기 시작했다. 벤델은 1915년 11월 파리의 패션디자인을 홍보하기 위해 프랑스 패션 축제를 조직하면서, 이러한 사태를 수습하고자 했다. 콩데 나스트(Condé Nast) 협회는 주문 감소로 일자리를 잃거나 수입이 줄어든 프랑스 쿠튀르 노동자들을 보조하기 위한 기금(기금

47 1916년경 '단순성(simplicity)'이 패션 용어의 범주에 들어갔다. 전시 유럽의 한 커플이 공원을 걷고 있는 모습이다. 여성은 발목 위까지 오는 최신 유행의 스커트에, 허리가 약간 들어간 절제된 스타일의 드레스를 입고 있다. 스커트 길이가 짧아지면서 화사하고 긴, 끈 달린 부츠를 드러내고 있다. 약간의 장식을 한 모자와 단순한 장갑, 그리고 접은 우산으로 옷차림을 마무리했다. 많은 남성들이 군에 입대하자 제복이 표준복이 되었으며, 제복은 자랑스럽게 착용되었다.

이름은 봉제공의 집세를 위한 1센트(Le Sou du Loyer de l'Ouvrière))을 조성했다.

전쟁으로 인한 침체에도 불구하고 파리 패션은 국제적인 위상을 유지했으며 쿠튀르 의상실들이 여전히 스타일을 주도했다. 일년에 두 번 열리는 쇼도 예전처럼 진행되었으며, 관람객이 줄었지만 세계 패션 언론의 보도는 계속되었다. 최신 스타일 뉴스에 여전히 많은 관심이 모아졌으며, 1916년 콩데 나스트 협회는 뉴욕에 본사를 둔 영향력 있는 잡지 『보그』의 영국 판을 발행하기 시작했다.

제1차 세계대전이 발발한 해 프랑스의 『모드』와 영국의 『퀸 The Queen』 같은 하이패션 잡지들은 전쟁에 대해 거의 언급하지 않았다. 스타일의 발전은 거의 정지했고, 1910년에서 1914년 사이의 패션을 답습했다. 실루엣은 여전히 원통형이었고, 보디스나 페플럼(peplum, 블라우스나 재킷 등에서 허리 아래 플레어 부분*), 그리고 레이어드 스커트와 드레이프(drape, 천을 드리워 만든 우아한 주름*)가 일직선을 깨뜨렸다. 19세기 중반의 층이 진 크리놀린 스커트에서 영감을 얻은 마담 파캥의 이브닝 드레스 디자인이 예외적이었고, 이 디자인이 1920년대 '로브 드 스틸(robe de style)'의 선구가 되었다. 장식을 여전히 중요하게 여겨 옷에 장식을 많이 했다. 이브닝웨어에는 금색과 은색 메탈 레이스와 자수 장식이 유행했으며 모피 장식은 데이웨어와 이브닝웨어에 모두 사용되었다.

1915년 많은 디자이너들이 컬렉션에 군복의 영향을 반영했는데, 특히 데이웨어에 그 영향이 두드러지게 나타났고 카키색이 유행했다. 허리가 약간 들어간 테일러드 재킷과 슈트가 중요한 여성복으로 발전했다. 잡지들은 이 의상을 "최고로 멋진 옷(the acme of smartness)"이라고 묘사했으며, 유행을 타지 않음을 강조했다. 재킷은 품이 넓고 길이는 엉덩이까지 오며 허리 위에 폭이 넓은 벨트를 느슨하게 맸다. 야외에서는 착용자를 보호해줄 수 있도록 허벅지까지 내려오는 길이의 편안한 리퍼(reefer, 더블 여밈의 허벅지 길이의 박스형 재킷*)와 노퍽 스타일 재킷을 입었다. 전통적으로 주머니가 없던 여성의 유행 드레스에 기능적인 군복을 연상시키는 크고 실용적인 패치포켓을 눈에 띄게 부착했다. 코트와 슈트의 장식에 군복 스타일의 파스망트리가 필수적이었으며, 브레이드와 프로그가 부착되었다. 보수적인 군복 스타일에 보병의 약모(略帽, forage cap)를

48-50 런던 동부의 포스터 포터 앤드 주식회사(Foster Porter & Co. Ltd)의 1914년 봄/여름 여성을 위한 테일러드 수트. 수가 늘어가던 중산층의 직장 여성들(일반적으로 미혼 여성은 이렇게 산뜻하고 실용적인 기성복 앙상블을 입었다. 최신 유행의 실루엣으로 디자인되었으며 옷감의 문양과 색상, 그리고 새틴으로 장식한 칼라, 파이핑, 등에 달린 부분 벨트, 단추, 주머니와 라펠 모양 등 재미있는 디테일을 주목할 만하다. 맨 위의 슈트는 흑백의 체크 직물로 되어 있으며, 가운데 슈트는 황갈색, 노란빛이 도는 흰색, 감색, 보라와 검은색 서지 중 선택할 수 있었고, 맨 아래 슈트는 탱고, 회색, 보라, 황갈색 서지 중에서 선택할 수 있었다. 멋진 모자가 스타일에 활력을 더했다.

51 젊은 멋쟁이 여성들이 입은 아주 유사한 의상은 전후 초기 스타일과 1920년대 가르손느 룩의 과도기를 보여준다. 스커트는 무릎과 발목 중간으로 짧아졌다. 두 여성 모두 챙이 있는 모자를 쓰고(왼쪽 여성은 장식 모자를 쓰고 있음), 여전히 허리를 강조하는 패턴이 있는 블라우스를 입고 있다. 이렇게 끈을 단 가죽신은 10대 후반에서 20대 여성들 사이에 평상시 차림으로 유행했다.

써 최신 스타일을 연출했다. 주로 모직물이 군복에 사용되었기 때문에, 테일러드 의상에는 모직물 대신 서지(serge, 날실은 소모사, 씨실은 모직으로 짠 능직 직물)를 많이 사용했으며 코듀로이도 견고한 패션 직물로 간주되었다. 도시 생활에는 바람막이용 소매 끝동이 달린 트렌치코트가 적합했으므로, 아쿠아스큐텀(Aquascutum)과 버버리 같은 영국 회사들이 다양한 제품을 출시했다.

1914년 가장 주목할 만한 변화는 통이 좁은 호블 스커트에서 층이 있고 주름이나 킬트(kilt, 스코틀랜드의 남성이 착용하는 전통 스커트로 주름이 한 방향으로 잡혀 있다*)로 풍성하게 만든 종 모양의 스커트로 변한 것이다. 이 새로운 스타일에 정교한 페티코트가 다시 필요해지면서 의상점들은 프릴이 달린 다양한 디자인의 페티코트를 판매했는데, 폭이 넓은 바지 형태도 있었다. 1916년경에는 스커트 길이가 발목에서 2-3인치 위로 올라가면서 신발이 노출되었다도51. 뒷굽이 높고 버튼이나 끈 장식이 달린 종아리까지 오는 우아한 부츠가 생산되었다. 두 가지 색상으로 만든 부츠는 보통 검은색이나 에나멜 가죽에 베이지색이나 흰색을 함께 사용했다도47.

1916년 무렵 부유층도 영향을 받을 만큼 전쟁은 급박해지고 있었다. 노동력이 부족해지자 세탁과 다림질, 가봉 등 복잡한 과정을 거치는 옷은 비실용적으로 간주되었고, 디자인은 전쟁으로 인한 물자 부족과 검소한 생활 양식을 반영하면서 변모했다. 계절 컬렉션에서 이브닝웨어의 비중이 줄어들었으며, 수요는 주로 미국에서 발생했다. 하루에 적어도 4번 이상 옷을 갈아입던 1914년 이전의 관습을 전시에 고수하는 것이 불가능해지자 티 가운이 쇠퇴했다. 대부분 어둡고 침침한 색상이었고 이러한 색상이 침울한 시대와 잘 어울렸다. 장례식에는 여전히 검은색 옷을 입었으며, 크레이프가 적합했지만, 전쟁 기간에 많은 여성들이 일하게 되면서 이 규칙을 따를 수 없게 되자 장례와 애도에 대한 에티켓도 완화되었다. 그러나 조문 기간만이라도 도의를 지켜야 한다고 생각되었으며, 패션 언론은 상을 당한 많은 여성들을 위해 검은색의 다양한 스타일을 제안했다.

다른 어떤 영역보다 데이웨어의 스타일 변화가 전후 패션으로 향하는 길을 열어놓았다. 1916년부터 많은 디자이너들이 입기 편한 의상에 초점을 맞추었다. 특히 점퍼 블라우스는 스커트나 슈트와 함께 착용하는 멋있고 실용적인 의상이었다. 여밈 장치가 없어 머리로 뒤집어써서 입는 의상이 여성들에게는 익숙지 않았다. 안으로 집어넣어 입기보다는 스커트 위에 착용했고 길이는 엉덩이 바로 위까지 왔으며 때로는 세일러 칼라가 달리거나 벨트나 끈으로 허리를 매는 것도 있었다. 점퍼 블라우스(1919년에는 점퍼로 줄여 불렀다)는 면이나 실크로 만들었으며, 1920년대의 주요 패션이 되었다. 니트 카디건도 인기가 있었으며, 두터운 '니트 스포츠 코트'는 야외용으로 많이 입었다. 기계로 짠 옷을 사서 입기도 했지만 많은 여성들은 자신과 가족을 위해 직접 뜨개질을 했다. 셔츠와 블라우스의 네크라인은 여전히 깊이 파였으며, 깊은 V네크도 있었다. 그러나 슈미제트(chemisettes, 슈미즈 위에 입는 레이스 속옷*)와 '필인(fill-ins)'은 정숙하게 보이도록 안으로 집어넣었으며, 1920년대에도 이러한 착용법은 계속되었다.

전시의 멋진 의상을 더욱 캐주얼하고 스포티한 의상으로 발전시킨 디자이너는 젊은 가브리엘 샤넬(Gabrielle Chanel)이었다도52. 파리에서 모자 디자이너로 시작한 샤넬은 1913년 의상과 모자를 파는 첫 번째 의상점을 도빌에 열었다. 곧 전시의 파리에서 도피한 부유한 피난민 중에서 고객이 생겨났다. 이 의상점에서 얻은 수익을 토대로 1915년 비아리츠에 쿠튀르 의상실을 열었으며, 1916년 가을 첫 오트쿠튀르 컬렉션을 개최했다. 절제되고 스포티한 샤넬의 의상은 전시에 이상적이었다. 풍성하고 착용하기 편안한 투피스 저지 의상과 케이프, 코트는 그 단순성 때문에 센세이션을 일으켰다도53. 저지는 이전에 주로 남성용 스포츠웨어와 속옷으로 사용되었으나, 샤넬은 이 평범한 천을 패션의 절정에 올려놓았다. 여성들은 샤넬의 의상을 좋아했으며 제조업자들은 상업적인 가능성을 재빨리 포착했다. 1917년 미국에 근거를 둔 페리 데임 사(Perry, Dame & Company)는 우편주문판매 고객들에게 샤넬이 컬렉션에서 선보인 것과 거의 똑같은 흰색 칼라와 커프스가 달린 '몸에 딱 맞는 울 저지 미디 의상'을 2달러 75센트에 판매했다.

1917년 파캥, 도외유, 칼로 자매를 포함한 몇몇 파리의 디자이너들이 엉덩이 부분을 넓게 강조한 배럴 스커트를 소개했지만, 이 극단적인 스타일은 파니에로 부풀린 18세기 드레스를 연상시키면서 주류 패션에 거의 영향을 미치지 못했다. 어려운 시절에는 절제된 스타일이 더 매력적이고 적절해 보이기 마련이다. 게다가 여성들이 전쟁으로 인해 노동에 참여하게 되면서 실용적인 의상이 필요했다.

1916년부터 입대하는 남성이 늘어나면서 병원이나 농장뿐만이 아니라 때로는 고도로 숙련된 일을 하는 군수품 공장, 그리고 교통과 화학 산업 같은 직종에도 여성의 참여를 장려했다도54. 이는 작업복에 새로운 발전을 가져왔다. 젊은 여성들이 농장에서 브리치스(breeches, 엉덩이와 무릎을 덮는 형태의 남성용 반바지, 니커보커즈*)를 입거나, 공장이나 광산에서 헐렁한 면바지나 보일러수트(boilersuit), 덩거리(dungarees, 데님과 같이 올이 두꺼운 능직물 또는 이 천으로 만든 오버롤 바지*)를 입게 되면서 바지에 대한 오래된 금기가 깨졌다. 군수품 노동자는 전형적으로 허벅지까지 내려오는 두꺼운 천으로 된 헐렁한 재킷을 입고 허리에 벨트를 매고 발목까지 오는 바지를 입었으며, 검은색 스타킹을 신고 굽이 낮은 끈 달린 신발

을 신었다. 머리는 앞가르마를 타고, 머리 뒤편에 헐렁하게 묶었고 보호용 모자(mob cap)를 썼다.

겉옷의 선과 형태의 변화가 속옷의 발전을 가져왔다. 여전히 코르셋을 착용하긴 했으나, 그 기능은 체형을 만드는 데서 체형을 보완하는 것으로 바뀌었다. 영국의 레스터 지방에 소재한 거대한 시밍턴(Symington) 공장에서 뼈를 대체할 수 있는 파이브론(Fibrone)이라는 압축된 종이를 도입했다. 그리고 강철 살대 대신 단추로 여몄다. 이러한 코르셋은 철이 함유된 의상 착용이 금지된 군수품 노동자들에게 유용했으며 게다가 귀한 자원을 보존할 수도 있었다. 1916년 가슴판(bust bodice)으로부터 브래지어(brasserie, 20년 후에 bra로 축약)가 개발되었다 도55.

전쟁 기간에는 많은 의류 제조업체와 공장들이 규격화된 군복 생산을 위해 전환되었다. 이러한 전환이 여성복 제조에 중요한 영향을 미쳤다. 계절마다 변화하는 패션에서 벗어나 생산성 증대에 주력했으며, 빠른 속도로 많은 양을 생산하기 위해 노동력을 배분하게 되었다. 생산 단위는 10명 이하로 여전히 작았지만 자금보다는 노동 집약적인 좀더 큰 업체들이 밴드 나이프(band knife) 같은 혁신적인 기술을 도입했다. 밴드 나이프는 1850년대 영국 리드에 거주하던 존 배런이 개발한 기계로 한번에 많은 양의 옷감을 자를 수 있게 했다. 1914년 미국의 리스 기계회사(Reece Machinery Company)에서 단춧구멍 만드는 기계를 발명했다. 처음에는 군대의 제복을 마무리하는데 사용하다가 전후 패션 산업계에서 없어서는 안 될 필수품이 되었다. 미국을 선두로 해 의류산업은 대체로 잘 조직되었으며 1915년 영국에서 의상노동자조합(Tailor and Garment Workers Union)이 결성되면서 계약 조건과 작업 환경을 확실히 명시했다.

전후 파리는 여전히 국제 패션을 주도했으며, 쿠튀르 의상실의 수출도 성황을 이루었다. 전후 웨딩드레스에 대한 수요가 엄청나게 증가하고, 파운드와 달러에 대한 프랑의 환율이 유리해졌으며, 비행기와 선박 여행이 늘어나고 통신망이 발전하면서 패션 산업이 활기를 띠었다. 1921년에는 프랑스판『보그』지를 성공적으로 발행하기 시작했으며 이 잡지는 국내외에서 널리 판매되었다. 많은 디자이너들이 의상실을 확장했으며 남성복·여성복 작업장, 그리고 자수와 액세서리 작업장에서 1,500명에 이르는 숙련된 노동자를 고용하기

52 고모 아드리엔느와 함께 가브리엘 샤넬이 1913년 도빌의 첫 부티크 앞에서 자세를 취했다. 두 여성 모두 샤넬에게 명성을 가져다준 절제된 우아함을 강조한 룩을 입고 있다.

53 1917년 3월 『레젤레강스 파리지엔느 Les Elégances Parisiennes』에 실린 샤넬의 '저지 의상'. 고급스러움과 기능성을 결합하고 섬세하게 자수를 놓은 이 저지 앙상블은 오픈칼라(open collar) 블라우스와 헐렁하게 벨트를 맨 세일러복, 짧고 넓은 스커트로 구성되어 있다. 오른쪽 모델은 마구를 본떠 만든 버클이 두 개로 된 벨트를 매고 있으며 (샤넬은 말을 잘 탔다고 한다), 가운데 여성은 샤넬 의상실 특유의 두 가지 색상으로 된 신발을 신고 있다.

도 했다.

디자이너들이 점차로 최고급 기성복과 스포츠웨어 분야에 진출했으며 향수처럼 이윤이 많은 사업으로 확장하는 등 사업이 다각화되었다. 푸아레는 전쟁 전부터 향수를 생산하기 시작했고, 샤넬은 디자이너로서는 최초로 향수병에 자신의 이름을 넣었다. 1921년에 착수한 샤넬 No. 5는 재스민 같이 값비싼 천연 원료의 향을 강화하는데 합성 알데히드를 사용해서 유명해진 조향사 에른스트 보가 배합한 것이다. 샤넬은 곡선적인 향수병이 유행하는 경향과 달리 약병 모양의 모던한 향수병을 직접 디자인했다. 다른 의상실들도 잇달아 슈트와 향수를 판매해 전보다 높은 수익을 올렸다.

1920년대 전반 패션은 전통적인 페미닌 스타일과 모던 스타일, 두 종류가 주도했다. 미국에서는 타페, 런던에서는 루실도58, 그리고 파리에서는 파캥, 칼로 자매, 마르티알 에 아르망(Martial et Armand)과 잔느 랑뱅(Jeanne Lanvin)을 로맨틱 스타일의 선구자로 꼽을 수 있다. 이 디자이너들은 리본과 꽃, 레이스로 장식한 슈가아몬드 색상의 종이 태피터, 오건디(organdie, 면이나 폴리의 투명한 평직물로 얇고 가벼우며 풀을 많이 먹여 빳빳함*), 오갠자(organza, 비스코스 레이온으로 제작한 얇고 비치는 평직물*)로 꿈꾸는 듯한 의상을

54 제1차 세계대전 기간에 영국 여성은 가정과 전선에서 여러 가지 일을 감당해 냈으며, 그들의 활약상을 정보부 소속의 공식 사진작가들이 기록했다. 이 사진은 영국 여성 공군의 모습을 보여주고 있다.

만들었다. 디자이너들은 이국적이고 역사적인 소재에서 영감을 얻었으며, 보디스에는 뼈대를 대고 허리가 잘록하게 들어가고 발목 바로 위에서 소용돌이치는 스커트로 구성된 '로브 드 스틸'과 '픽처 드레스(picture dress)'에서 역량을 발휘했다도56. 양치는 소녀풍의 모자와 실크 리본으로 끈을 묶는 앞이 뾰족한 신발이 스타일을 완성했다. 이 스타일을 대표하는 랑뱅이 디자인한 파스텔 색상의 '엄마와 딸의 드레스(mother-and-daughter dress)'는 조르주 르파프와 베니토(Benito), 앙드레 마르티, 발렌타인 그로스의 뛰어난 패션 도판으로도 유명하다도57.

전후의 패션은 로맨틱한 스타일과 정반대인 가르손느 룩(garçonne look)이 주도했다도60. 이 용어는 세상을 깜짝 놀라게 했던 빅토르 마르그리트의 소설 『가르손느 *La Garçonne*』에서 따온 것이다도59. 소설은 독립적인 삶을 찾아 집을 떠난 급진적인 한 젊은 여성에 관한 이야기다. 급진적인 사회, 경제, 정치적 자유를 실제로 경험한 여성이 거의 없었기 때문에 가르손느 룩은 현실적이라기보다는 이상적이었다. 실제로 영국에서는 1918년이 되어서야 30세 이상의 기혼이며 가정주부이고 대학 졸업자인 여성에 한해 참정권을 주었고, 1928년에 비로소 모든 영국 여성이 선거권을 갖게 되었다. 미국 여성들은 1920년 대통령 선거에서 투표권을 갖게 되었으나 전쟁에서 돌아온 남성들에게 양보하고 가정으로 돌아가 부인과 어머니로서의 역할을 다하라고 권장되면서 유럽 여성들과 마찬가지로 새로이 누리게 된 독립이 축소되었다.

가르손느 또는 '쥔느 피유(jeune fille)' 룩은 전쟁 직후에 유행했는데, 1926년에 절정에 달했고 거의 변화 없이 1929년까지 지속되었다. 가르손느 룩은 젊고 소년 같은 스타일이었다. 이 스타일이 사춘기 이전의 체형을 요구함으로써 이상적인 체형에 대한 극적인 변화가 나타나면서 패션 화보에는 "날씬한", "미끈한", "늘씬한"이라는 형용사가 넘쳐났다.

헤어스타일도 젊고 중성적인 모양이 유행했다. 1917년 아방가르드한 여성들은 머리를 짧게 잘랐으며, 1920년대 초반에는 많은 여성들이 그 뒤를 따랐다. 보브(bob, 앞머리를 이마까지 내려오게 하거나 이마가 보이도록 남자처럼 짧게 깎은 머리로 흔히 단발머리라고 함*)와 싱글(shingle, 지붕의 경사처럼 위로 차차 짧게 깎은 머리 형태*) 헤어스

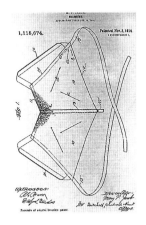

55 메리 펠프스 제이콥(Mary Phelps Jacob)이 디자인한 최초의 브래지어로, 1914년 11월 특허를 받았다. 1920년대 중반까지의 다른 초기 브라들처럼 이것도 뼈대가 들어 있지 않았으며 가슴의 모양을 강조하기보다는 납작하게 만드는 역할을 했다.

타일에 윤을 내기 위해 머릿기름을 사용했다. 긴 머리는 틀어 올렸고, 저녁 행사에는 장식이 달린 둥근 모양의 스페인풍 빗 같은 머리 장신구로 치장했다. 1926년에는 짧은 머리 모양이 일반화되었고 매우 대담한 여성들은 이튼 크롭(Eaton crop)이라는 남학생의 헤어스타일을 했다. 당시 짧은 머리에는 클로슈(cloche) 모자가 필수적이었다. 보통 펠트로 만든 종 모양 클로슈 모자를 머리에 꼭 맞게 눈썹까지 푹 눌러 썼다도61. 얼굴을 화장으로 강조하면서 전보다 훨씬 많은 화장품을 사용했다. 유행을 따르는 젊은 여성은 눈썹을 뽑아 아치 모양을 만들었고, 눈은 화장먹(kohl)으로 진하게 칠해 강조했고, 입술도 짙게 칠했다. 때로는 공공 장소에서도 화장을 하게 되면서 미용 산업이 활성화되었다.

이 시기 전문 모델들은 보통 한 의상실에 소속되어 있었으며, 모델의 이름은 알려지지 않았다. 반면 아름다운 사교계의 여성이나 영화배우, 연극배우가 패션 잡지에 화려하게 등장했으며 때로는 그들이 입고 있는 의상을 만든 디자이너보다 더 주목을 받았다. 특히 영화는 스타일을 주도하는 매체가 되었다. 영화배우들의 극적인 외모를 일상 생활에 적용하기에는 다소 적합하지 않았지만 관객들은 테다 바라(Theda Bara), 폴라 네그리(Pola Negri), 클라라 보(Clara

56 1924년의 이 일러스트레이션은 아주 장식적인 로브 드 스틸(왼쪽과 가운데)과 초기의 긴 가르손느 의상 (오른쪽)을 대비함으로써 로맨틱 스타일로부터 모던한 스타일로의 변화를 보여주고 있다. 로브 드 스틸의 대표적인 디자이너는 랑뱅이었지만, 당시 대부분의 쿠튀리에들이 이 스타일을 디자인했다. 왼쪽과 가운데 의상은 파투의 디자인이며, 오른쪽의 단순한 의상은 두세의 디자인이다.

57 자수를 놓은 '엄마와 딸의 드레스'는 잔느 랑뱅의 특기였다. 모자 디자이너로 출발했지만 딸을 위해 의상을 만들면서 오트쿠튀르에 진출하게 되었다. 1914년 7월 『가제트 뒤 봉 통』을 위한 피에르 브리소(Pierre Brissaud)의 삽화 〈생 시르 만세! Vive Saint Cyr!〉는 허리가 들어가고 여러 층으로 된 로맨틱한 드레스를 입은 엄마와 앞으로 유행하게 될 짧은 박스 스타일의 옷을 입은 딸을 보여준다.

58 루실의 이브닝 가운. 루실은 로맨틱 스타일의 선구자로 새로운 보이시 스타일이 유행하기 시작한 1923년에도 여전히 그림에 보이는 것과 같은 '픽처 드레스'를 제작했다. 시대에 적응하지 못한 루실은 그해 사업에 실패했다. 왼쪽에서 오른쪽으로: 파란색 태피터와 레이스, 밀짚 색상의 파유(faille)와 은색 레이스, 그리고 금색 자수가 있는 아이보리 크레이프.

Bow) 같은 무성 영화에 출연하는 요부들에게 매료되었다. 1927년 소리가 삽입되자 영화는 더욱 사실적인 방향으로 나아갔다. 존 크로퍼드, 루이즈 브룩스와 글로리아 스원슨 같은 스타가 1920년대 인기 플래퍼(flapper, 1920년대 자유를 찾아 복장, 행동 등에서 관습을 깨뜨린 젊은 여성, 말괄량이*)로 등장하면서, 수백만 명의 여성들이 그들의 언행뿐만 아니라 의상과 머리 모양, 화장법을 모방했다. 팬 잡지가 1911년 처음 창간되어 스타들의 미용법과 의상을 소개했다. 루돌프 발렌티노와 더글러스 페어뱅크스 같은 남자 배우가 남성들을 위한 새로운 스타일을 제시했다. 이나 클레어는 샤넬 룩을 브로드웨이 무대에 올렸으며, 거트루드 로렌스는 몰리눅스(Molyneux)의 파자마 수트를 무대에서 입었다.

가르손느 룩을 특징짓는 단순성은 분명히 옷감보다는 재단에 있었다. 일직선으로 재단된 슈미즈 드레스는 데이웨어와 이브닝웨어의 주요 라인이 되었다. 허리선이 엉덩이로 내려간 드롭웨이스트 드레스는 어깨에 걸치는 식이었다. 샤넬과 파투가 가르손느 룩을 선도했으며, 특히 샤넬은 자신이 만든 의상을 스스로 입고 다녀 언론의 관심을 끌었다. 파리의 다른 뛰어난 의상실로는 두세도62,64, 제니(Jenny), 랑뱅, 파캥, 도외유, 몰리눅스, 루이즈 불랑제(Louise Boulanger)가 있었다. 푸아레도 전후의 새로운 패션 경향을 받아들였지만 더 이상 선두에 서지 못했다. 1925년 파리 전람회에 참가한 푸아레는 자신의 배 3척을 센 강에 정박하고, 그곳에서 의상과 향수, 음식을 선보였는데 이것이 그의 마지막 작품이 되었다. 미국에서는 해티 카네기(Hattie Carneige), 오마 키엄(Omar Kiam), 리처드 헬러(Richard Heller)가 사업에 성공했으며, 영국의 디자이너 노먼 노렐(Norman Norell)은 1927년부터 성공을 거두기 시작했다. 그러나 이들 중 그 누구도 파리의 지위와 권위를 갖지는 못했다.

1920년대 전반에는 앞으로 유행할 스커트 길이를 장담할 수 없었다. 샤넬과 파투(Jean Patou)는 더 짧은 길이를 선보이면서 스타킹의 수요를 증가시켰다. 실크 스타킹이 여전히 선호되었으며, 검

59 빅토르 마르그리트의 소설 『가르손느』의 표지로, 1920년대 유행한 가르손느 룩은 이 소설에서 명칭을 땄다고 한다. 사생아를 낳은 악명 높은 소설의 주인공 모니크 레비에가 머리를 짧게 자르고 남성의 재킷과 타이를 입고 있는 모습을 보여준다.

60 1926년 젊은 멋쟁이 '가르손느'가 웰리 쇠르(Welly Sœeurs)의 연한 자주빛 크레이프드신(crepe-de-chine) 애프터눈 드레스를 입고 있다.

은색, 흰색, 베이지색과 회색 같은 중간 색조의 단색이 인기 있었다. 데이웨어와 이브닝웨어용으로는 보통 무난한 색상이 선호되었으며, 장식은 주로 발목의 자수 장식에 국한되었다. 화려한 타탄, 체크 디자인의 스타킹은 스포츠웨어와 함께 신었다. 가장 일반적인 신발 스타일로는 쿠반힐(cuban-heel, 굵직한 중간 힐*)의 코트 슈즈(court shoes, 끈이 없는 중간 높이의 여성용 힐*)와 발등 위를 가로지르는 끈이나 T자 모양의 끈이 있는 신발이 있었다. 한 가지 혹은 두 가지 색상의 가죽을 사용하기도 했으며, 낮에 신는 신발에는 뱀가죽을 사용하고, 이브닝용으로는 자수가 놓인 브로케이드(brocade, 꽃이나 당초무늬 등을 자카드로 직조한 화려한 견직물*) 실크나 금색의 염소 가죽을 사용했으며, 버클에 보석을 박거나 굽을 장식하기도 했다.

의복 재단이 일반적으로 단순해진 반면 옷감은 매우 장식적이었는데, 특히 이브닝용은 한층 화려해졌다. 1917년 소비에트 혁명

61 클로슈는 1920년대 후반 가장 인기 있는 모자 디자인이었다. 벨벳으로 된 초기의 터번 스타일은 마르트 콜로(Marthe Collot)의 1924-1925년 디자인이다.

62-64 1924-1925년 자크 두세의 의상. 왼쪽부터: 전쟁 전 튜닉에서 영향을 받은 두세의 데이웨어, 체크 소재로 된 드롭웨이스트 드레스와 같은 소재로 안감을 댄 코트와 클로슈, 단이 불규칙한 이브닝 드레스, 극적으로 높은 칼라가 달린 극장용 코트와 이브닝 드레스. 두세가 말년 무렵에 디자인한 것이다. 그는 1929년 사망했다.

65 활기 넘치는 아름다움과 세련된 단발, 생동감으로 1920년대 여신으로 불린 할리우드 여배우 루이즈 브룩스.

으로 프랑스로 이주한 러시아 이민들이 소개한 화려한 색상의 슬라 빅(Slavic) 모티프가 1920년대 초반 주목받았다. 1922년 말 투탕카 멘 왕릉이 발굴되면서 이집트에 대한 관심이 생기면서 풍뎅이와 연 꽃이 인기 있는 의상의 문양으로 사용되었다도67. 부유한 고객들 은 대담하고 현대적인 디자인에서부터 역사에 바탕을 둔 특히 18세 기 반복 문양까지 다양한 종류의 문양 중에서 선택할 수 있었다. 중 국취미 열풍으로 인해 장식적이고 풍부한 색상의 프린트와 직물 생 산이 늘어났다. 데보레(Devoré)의 프린트 직물이 특히 인기가 있 었다. 이브닝웨어는 직선으로 재단되었으며 때로는 양쪽에 천을 덧 댄 문장복 스타일도 있었으며 목선은 깊이 파고 뒤는 가느다란 어 깨 끈으로 되어 있었다. 주요 텍스타일 아티스트들이 디자인한 브 로케이드 실크와 금은 라메(lamé, 금속광택의 절박이나 금은사, 또는 이 를 이용해 편직한 직물의 총칭. 파티복, 무대의상이나 구두 등에 사용*)가 리

옹의 텍스타일 공장에서 생산되었는데, 오트쿠튀르의 기술이 최고로 발휘된 자수나 구슬 장식과 결합되었다 도68 .

숄은 1920년대 초에서 1930년대 초까지 가장 인기 있는 액세서리였는데, 리옹에서 가장 극적이고 섬세한 숄을 생산했다 도69 . 인체 위에 다양하게 두를 수 있는 숄은 흔히 실크로 프린지를 달았으며, 원통형의 유행 의상에 한층 폭을 더해주었다. 또한 1920년대의 얇은 의상에 따뜻함과 편안함을 제공했다. 리옹에서 생산되는 브로케이드 숄 외에 당대의 뛰어난 예술가가 손으로 직접 그린 것이나 자수 장식이 많은 인도와 중국 수입품도 있었다.

몇몇 디자이너는 반짝이는 구슬로 장식된 의상을 만들었으며, 어떤 디자이너들은 의상에 구슬이 달린 프린지를 달거나 스커트 단에 프린지 장식을 해 춤출 때의 동작을 강조했다. 좀더 절제된 장식법은 '트위스트 자수(twist embroidery)'로, 옷감을 꼬아서 장식적인 모양을 만들어 옷 위에 붙이거나 스커트 단에 붙여 환상적으로 장식을 했다. 신발과 가방은 이브닝웨어와 어울리도록 디자인했으며, 화장품 상자, 담뱃갑, 파이프 같은 새로운 유행 액세서리를 넣을 수 있도록 가방은 커졌다.

1920년대에 여성이 코르셋을 버린 것은 패션 역사에서 신화로 기록될 사건이었다. 크게 선전했던 "밝고 젊은 것(Bright Young Thing)"이라는 속옷의 등장으로 코르셋과 서스펜더가 필요 없어지고 여성들은 스타킹을 무릎 바로 위까지 말아 내리고 다녔다. 이러한 모습이 현대 여성을 풍자하는 당시의 만화에 자주 등장했다. 그러나 대부분의 여성들은 긴 원통형의 고무 코르셋을 입어 여성적인 곡선을 억누르고 유행하는 룩에 어울리는 체형을 만들었다. 옆에 지퍼가 달린 "롤온(roll-ons)" 또는 "스텝인(step-ins)"이라고 부르는 부드러워진 코르셋 대용물도 착용했다. 원래 "슬라이드 패스너(slide fastener)"로 알려진 지퍼는 1890년대에 발명되

67 1923년 무렵 주름 드레스 위에 입은 긴 비대칭 튜닉과 스카프가 1922년 말 투탕카멘 왕릉의 발굴 후 의상의 재단과 텍스타일 문양에 미친 고대 이집트의 영향을 보여준다. 『티쉬 다르(예술 직물) Les Tissus d'Art』에서 발췌.

68 1925년 폴 푸아레의 앙상블. 패션은 변화하고 있었지만 푸아레의 장식적인 디자인은 1920년대 중반에도 여전히 멋져 보였다. 소매가 트인 재킷의 강한 흑백 디자인은 당시 패션에 유행하던 러시아, 이집트, 인도차이나, 유럽 민속 의상의 영향을 보여준다.

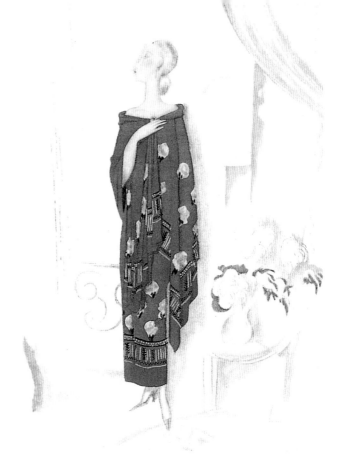

69 1923년 『가제트 뒤 봉 통』에 실린 〈로디에의 파란 숄 Le Chale Bleu Echarpe de Rodier〉. 1920년대에 숄은 아주 멋진 액세서리였다. 평범한 의상에 변화를 줄 수 있었으며, 하루 중 어느 때나 그리고 어떤 행사에나 두를 수 있었다. 최고의 텍스타일 제조업체 로디에는 드레스와 숄로 이루어진 의상에 문양이 있는 파란색 고급 울을 사용했다.

70 1929년 샤넬의 코스튬 주얼리. 샤넬은 코스튬 주얼리를 패션 엘리트들도 받아들이게 만들었다. 양식화된 새의 깃털, 눈, 발톱과 타조 브로치는 빨간색 인조석과 디아망테(diamanté)로 강조했다.

었지만, 1923년 "지퍼(zipper)"로 특허를 받았다. 원피스 캐미솔은 슈미즈에서 발전했는데, 어떤 것은 이브닝 드레스에 맞추어 등을 깊이 팠다. 속옷으로는 실크와 면이 가장 인기 있었고 색상은 흰색, 아이보리, 복숭아색이 가장 많이 팔렸으며 자수와 아플리케로 장식했다. 도발적인 색상도 있었지만, 속옷 전문점과 백화점은 레몬색, 자주, 하늘색, 산호색, 연두색, 검은색과 핑크색을 광고했다.

모조 보석으로 만든 코스튬 주얼리(costume jewelry)가 1920년대 새로운 패션 액세서리로 자리매김했다. 전통적으로 인조 보석은 진짜 보석의 모조품을 만드는데 사용되었다. 1924년 자신의 보석 공방을 연 샤넬은 색상과 크기에서 천연 보석을 능가하는 인조 보석과 모조 진주로 보석을 디자인함으로써 전통을 조롱했다 도70. 그는 부의 과시가 아니라 치장을 위해서 보석을 착용해야 한다고 생각했다. 전통을 바꾸기 위해서 샤넬 스스로 이브닝용으로 적합하다고 간주되어 온 보석들, 르네상스와 비잔틴 시대 보석에서 영감을 얻은 모조 진주나 화려한 색상의 보석 목걸이나 브로치 등을 낮에 착용했다. 밤에는 종종 보석을 착용하지 않았다.

1925년 파리에서 성대하게 열린《장식미술과 근대산업 국제전 *Exposition Internationale des Arts Décoratifs et Inderstriels Mordernes*》에는 18세기 복고풍의 영향을 많이 받은 매우 장식적인 아르데코풍 제품이 완전히 미니멀한 작품과 함께 전시되었다. 그러나 모더니즘의 부드러우면서도, 각이 진 기하학적 선이 곧 패션과 텍스타일 디자인을 주도했다. 검은색, 흰색, 내추럴 그레이와 베이지가 가장 아방가르드한 색상이었으며, 드물게 패턴이 있었는데 주로 선이나 기하학적 형태였다. 미술가 소니아 들로네(Sonia Delaunay)는 파리에 있는 그의 의상실 시뮐타네(Boutique Simultané)에서 자신의 미술 작품을 응용 미술에 적용했다. 의상실은 쿠튀리에이며 모피상인 자크 에임(Jacque Heim)과 공동으로 운영했다. 들로네는 순수 예술이 일상 생활과 접목되어야 한다고 생각했으므로 자신의 오르픽 큐비즘(orphic cubism) 회화를 텍스타일 디자인에 적용했다. 오르픽 큐비즘 회화는 색상과 형태의 병치를 통해 운동감의 환영을 만들었다. 중간색에 대한 인기와 대조적으로 그의 텍스타일은 화려한 색상의 다이아몬드와 동그라미 무늬로 이루어졌고, 이것으로 눈길을 끄는 스포츠웨어와 액세서리를 제작했다. 러시아 구성주의 작가 중의 한 사람인 바르바라 스테파노바(Varvara Stepanova)는 전통적인 민속 이미지와 현대의 산업과 기술에서 차용한 디자인을 결합해 새로운 사회를 위한 드레스와 텍스타일 디자인을 제안했다.

1925년 무렵 패션을 표현하는 기록과 전파 매체로서 주요한 역할을 하던 일러스트레이션은 흑백 사진으로 대체되었다. 색상에 관한 내용은 설명을 붙여야 했지만 밝은 빛과 정확한 초점이 재단과 구성, 소재의 질감을 명확하게 보여주었다. 뛰어난 초기 패션 사진가 바롱 드 마이어(Baron de Meyer)와 에드워드 스타이켄(Edward Steichen)에 이어 등장한 창조적인 사진가 맨 레이(Man Ray)는 1925년 파리 전시회에서 살아있는 모델이 아닌 의복제작용 마네킹에 옷을 입힌 초현실주의 패션 사진을 찍었다. 세실 비턴(Cecil Beaton)은 상류사회의 초상사진가로 성공했으며, 스포츠웨어 사진과 고전적인 배경의 사용으로 유명한 조르주 오이닝겐-위엔 (George Hoyningen-Huene)은 남성 모델을 폭넓게 기용했던 최초의 사진가였다도72.

스포츠 우상과 스포츠웨어 디자인이 새로운 모더니티의 초점이 되었다. 이를 위해 쿠튀리에는 특별 부서를 만들었는데, 파투는 누구보다도 스포츠웨어를 중시했으며 프로페셔널 스포츠 선수들을 위해 디자인했다. 가장 유명한 고객인 프랑스의 테니스 챔피언 쉬잔 랑글랑(Suzanne Lenglen)을 위해 파투는 경기복과 경기장 밖에서 입는 의상을 모두 디자인했다도71. 1921년 랑글랑은 파투 디자인의 의상을 입고 경기를 해 선풍을 일으켰다. 그는 머리에 넓은 밴드를 매고 무릎 바로 아래 길이의 주름 원피스를 입었는데, 스타킹을 무릎 바로 위까지 말아 올려 뗄 때 스타킹의 윗부분이 드러났다. 파투는 수영, 승마, 골프와 스키용 의상도 만들었으며, 인간공학적인 기능성과 스타일을 결합한 스포츠웨어는 자신의 컬렉션에도 영향을 미쳤다. 1924년 운동선수 같은 외모를 지닌 6명의 미국 여성 모델을 파리로 데려와 의상 모델로 기용했다. 제인 레니(Jane Regny)는 여성 운동선수이면서 디자이너로서 자신의 경험과 스포츠웨어에 대한 지식을 살린 컬렉션을 했으며, 랑뱅과 루시앵 를롱(Lucien Lelong) 역시 이 분야에 뛰어났다.

프로페셔널 스포츠와 아마추어 스포츠 열풍은 햇볕이 건강에 미치는 좋은 점이 과학적으로 입증되던 때와 같이 했다. 처음으로 햇볕에 그을린 피부가 멋지다고 여겨지면서 선탠은 레저와 부를 상징하게 되었다. 또한 대도시의 해변 휴양지에서 선탠을 즐기는 것이 이상적이라고 생각했다. 수영복의 디자인은 전후에 극적으로 변화되었다. 새로운 수영복은 사람들 앞에서나 태양 아래서 몸을 대담하게 노출했다. 니트 원피스 수영복이 1918년경 최초로 등장했으며 1920년대 중반에 여성들은 귀찮은 튜닉과 니커로 이루어진 수영복을 버리고 원피스 수영복을 입게 되었다. 소매는 없어졌고, 반바지는 더욱 짧아졌다. 남녀 수영복에는 사타구니를 가리는 짧은 덧치마가 있었지만 1920년대 중반에는 이것마저 사라졌다. 현대 수영복의 날씬한 유선형 룩을 마무리하는 고무 재질의 수영모자가 1920년대에 처음 등장했다. 옷을 거의 입지 않은 상태로 공공 수영장에서 남녀가 같이 돌아다니는 것이 불경스럽다는 전세계의 항의

71 1919년에서 1926년까지 윔블던 우승자 쉬잔 랑글랑은 쿠튀리에 장 파투와 상당히 친했고, 장 파투는 그에게 경기장과 경기장 밖에서 입을 의상을 만들어주었다. 사진에서 랑글랑은 파투의 1925년 테니스복을 입고 있다. 주름 드레스 위로 남성 조끼에서 따온 소매 없는 스웨터를 입고, 머리에는 밴드를 한 이 스타일은 많이 모방되었다.

72 1928년 파투가 디자인한 줄무늬 투피스 니트 수영복으로, 조르주 오이닝겐-위엔의 사진이다. 파투는 1920년대 가장 성공적이었으며, 한 시즌에 350개에 이르는 디자인을 소개할 만큼 가장 큰 의상실 중 하나였다. 그의 스포츠웨어는 아주 훌륭했다. 1925년 스포츠웨어를 전문으로 하는 상점 스포츠 코너 (Coin des Sports)를 열었다.

에도 불구하고, 이러한 패션 트렌드를 금지하는 법을 제정하려는 시도는 수포로 돌아갔다도74.

파리의 쿠튀르 의상실들이 멋진 수영복 개발에서 선구적인 역할을 했다. 파투와 들로네, 그리고 새로 등장한 엘사 스키아파렐리 (Elsa Schiaparelli)는 줄무늬와 색면을 사용한 파격적인 디자인을 소개했다도72. 제조업체들이 이 디자인을 재빨리 대량생산했다. 수영복은 면이나 모로 만들었는데 모는 여름에 너무 더워서 불편했고 젖으면 무거워졌다. 1930년대 당시 세계적인 수영복 제조업체였던 미국의 젠첸 사(社)가 양옆을 고무 립 스티치(elastic rib stitch)로 마무리해 신축성을 배가한 수영복 만드는 니트 기계를 개발해 인체에 맞는 수영복을 생산하게 되었다. 하지만 이것도 아직 열과 수분 흡수라는 문제를 극복하지는 못했다.

야외 활동에 대한 관심과 의복에 대해 관대해진 태도가 남성복 디자인에도 많은 영향을 주었다. 전통주의자들은 옷의 격식이 완화되는 방향으로 변화하는 것을 단정치 못하다고 비난했지만 새로운 경향이 폭넓은 지지를 얻었으며, 패션계를 주도하던 윈저 공(the Duke of Winsor)은 이러한 트렌드를 대표하는 인물이었다. 윈저 공이 유행시킨 수많은 패션 가운데 플러스포(plus-four, 천이 무릎 밴드 밑으로 10cm(4inch) 정도 내려오기 때문에 붙여진 이름), 커터웨이(cut-away, 모닝 코트 등의 앞자락을 뒤쪽으로 비스듬히 재단한 옷*) 셔츠 칼라, 윈저 노트(Winsor knot, 1920년대 윈저 공이 개발한 타이 매는 방법으로 매듭이 크다*)가 있다. '윈저 노트'는 미국에서는 "대담한 타이(bold look tie)"로 알려졌다. 그는 신발의 혀가죽에 프린지가 달린 브로그(brogue)를 좋아했으며, 1922년 세인트앤드루에서 여러 가지 색상이 어우러진 멋진 '페어아일 스웨터(Fair-Isle sweater, 스코틀랜드의 페어 섬에서 생산하는 스웨터로 밝은 색상의 부드러운 헤티 사(絲)로 전통 문양을 넣음*)'를 입고 골프 치는 사진이 공개된 후 쇠퇴하던 스코틀랜드 니트 공장이 다시 살아났다도75 .

윈저 공의 날씬한 스타일은 1924년 발레 뤼스의 〈푸른 기차 *Le Train bleu*〉를 위한 샤넬의 의상 디자인에 영향을 주었다도76 . 1923년 최초로 파리에서 도빌까지 운행한 특급 열차의 이름을 딴 이 발레 공연은 리비에라를 배경으로 스포츠를 주제로 다루었다. 수영, 테니스와 골프가 등장하는데, 샤넬은 무용수들에게 저지 재질의 수영복과 자신의 컬렉션에 등장한 것과 유사한 카디건 수트를 입혔다. 테니스 선수 쉬잔 랑글랑을 모델로 한 여주인공 역은 니진스카(Nijinska)가 맡았으며, 남자 주인공 레옹 보이지코브스키

73 눈속임 기법을 사용한 흰색 리본이 있는 검은 울 스웨터의 디테일로 1927년 엘사 스키아파렐리의 작품이다. 이 의상은 스키아파렐리의 패션의 출발을 알리는 작품이었다.

74 1920년대 말 해변에서 포즈를 취한 친구들. 남녀간에 격이 없어지고 남녀 수영복의 스타일과 디자인이 유사함을 보여준다.

75 1926년 최고급 남성 패션. 골프 의상(왼쪽)과 플러스포, 대담한 문양의 스웨터와 양말(오른쪽)에서 원저 공의 영향을 보여준다.

76 샤넬이 디자인한 1924년 발레 뤼스의 〈푸른 기차〉의 의상은 원저 공의 스포츠웨어에서 영향을 받았다. 디아길레프는 이 작품의 연출을 통해 발레에 새로운 현대적인 사실성을 불어넣었다. 피카소가 프로그램을 디자인했으며, 그의 1922년 작품 〈해변으로 달려가는 두 여인 Two Women Running on the Beach〉을 확대해 무대 커튼으로 사용하도록 했다. 입체주의 조각가 헨리 로렌스가 무대장치를 디자인했다.

(Leon Woizikovsky)는 원저 공이 유행시킨 옷들을 입었다.

여성복처럼 남성 스포츠웨어도 점차 캐주얼웨어로 받아들여졌으며, 도시용 의복과 전원용 의복, 그리고 주간용과 이브닝용의 구분이 차츰 사라졌다. 패치 포켓과 빛나는 금속 단추가 달린 싱글브레스트 블레이저(때로 줄무늬가 있음)는 앞에 단추를 단 셔츠와 회색 플란넬 바지, 끈 달린 흰색 구두와 함께 입어 화려하게 연출했다도77.

런던은 계속해서 남성복 패션을 주도했다. 새빌 로의 맞춤제작 슈트는 전세계에서 가장 뛰어났다. 여성복의 각진 선과 대조적으로 남성의 정장 슈트는 하이웨이스트에 허리선이 날씬하게 들어가 어깨를 강조했으며, 바지는 아래로 가면서 폭이 점점 더 좁아졌다. 앞코가 둥근 편안한 신발이 뾰족한 신발을 대신했고, 낮에는 브로그를 즐겨 착용했지만, 1920년대 초반 의례용으로는 스패츠를 신었다도78.

옥스퍼드 대학의 소규모 '유미주의자' 모임이 매우 통이 넓은 바지를 입었는데, 이것이 일명 "옥스퍼드 백(Oxford bags)"으로 널리 알려졌다. 어떤 경우에는 통의 넓이가 102cm나 되었다. 가장 화려한 색상으로 연보라, 모래 빛깔, 연두색이 있었으며 무난한 것으로는 감색, 회색, 검은색, 크림색과 베이지색이 있었다. 옥스퍼드 백은 국제 패션계와 언론의 관심을 끌었으며 그 인기는 미국의 아이비리그 대학으로 퍼져나갔다.

77 1920년대 초반에서 중반 무렵 멋쟁이 두 커플의 사진엽서. 샤넬이나 파투 스타일의 편안한 스포츠 스타일을 입고 있는 여성들의 모습이 유행 디자인이 널리 보급되었음을 보여준다. 대담한 줄무늬의 플란넬 블레이저와 앞을 풀어헤친 셔츠, 그리고 크림색 바지를 입고 밝은 색상의 신발을 신고 있는 남성들의 의상은 당시 유행하던 비치웨어 스타일이다.

78 젊은이들 사이에 유행하던 캐주얼과는 반대로 1923년 9월 미국 재향군인회에 참석한 나이 지긋한 신사들은 격식을 갖춘 모닝 코트를 입고 있다.

예술가와 지식인들은 주류 패션에 대한 반동으로 건강·정치·미학에 관련된 문제들을 제기하면서 주류 패션의 독재가 가지는 문제점을 더욱 부각했는데, 이것은 영국에서 가장 심각하게 나타났다. 프랑스와 달리 영국의 '보헤미안'은 패션 디자이너와의 교류가 없었고, 소규모의 배타적인 거주지를 형성했다. 유명한 예가 블룸스베리 그룹으로, 회원 중에는 길고 헐렁한 밝은 색상의 옷을 입어 유별난 차림을 하던 화가 버네사 벨(Vanessa Bell)이 포함되었다도79. 이 그룹의 친구이며 후원자로는 터키 의상을 좋아했던 보라색 머리의 오톨린 모렐과 로저 프라이가 있었다. 퀘이커교도였던 프라이는 전쟁 동안 요주의 인물이었다. 그는 화려한 색상의 산둥(shantung) 실크 타이와 챙이 넓은 모자, 그리고 샌들을 신고, 일정한 형태가 없는 예거(Jaeger)의 홈스펀(homespun, 양모의 굵은 방사로 성글게 평직하거나 능직한 천*) 옷을 입었는데, 그는 이 스타일을 평생 동안 고수했다.

더 조직적인 형태의 저항은 1929년 설립된 남성복 개혁당(Men's Dress Reform Party[MDRP])이 내세운 '미학과 편리성, 그리고 위생'을 고려한 남성복 스타일을 받아들이자는 캠페인이었다. 그들은 빳빳한 칼라, 꽉 졸라맨 타이와 바지를 느슨하고 장식적인 셔츠나 블라우스, 짧은 바지와 브리치스로 대체할 것을 제안했

79 버네사 벨의 그림 〈전원에서 목욕하는 사람들 *Bathers in a Landscape*〉(1913년 말)이 그려진 스크린 앞에서 니나 햄닛(Nina Hamnett)과 위니프레드 길(Winifred Gill)이 오메가(Omega)의 화려한 색상과 대담한 문양의 의상을 입고 포즈를 취하고 있다. 예술은 자발적이어야 하며, 일상 생활의 일부분이어야 한다고 생각했던 오메가 예술가들은 자신들의 그림에 표현했던 색상과 현대성을 반영해 의상과 인테리어를 디자인했다.

80 1937년 7월 14일 런던의 남성복 개혁당의 당원들. MDRP가 허용하는 스타일을 입은 이 남성들은 의상 콘테스트에 참가했으며, 그 결과가 잡지 『청취자 *The Listener*』에 실렸다. 왼쪽에서 두 번째 남성이 입은 앙상블이 우승했다.

다. 또한 신발보다는 샌들을 선호했으며, 이러한 개혁을 모든 경우에 적용하고자 했다도80. 이 그룹의 저변에는 깨끗한 공기와 햇볕이 건강에 미치는 장점을 주장하는 햇볕 동맹(Sunlight League)의 회원인 저명한 방사선과 의사와 예술가, 작가 등이 있었다. 프랑스에는 칼라다림질반대 동맹(Anti-Iron-Collar League)이라는 유사한 단체가 있었다. 이 시기 동안 셔츠 칼라가 빳빳해야 하는가 부드러워야 하는가, 붙여야 하는가 떼어야 하는가를 놓고 수많은 논쟁이 벌어졌다. 결국 편안하고 착용하기 쉬운 부드러운 칼라를 낮에 착용하게 되었고, 남성복 개혁당은 1937년 해산했다.

샤넬은 1920년대 후반 패션 기사의 주요 헤드라인을 장식했으며 남성복의 많은 아이템을 여성복에 도입해 유행시켰다. 이중 일부는 여성들이 전시에 착용하던 것이었다. 블레이저, 커프스가 있는 셔츠, 리퍼 재킷, 두꺼운 울 트위드 소재의 테일러드 수트는 정기적으로 그의 컬렉션에 등장했다. 여성복에서 가장 급진적인 발전이라면 점차적인 바지의 착용을 들 수 있는데, 이제 바지는 더 이상 괴상하다거나 실용적인 옷으로만 간주되지 않았다. 샤넬은 자신이 "요트 팬츠(yachting pants)"라고 알려진 헐렁한 세일러복 스타일의 바지를 입은 모습의 사진을 자주 언론에 공개하면서 이러한 움직임을 가속화시켰다. 유행에 민감한 젊은 여성들은 해변이나 초저녁에 집안에서 레저용으로 바지를 입기 시작했으며, 특히 초저녁에는 호화로운 중국풍 프린트가 있는 실크 파자마 수트를 입었다. 여성용 바지는 헐렁하게 재단해서 허리에 고무줄을 넣거나 끈으로 조였으며, 옆에서 여미도록 해 남성복과 구별했다.

1926년 전설적인 '작은 검정 드레스(little black dress)'를 선보이면서 샤넬은 검은색이 우아하고 유혹적인 색상임을 입증함으로써 검은색의 유행을 주도했다도81 . 크레이프나 울처럼 광택이 없는 소재는 데이웨어에 사용되었으며, 실크 새틴과 벨벳은 이브닝용으로 인기가 있었다. 이브닝용 천은 금속이나 유리로 장식하기도 했다. 미국판 『보그』 지는 샤넬의 의상을 검은색 포드 자동차의 대량생산에 비유했는데, 포드 자동차처럼 폭넓은 시장의 호응을 얻을 것이라고 예측했다. 1927년의 패션은 불규칙한 스커트 단을 특징으로 했다. 손수건의 모서리처럼 불규칙하거나 뒤가 더 긴 스커트 단도 있었다. 좁고 길게 나부끼는 스카프를 드레스에 부착해 스커트의 단을 불규칙하게 만드는 장식으로 사용했다. 니트 저지 카디건 수트가 1920년대 많은 여성들의 옷장에서 중요한 위치를 차지했다. 가로 줄무늬가 있는 경우도 있었으나, 대부분 무늬가 없거나 대비되는 색상으로 단순한 장식을 가미했다.

1920년대 스타일은 오트쿠튀르의 화려한 살롱으로부터 유럽과 미국의 번화가로 신속하게 전파되었다. 파리의 패션 거리 주변에 모조품 의상실들이 얼기설기 뒤엉켜 생겨났는데 그 중 포부르 생토노레 거리에 문을 연 마담 도레(Madame Doret)의 의상실은 쿠튀르 의상들을 모방해 싸게 팔면서 유명해졌다. 쿠튀르 의상실들은 디자인 도용을 막기 위해 저작권을 설정하려고 했으나, 언제나 그랬듯 막무가내로 거래가 이루어졌고 모방이 만연했다. 많은 최고 제조업체와 소매상들이 바이어인 양 위장해 쇼에 참석해 몰래 의상을 스케치하거나 디테일을 기억해 디자인을 훔쳐냈다. 좀더 양심적인 사람들은 디자이너들이 재생산용으로 판매했던 리넨(옥양목) 제품을 구입해 패턴을 얻었다. 샘플 테일러와 드레스 제조업체들은 이 제품을 뜯어서 생산을 위한 표준 사이즈를 만들었다. 업계의 말단에 있는 소규모 업체들은 파리에 직접 갈 수 없었으므로 유명 의상점에서 보고 디자인을 모방했다. 패션계 전문가들의 서술이 다가올 시즌의 디자인과 옷감, 미래의 유행 경향을 보고했다.

직선으로 재단된 헐렁한 가르손느 스타일은 표준 사이즈로 대량생산하기 쉬울 뿐만 아니라 집에서 만들기도 쉬웠다도82, 83. 옷한 벌에 2-3 미터의 옷감이면 충분했으므로 경제적이었고, 가벼운 소재를 사용하는 경향이었으므로 가정용 재봉틀로도 만들 수 있었다. 집에서 옷을 만드는 사람들도 파리 최고 디자이너들의 디자인을 접할 수 있었다. 1920년에서 1929년 사이 미국의 매컬 패턴 회사(McCall Pattern Company)는 샤넬, 비오네(Madeleine Vionnet), 파투, 몰리눅스, 랑뱅 등의 디자인을 판매했다. 영국에서는 『웰던스 레이디스 저널 Weldon's Ladies Journal』이 무료로 옷본과 디자인을 제공하는 잡지를 발간했으며, 이것은 우편주문도 가능했다. 「파리 페 거리의 패션 여성, 이베트(Yvette)」의 패션 제안 기사는 이브닝 드레스, 여성과 아동용 모자, 보통 체격과 큰 체격의 여성을 위한 패션 등을 중점적으로 다루었다. 미국과 유럽의 패션 언론은 고급에서 대중 시장까지 모든 시장을 다루었다. 이러한 다양한 경로를 통해 가장 우아한 오트쿠튀르의 이브닝 드레스 디자인이 가장 값싼 레이온 드레스에도 반영되었던 것이다.

레이온의 개발은 두 차례의 세계대전 사이에 나타난 가장 중요한 섬유 발전이었다. 천연 실크의 촉감과 외관을 닮은 레이온은 대중시장의 진입에 큰 이점을 지니고 있었다. 1880년대 이래 인조 섬

82, 83 1928년 버터릭 사의
종이 옷본. 봄용 데이웨어와 이브닝웨어
패턴은 15세에서 20세까지의 젊은
여성들을 위한, 유행하는 가르손느 룩을
보여준다. 왼쪽에서 세 번째는
디자인 No. 2001로, 샤넬이 가장 즐겨
디자인하던 드레스와 같은 천으로
안감을 넣은 코트 앙상블이다.

유를 완벽하게 제조하려는 시도가 이루어졌으나, 대부분 성공하지
못했다. 최초로 비스코스 사(絲)가 인조 실크로 알려진 소재를 만
드는데 사용되었다. 인조 실크라는 용어는 말 그대로 실크의 대체
물로써, 1924년 레이온이라는 속명(屬名)이 공식적으로 채택되면
서 더 이상 사용되지 않았다. 초기에 이 옷감은 값싼 의류의 안감이
나 란제리, 그리고 장식에 사용되었으나 차츰 스타킹 생산에 많이
이용되었다. 가격 면에서는 경쟁력이 있었지만 쉽게 올이 풀리고
광택이 아름답지 못해 실크보다 인기가 없었다. 생산 기술의 발달
로 1926년에는 마무리 처리가 개선되어 레이온이 최신 유행의 니트
웨어뿐만 아니라 데이웨어와 이브닝웨어에도 사용되기 시작했다.

　겨울 컬렉션에서 긴 길이의 스커트가 등장하면서 1929년 패션
에 커다란 전환이 이루어졌는데, 파투가 이 변화에 크게 기여했다.
스커트 길이가 경제 상황을 반영해 경제가 좋지 않을 때는 스커트
가 길어진다는 주장이 있다. 그러나 이 이론은 주의해서 받아들여
야 한다. 1929년 겨울 컬렉션은 1929년 10월 24일의 주식시장 붕괴
이전에 디자인되고 만들어졌기 때문이다. 주식시장의 붕괴로 많은
백만장자들과 거대 국제 산업이 파산하면서 '번창하는 1920년대
(Roaring Twenties)' 는 마감했다.

전세계에 경제 공황과 대량 실업의 여파를 가져온 뉴욕 주식시장의 붕괴가 1930년대의 불길한 출발을 알렸다. 오랫동안 프랑스의 하이패션 산업은 미국 수출에 의존해왔다. 그러나 주식시장의 붕괴 이후 백화점과 소매점 바이어들의 주문은 취소되었고, 그해 12월에 열린 쇼 이후에는 거의 주문이 들어오지 않았다. 불황을 타개하고자 디자이너들이 입찰 가격을 내렸고, 샤넬도 가격을 절반으로 인하했다. 디자이너들은 값이 저렴한 기성복을 도입하고 패션 관련 상품에 자신의 이름을 넣어 추가 수익을 올렸다.

1930년대 초반 쿠튀리에들은 자수처럼 값비싸고 많은 노동력을 필요로 하는 장식 기술을 포기하게 되었다. 파리의 뛰어난 자수업자 르사주(Albert Lesage)는 저렴한 프린트 직물로 디자인을 임시로 대체하면서 위기에서 살아남았다. 1920년대 파리에서는 실업이 드물었지만 1930년대에는 수요가 감소하고 의상실들이 축소되면서 수많은 드레스 제작자, 테일러, 봉제공, 자수 기술자와 액세서리 기술자들이 해고되었다. 이러한 불황에도 불구하고 새로운 의상실들이 계속 문을 열었다. 1933년 알릭스 바르통(Alix Barton), 1936년 발렌시아가(Cristobal Balenciaga), 자크 파스(Jacques Fath), 장 데세(Jean Dessès)가 의상실을 개점했다.

파리는 여전히 국제 패션을 주도했으나, 런던과 뉴욕 디자이너들과의 경쟁이 더욱 치열해졌다. 런던에서는 새로운 디자이너 세대가 왕실 의상 제작자들을 대체했다. 이 디자이너들은 규모는 작지만 파리 쿠튀리에들과 유사한 방식으로 의상실을 운영했다. 재능 있는 신진 디자이너들이 몰리눅스와 노먼 하트넬(Norman Hartnell) 대열에 합류했는데, 그중에서 1932년 개점한 빅터 스티벨(Victor Stiebel)은 로맨틱한 데이웨어와 이브닝웨어를 전문으로 만들었으며, 디그비 모턴(Digby Morton)은 독특한 재질의 울로 만든 흠잡을 데 없는 테일러드 수트로 명성을 얻었다. 모턴은 라채스(Lachasse)

84 런던의 의류회사 아쿠아스큐텀('방수'를 의미하는 라틴어에서 온 말)의 1931년 광고는 자회사의 비옷을 입고 경마대회에 구경 가는 사람을 보여주고 있다. 아쿠아스큐텀은 당시 군수품과 스타일에 민감한 소비자를 위한 기능적인 의복을 생산했다.

의 디자이너로 출발했으나 1933년 자신의 사업을 하기 위해 그곳을 떠났으며, 하디 에이미스(Hardy Amies)의 뒤를 이었다. 주세페 마틀리(Giuseppe Mattli)와 피터 러셀(Peter Russell)은 1930년대 중반 의상실을 열었는데, 피터 러셀은 특히 스포츠웨어와 여행복 전문이었다. 고급 맞춤 승마복을 생산하던 버나드 웨더릴(Bernard Weatherill)과 고급 니트웨어, 골프웨어를 생산하던 프링글(Pringle), 보온방수복을 생산하던 바버(Barbour), 아쿠아스큐텀, 버버리를 포함한 많은 전문 테일러와 여행용품점이 스포츠웨어에 초점을 맞추었다 도84.

영국이 테일러링과 격식을 차린 스포츠웨어에 뛰어났던 반면, 미국은 기성복 패션과 스포츠웨어 부문에서 시장을 석권했다. 1930년경 미국은 사이즈를 표준화한 의복의 대량생산 분야에서 세계를 주도했다. 의류도매업은 미국에서 4번째로 주요한 산업이었으며, 뉴욕에서는 가장 큰 산업이었다. 그러나 자사 제품이 파리와 연관되어 있다는 인상을 주고 싶어했기 때문에 당시 활동하던 미국 기성복 디자이너들의 이름은 대부분 알려지지 않았다. 버그도프 굿먼이 예외적으로 레슬리 모리스(Leslie Morris) 같은 자사 디자이너를 홍보했다. 로드 앤드 테일러(Lord & Taylor) 백화점의 도로시 셰이버 회장이 1932년 신문에 미국 스포츠웨어 디자이너의 이름을 실으면서 새로운 패션 역사를 만들었다. 다른 소매점과 패션 언론들도 점차 이 선례를 따랐다. 이 시기에 서서히 두각을 나타낸 디자이너 중 한 사람이 클레어 매카딜(Claire McCardell)이다. 그는 1931년 타운리 프록스(Townlry Frocks)의 수석 디자이너로 임명되었으며, 1930년대 말 캐주얼한 데이웨어와 이브닝웨어에 남성복의 디테일과 소재를 도입한 것으로 유명하다.

뉴욕 패션계의 일류 디자이너로는 발렌티나(Valentina), 무리엘 킹(Muriel King), 제시 프랭클린(Jessie Franklin), 엘리자베스 호스(Elizabeth Hawes)와 해티 카네기를 들 수 있다. 그들은 모두 굴지의 모자 디자이너 릴리 다셰(Lily Daché)와 마찬가지로 고급 의상실을 운영했다. 무리엘 킹은 낮부터 밤까지 입을 수 있는 다용도의 단품과 세련된 색상으로 유명했다. 해티 카네기의 단정한 테일러드 수트도 수요가 많았다.

1937년 월리스 심프슨(Wallis Simpson)이 윈저 공과의 결혼식

86 1937년 프랑스의 샤토 드 캉드
(Chateau de Cande)에서 거행된
결혼식 당일 윈저 공과 공작 부인.
공작 부인은 세련되고 우아한 패션으로
명성이 높았고 파리에서 활동하던
미국인 디자이너 메인보처에게 결혼식
의상을 주문했다. 바이어스로 재단한
실크 드레스와 실크 크레이프로 만든
테일러드 재킷으로 구성된 그의 웨딩
앙상블은 "윌리스 블루(Wallis blue)"로
알려져 유행되었다. 모자는 파리의
유명한 모자업체 카롤린 르부(Caroline
Reboux) 의상점 제품이다. 윈저 공은
런던의 테일러 숄트가 제작한 검은색
헤링본 연미복과 회색 조끼, 흰색
칼라가 달린 파란색에 흰색 줄무늬가
있는 셔츠와 흰색 체크 실크 타이를
매고 있다. 아메리칸 스타일의 허리로
되어 있는 회색 줄무늬 바지는 런던의
포스터 앤드 선 사(Forster & Son Ltd.)
제품이다.

에 입을 드레스를 파리에서 활동하던 미국인 쿠튀리에 메인보처
(Mainbocher)에게 주문하면서 미국 패션은 활기를 띠기 시작했다
도86 . 1936년 에드워드 8세로 즉위한 웨일스의 왕세자 윈저 공은
그해 왕위를 포기했다. 그러나 윈저 공은 세계적인 남성복 패션 리
더로서 계속 인정받았다. 1930년대에는 과감할 정도로 밝고 화려
한 색상과 재질감, 그리고 대담한 문양을 즐겨 시도했는데 특히 스
포츠웨어에서 그러했다도85 . 재킷은 런던의 테일러 프레더릭 숄트
(Frederic Scholte)에게 주문했으나, 멜빵보다 아메리칸 스타일의
벨트를 즐겨 착용하던 윈저 공은 바지를 뉴욕에 주문했다. 어른이
된 후 줄곧 일직선의 허리 밴드, 옆 주머니와 주름을 잡은 똑같은
스타일의 바지를 즐겨 입었다. 1934년에는 바지의 단추를 지퍼로
대체했다. 새빌 로의 양복점들은 벨트와 지퍼가 지속해서 잘 만든
바지를 망친다고 생각했지만, 윈저 공은 시대를 앞서갔다. 이러한
경향은 전쟁이 끝난 후 유행했다.

　　　1930년경 여성복 디자이너들은 1920년대의 긴 말괄량이 스타

87 1939년 3월 「태틀러 *The Tatler*」 지에 실린 케스토스 사(社)의 거들과 새로 출시된 하이라인 브래지어 (high-line brassiere) 광고.

88 1930년대 런던에서 있었던 건강과 미 여성 연맹 여성들의 쇼 리허설. 참가자들은 현대적인 유선형의 스포츠 스타일을 착용하고 있다.

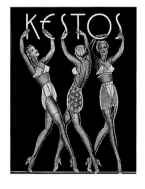

일을 버리고 여성의 굴곡을 살리는 부드럽고 입체감이 있는 의상을 선택했다. 허리 부분을 약간 불룩하게 만든 보디스에 벨트를 매어 허리를 강조했으며, 허리선은 자연스런 위치로 원상 복귀했다. 스커트는 가볍게 플레어가 졌다. 스커트 길이는 길어졌으며 처음으로 시간에 따라 길이가 다양해졌다도90. 낮에 입는 옷의 스커트 단은 땅에서 35cm 정도 올라갔으며, 오후에 입는 의상은 그보다 5cm 짧았고 이브닝 가운은 땅에 끌리는 긴 길이였다. 어깨를 감싸는 짧은 케이프(cape)와 케이프 소매가 대부분의 의상에 유행했다.

가슴을 납작하게 하던 유행이 지나자 다시 브래지어가 등장했다도87. 가벼운 뼈대와 끈으로 조이는 코르셋, 그리고 신축성 있는 속옷에 의해 허리선이 강조되었다. 신축성이 있는 고무 소재의 라스텍스(Lastex, 나중에 라텍스[Latex]로 알려짐) 섬유가 1930년 미국에서 처음 개발되면서 이런 신축성 있는 속옷 제작이 가능해졌다. 자수를 놓고 레이스를 첨가한 카미니커즈(camiknickers, 팬츠가 달린 슈미즈 같은 내복*)와 슬립은 파스텔 색상의 실크나 값싼 레이온

89 1930년 조르주 오이닝겐 위엔이 촬영한 미국 모델 리 밀러. 비오네가 디자인한 등을 강조하는 흰색 이브닝 가운을 입고 있다. 밀러는 후에 저널리스트와 사진작가로 성공했다.

으로 만들었으며 바이어스로 재단했는데, 매우 인기가 있었다. 볼륨 있는 실루엣이 유행했지만 여전히 날씬한 모습을 좋아했다. 살빼는 약을 만드는 업체들이 늘 그래왔듯, 1920년대처럼 체중을 감소시키는 거품목욕과 체형관리 전기요법의 기적 같은 효과를 보장했다.

1930년대 내내 아름다움은 건강과 밀접하게 연관되었다. 육체와 정신을 증진시킬 목적을 갖고 자연주의자 클럽과 스포츠클럽, 헬스클럽이 생겨났다. 영국에서는 1930년 프루넬라 스택(Prunella Stack)이 설립한 건강과 미 여성 연맹(Women's League of Health and Beauty)이 대형 공공장소에서 운동교실을 열었다 도88. 하이킹이나 산책 같은 야외 활동을 위한 전문 클럽도 생겨났다. 여성들은 반바지를 착용했으며, 발목까지 오는 양말을 스타킹 대신 신기도 했다. 모와 면으로 만든 수영복은 길이가 더 짧아졌으며 목선과 등을 더 깊이 팠다. 신축성 있는 직물의 도입으로 수영복은 몸에 더 밀착되었으나, 젖었을 때 축 늘어지는 문제점을 아직 해결하지 못했다. 태양을 숭배하는 문화는 쇠퇴할 기미가 보이지 않았으며, 산에서 일광욕을 하는 것이 인기를 끌었다. 선글라스가 아주 인기 있는 액세서리였으며 특히 바다거북 등딱지로 만든 대모갑(玳瑁甲) 테가 인기였다. 많은 스포츠와 레저웨어는 홀터넥(halter neck)이거나 끈을 달아 일광욕을 할 때 없앨 수 있었다. 흰색 옷이 대단히 유행했는데, 황금색으로 선탠한 피부를 아주 매력적으로 보이게 했기 때문이다.

  허리 아래까지 등을 노출한 이브닝 드레스는 1930년대 패션의

92 1934년 11월 「르 프티 에코 드 라 모드 Le Petit Echo de la Mode」 지의 일러스트레이션. 이 패션 신문은 집에서 옷을 만들어 입는 사람들을 위한 스타일을 소개했다. 왼쪽은 녹색 새틴 코르사주와 리본이 달린 녹색 물결무늬 실크 무아레(moiré)로 만든 이브닝 드레스이다. V 형태로 파인 등은 다른 천으로 채우고 있어 이 시기의 쿠튀르 디자인보다 얌전하다. 오른쪽은 헐렁한 노란색 벨벳으로 만든 산뜻한 이브닝 코트로, 소매에는 주름이 있고 털 장식이 되어있으며 크라바트(cravate, 넥타이) 넥으로 되어 있다.

혁신이었다도89. 과감하게 노출하는 이런 스타일은 최소한의 속옷을 필요로 했다. 인체의 형태를 드러내고 부드러운 드레이프를 만들기 위해 새틴과 샤르뫼즈(charmeuse) 같은 부드러운 천을 바이어스로 재단했으며, 색상은 아이보리나 복숭아색을 자주 사용했다. 복잡한 형태 구성 때문에 문양이 있는 옷감을 사용하는 경우에는 아주 작은 기하학적 문양이나 무늬가 드문드문 있고 반복이 거의 드러나지 않는 것을 주로 사용했다. 꽃무늬가 상당히 인기 있었으며, 1930년대 내내 유행했다. 1934년에는 19세기 중반에서 후반까지의 스타일이 유행하면서 코르셋으로 조인 크리놀린과 버슬 이브닝 가운이 선보였다.

실크, 질 좋은 모직, 리넨이 최고급 소재로 간주되었다. 모피는

93 1930년대 후반 자크 에임의 테일러드 앙상블. 국제 양모 연합 사무국에서 발행한 이 광고 사진은 격자무늬 플란넬 바지와 플랩 주머니가 가슴 양쪽에 3개씩 달리고 허리선 아래에 2개 달린, 밝은 파란색 트위드 재킷을 보여준다.

옷을 만들거나 장식하는데 사용되었다. 납작하게 만든 양가죽이나 염소가죽은 주로 데이웨어에 사용되었으며, 털이 긴 모피는 이브닝 웨어에 사용되었다 도92 . 1930년대에는 아스트라한 지방산 새끼양 의 검은 가죽과 은색 여우털, 그리고 검은색 원숭이털이 가장 각광 받았다. 레이온의 질은 이 무렵 많이 향상되었지만, 실크에 견주거 나 실크보다 낫다고 홍보하던 제조업체들의 노력에도 불구하고 여 전히 실크에 미치지 못하는 것으로 간주되었다. 유명 디자이너들이 레이온을 사용할 때는 어쩔 수 없이 천연사와 섞었다. 이브닝웨어 에 평상복의 소재를 도입한 것은 경제적이었을 뿐만 아니라 패션계 의 진보적인 사건이었다. 퍼거슨 브라더스 사(Ferguson Brothers Ltd)는 면을 홍보하기 위해 샤넬을 런던으로 초청했다. 1931년 봄/

여름 컬렉션에서 샤넬은 피케(Piqué, 코르덴처럼 골지게 짠 면직물*), 론(lawn, 밀도가 성긴 얇은 평직물*), 모슬린, 오건디로 만든 53벌의 이브닝 드레스를 선보였다.

94 날씬하고 세련된 디자인의 클러치 백은 1930년대에 최고로 인기가 있었다. 이 백은 샤그린(shagreen)으로 만들었다. 샤그린은 무두질하지 않은 가죽에 오톨도톨하게 표면 처리한 것이나 상어가죽을 일컫는다. 이것은 대개 녹색 등 밝은 색으로 염색했다.

혁신적인 제조업체들은 쿠튀리에와 긴밀히 협조해 독특한 쿠튀르 소재를 계속 개발했다. 특히 정부의 보조로 제조업체들이 유리한 입지를 갖게 된 프랑스에서 이러한 시도가 활발했다. 콜콩베 사(社)는 스키아파렐리를 위해 1934년 나무껍질처럼 보이는 영구 주름 새틴을 생산했으며, 1937년에는 악보 디자인 같이 독특하고 새로운 프린트를 소량으로 생산했다. 셀로판과 다른 합성 소재로 만든 유리 같은 소재 로도판(rhodophane)이 이미 1920년대에 콜콩베 사에서 개발되었으나, 모험을 좋아하는 스키아파렐리의 미국인 고객 해리슨 윌리엄스 부인(Mrs Harrison Williams)이 태피터 드레스 위에 장밋빛 로도판 튜닉을 입은 1934년에야 비로소 패션 소

95 1930년대의 두 가지 색상의 가죽으로 만든 굽이 높고 끈이 달린 스웨이드 신발. 두 가지 색상으로 된 신발은 1920년대 소개되었으나 1930년대에 남성용과 여성용 모두 인기가 절정에 달했다. 해변에서 처음 신었던 발가락이 보이는 신발은 위생과 안전에 대한 논란에도 불구하고 1930년대 중반에는 일상용으로 인기를 끌었다.

재가 뉴스거리로 등장하게 되었다.

테일러가 만든 슈트와 코트가 도시와 시골에서 널리 착용되었다. 영국 디자이너들은 클래식 슈트에서 뛰어났으며, 아일랜드와 스코틀랜드의 공장에서는 최신 유행의 울, 트위드뿐만 아니라 전통적인 직물도 생산해 전세계에 공급했다. 스커트는 길고 좁거나 플레어가 졌으며, 재킷은 허리가 잘록하게 들어간 짧은 형태나 길고 날씬한 형태였다. 길이가 긴 스커트 슈트는 이브닝에 착용되었다. 쿠튀리에가 최신 유행 디자인의 슈트를 만들었다면, 테일러들은 절제된 스타일을 주문받아 제작했다. 한편 기성복 업계가 성장해 중류층과 하류층의 수요를 충족시켰다.

단조로운 다용도 의상에는 액세서리가 패션성을 가미했다. 야외용 의복에는 여전히 모자를 함께 착용했는데 베레, 삼각모, 필박스 모자(pillbox hat, 원통형의 챙이 없는 모자*) 뿐만 아니라 터키 모자(fez, 긴 검은색 실크 태슬을 늘어뜨린 끝이 잘린 원형형 모자*)와 해군 모자를 포함한 다양한 스타일이 있었다. 1936년 즈음 모자 디자인이 최고조에 달했는데 가장 극단적인 디자인에는 초현실주의의 영향이 보였다. 또 다시 패션의 초점이 허리에 오면서 벨트가 중요한 액세서리가 되었는데, 옷과 어울리도록 벨트를 함께 제작하기도 했으며 보석이 박힌 금속이나 플라스틱으로 만든 장식적인 잠금 장치나 버클을 달기도 했다. 주조된 플라스틱이 현대적인 핸드백을 만드는 데 쓰인 반면, 보석이 박힌 잠금 장치나 짧은 체인 손잡이가 있는 전통적인 디자인에는 고급 가죽이나 작은 자수가 놓인 천을 사용했다. 봉투 모양의 클러치 백(clutch bag)도 인기가 있었다 도94. 끈

96, 97 1938년 이탈리아의 뛰어난 제화업자 살바토레 페라가모의 혁신적인 디자인들. 왼쪽 신발은 윗부분이 패치워크 스웨이드로 끈으로 묶게 되어 있으며, 스웨이드로 싼 코르크로 만든 웨지 힐로 되어 있다. 오른쪽 신발 윗부분은 금색 새끼염소 가죽이며, 여러 층의 코르크로 된 플랫폼 창이 다양한 밝은 색상의 스웨이드로 싸여 있다. 이것은 아마 영화나 연극을 위해 디자인한 것 같다.

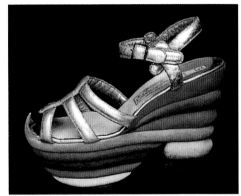

달린 굽이 높은 샌들은 이브닝 드레스와 함께 신었으며, 드레스 색상과 어울리는 천이나 가죽으로 만들기도 했다도95. 슬링백(sling-back, 발꿈치 부분이 끈으로 된 구두*)이 유행했으며, 앞이 트인 디자인도 1931년 처음 소개되었다. 프랑스의 신발 디자이너 로제 비비에(Roger Vivier)는 1930년대 중반 플랫폼 창을 최초로 개발했으며, 1936년에는 살바토레 페라가모(Salvatore Ferragamo)가 최초의 웨지 창을 만들었다도96, 97.

전반적으로 이러한 패션 트렌드 내에서 디자이너들은 할리우드의 육감적인 여배우, 신고전주의, 빅토리아 시대의 복고풍, 초현실주의와 민속 의상 등 역사적이고 현실도피적인 원천으로부터 영감을 얻어 디자인했다. 이러한 영향은 살롱, 의상실의 디스플레이, 패션 사진과 일러스트레이션뿐만 아니라 다른 응용 미술 분야에서도 발견할 수 있었다.

미국은 뉴욕 패션 산업뿐만 아니라 할리우드 영화의 특성을 이용해 1930년대 패션에 막대한 영향을 미쳤다. 의상이 영화의 성공에 결정적인 역할을 하면서 여성 스타들의 의상에 막대한 비용이 소요되었다. 반면, 남성 스타들은 자신의 옷을 직접 준비하는 경우가 많았다. 제조업체들과 디자이너들은 영화에서 영감을 받아 실용적이고 이윤이 많이 남는 패션을 생산할 기회를 포착했다.

오랫동안 파리의 패션을 따르고 응용했던 할리우드의 스튜디오들은 파리에 긴 스커트가 등장했을 때 그 사실을 미처 알지 못했다. 순식간에 수천 롤의 필름이 시대에 뒤떨어진 쓸모 없는 것이 되어 버렸다. 이러한 값비싼 실수를 되풀이하지 않기 위해 수십 명의 스타일리스트를 파리로 보내 최신 패션을 스튜디오에 가져오게 했다. 새뮤얼 골드윈(Samuel Goldwyn)이 뛰어난 해결책을 제시했다. 그는 샤넬의 고전적인 디자인이 영화가 제작된 해뿐 아니라 그 후에도 계속 관심을 끌 것이라고 확신하고 샤넬에게 영화의상을 의뢰했다. 샤넬은 그레타 가르보(Greta Garbo), 글로리아 스원슨, 마를렌 디트리히(Marlene Dietrich) 등 메트로 골드윈 마이어(MGM) 영화사의 톱스타들이 영화 안팎에서 입을 의상을 디자인하는 대가로 일년에 100만 달러를 받기로 하고 이 엄청난 제안을 수락했다. 그러나 샤넬은 결국 글로리아 스원슨 주연의 〈오늘밤이 아니면 안돼 *Tonight or Never*〉(1931), 샬럿 그린우드(Charlotte Greenwood)

주연의 〈영광의 나날들 *Palmy Days*〉(1932), 그리고 이나 클레어 주연의 〈그리스인들은 할 말이 있었다 *The Greeks Had a Word for Them*〉(1932), 이 세 편의 의상만을 제작했다. 샤넬의 의상은 별로 주목받지 못했으며, 너무 절제되어 있다는 비판을 받았다.

수많은 세계적인 디자이너들이 할리우드를 위해 작업했지만, 성공의 정도는 제각기 달랐다. 그러나 영화의상과 고급 패션 디자인에는 각기 다른 기술이 필요하다는 것이 점차로 명백해졌다. 1930년대 초부터 할리우드 영화사들은 자사 의상 디자이너가 가진 재능을 홍보하기 시작했다. MGM 사(社)의 에이드리언(Adrian), 파라마운트 사(社)의 트래비스 밴턴(Travis Banton)과 월터 플렁켓(Walter Plunket), 에디스 헤드(Edith Head), 그리고 워너 브라더스 사(社)의 오리-켈리(Orry-Kelly)가 대표적이다. 곧 이 디자이너들은 줄거리에 맞는 의상을 만들어 등장인물의 개성을 표현했을 뿐만 아니라 새로운 유행을 만들어내면서 당시 유행 스타일을 각인시키는 역할을 했다.

1930년대 가장 유명한 영화의상이라면 에이드리언이 1932년 〈레티 린턴 *Letty Lynton*〉의 여주인공 존 크로퍼드를 위해 디자인한 러플 달린 소매의 흰색 이브닝 가운일 것이다도98. 뉴욕의 백화점 메이시스(Macy's)는 이 드레스를 50만 벌이나 팔았다고 한다. 크로퍼드의 넓은 어깨를 자연스럽게 강조하는 이 디자인이 어깨 패드의 유행을 가져왔다. 이미 마르셀 로샤(Marcel Rochas)와 스키아파렐리(스키아파렐리는 1931년 파리에서 열린 《식민지 전 *Exposition Coloniale*》에 전시된 인도차이나 의상에서 영감을 받았다)가 컬렉션에서 어깨 패드를 선보였었지만 할리우드의 톱스타의 인정을 받은 연후에야 비로소 주목을 받았다.

때때로 할리우드가 쿠튀리에를 앞서갔다. 1933년부터 트래비스 밴턴은 마를렌 디트리히를 위해 어깨에 패드를 대고 헐렁하게 재단한 바지 슈트를 선보였는데, 이 슈트는 남성적이면서도 여성적이었다. 당시 바지 슈트 스타일은 찬사를 받았지만 널리 유행되지 못했다. 1966년 파리의 디자이너 이브 생 로랑(Yves Saint Laurent)이 '스모킹 슈트(smoking suit, 스모킹 재킷 즉 턱시도를 슈트화한 남성용 스모킹 슈트를 본 딴 여성용 라운지 슈트•)'를 발표한 후 비로소 바지 슈트가 유행했다. 영화의상이 스포츠웨어, 레저웨어에도 영향을 미쳤다. 〈밀림의 공주 Jungle Princess〉(1936)의 여주인공 도로시 라머의 의상을 담당한 에디스 헤드는 사롱(sarong, 보통 대담한 꽃무늬가 프린트된 수영복 위에 입는 해변용 스커트로 천이 앞에서 겹쳐지는 랩 스타일*)을 디자인했으며, 유사한 디자인이 그 후 15년간 미국 컬렉션에 등장했다.

영화에 등장하는 앙상블 전체를 모방하는 것은 적절치 않았지만, 디테일이나 액세서리를 모방해 대량생산하는 일은 쉬웠다. 그레타 가르보는 모자 산업에 막대한 영향을 미쳤다도99 . 〈키스 Kiss〉(1929)에서 배역을 위해 썼던 베레가 크게 유행했다. 〈로맨스 Romance〉(1930)는 유제니 왕비의 모자를 유행시켰으며, 〈마타하리 Mata Hari〉(1931)는 보석이 박힌 스컬캡(skullcap, 작고 챙이 없는 모자*)의 유행을 만들어냈으며, 베일이 달린 필박스 모자는 영화 〈화려한 색상의 베일 The Painted Veil〉(1934)에서 그가 쓴 이후로 선풍적인 인기를 끌었다. 영화배우들의 신발도 매우 영향력이 컸다. 1930년대 말 두 가지 색상으로 된 브로그의 유행은 영화배우 프레드 어스테어(Fred Astaire)와 연관이 있다. 이 신발은 영국에서는 코레스폰던트(co-respondent) 슈즈로, 미국에서는 스펙테이터 슈즈(spectator shoes)로 불렸다. 카르멘 미란다(Carmen Miranda)는 플랫폼 창을 유행시켰다.

제조업체들에게 미친 상업적인 파급 효과는 뚜렷이 나타났는데, 할리우드에서 영감을 받은 패션을 제조하기 위해 설립된 회사 중에 미스 할리우드(Miss Hollywood)와 스튜디오 스타일스(Studio Styles)가 있었다. 북아메리카와 유럽 전역에서 의상점 내의 영화 패션 코너에서 이러한 상품들이 판매되었다. 영화 패션은 우편주문 카탈로그를 통해서도 구입할 수 있었다. 1930년대에 미국의 시어스(Sears), 로벅(Roebuck) 같은 회사들은 영화 속의 스타일뿐만 아니라 스타들이 추천하는 패션이 수록된 카탈로그를 한 해에 두 차례 7백만 부 가량 발송했다. 국제적인 팬 잡지들이 할리우드 스타일을 전파하는데 도움을 주었으며 이 잡지의 사설들이 국제 패션의 중심지로 파리보다는 할리우드를 홍보했다는 사실은 놀라운 일이 아니었다. 이러한 수많은 잡지들은 자체 생산한 기성복 영화의상을 광고했으며, 집에서 옷을 만드는 사람들을 위해 종이 옷본을 제공하기도 했다도92 .

99 유명해지기 전부터 그레타 가르보는
상당한 멋쟁이였다. 이 사진은 그가
할리우드로 가기 전 이발소에서 면도를
해주며 지낼 당시 찍은 것이다.
더블브레스트의 테일러드 수트와
챙이 있는 모자를 쓰고 있는 이 룩은
세계적으로 유명해졌다. 가르보는
1930년대 미국 모자 산업을
활성화시켰던 인물이었다.

100 여기 보이는 것처럼 편안하고
화려한 색상과 문양의 최고급 기성복을
소개하던 미국 남성복 잡지
『에스콰이어』 1938년 6월호.
이 일러스트레이션은 유명 인사와
부유층 사람들이 뉴포트, 팜스프링스,
팜비치, 바하마의 나소 같은 멋진
해변에서 즐기고 있는 모습을
보여주었던 할리우드 영화와 팬 잡지의
영향을 보여준다.

새 옷을 구입할 여유가 없는 빈민층 여성들이라도 자신들이 좋
아하는 스타의 헤어스타일과 화장법은 따라할 수 있었다. 많은 사
람들이 그레타 가르보의 봅(bob) 스타일과 클로데트 콜베르의 앞
머리를 내리는 뱅(bang) 스타일을 따라했으며, 진 할로가 영화 〈지
옥의 천사들 *Hell's Angels*〉(1930)에서 백금발로 등장했을 때는 과
산화수소의 판매가 치솟았다. 화장품 산업에서는 캘리포니아가 전
세계를 주도했으며, 스타를 위해 또는 스타들에 의해 많은 스타일
들이 만들어졌다. 예를 들어 마를렌 디트리히는 연필로 그린 아치
모양의 눈썹을 유행시켰다. 인조 속눈썹과 손톱이 1930년대에 발
전했는데, 이 또한 할리우드에서 기원했다. 영화사에서 가발제작자
와 미용사로 일했던 러시아 출신 맥스 팩터(Max Factor)는 미국과
유럽에서 자신의 화장품 브랜드를 시작하고 전문가에게 화장을 받
을 수 있는 미용실을 설립하면서 미국 미용 산업의 발전에서 독보
적인 존재가 되었다.

이 당시의 남성들에게도 테일러링을 마무리하는 멋진 옷차림
이 중요했다. 할리우드는 여성복에 중점을 두었으나 영화 산업으로
인해 남성복에 대한 관심과 태도도 변했다. 여배우의 스타일을 연
구하는 여성 관객처럼 많은 남성들도 로널드 콜먼(Ronald

SUMMER NOTES

At southern resorts this past season well-dressed men wore:

1—Paisley printed swimming trunks.

2—The new Jippi Jappa hat with telescope crown and India Madras half sleeve shirts.

3—Colorful corduroy slacks with crew neck half sleeve colored stripe lisle shirts, and brown and white versions of the Norwegian peasant slipper.

4—For evening wear—the bone color silk double breasted dinner jacket with one-button front, peak lapels and cocoanut straw hat with wide white puggree band.

(For answers to all dress queries, send stamped self-addressed envelope to Esquire Fashion Staff, 366 Madison Ave., N.Y.)

Marya

Colman), 케리 그랜트(Cary Grant), 게리 쿠퍼(Gary Cooper) 같은 톱스타들의 옷차림에서 힌트를 얻었다. 특히 영국 스타일과 새빌 로 테일러링이 가장 세련된 것으로 받아들여진 반면, 미국의 레저 웨어는 다소 거친 이미지를 표현했다. 미국의 영향으로 여름용 의복과 레저웨어는 좀더 편안해졌다도100 . 최첨단의 패션을 추구하는 사람들은 팜비치나 몬테 카를로, 칸느 등의 고급 휴양지에 모여 들었으며, 태양을 즐기는 멋쟁이들은 헐렁한 리넨 바지나 반바지와 함께 블레이저를 선호했다. 부드러운 칼라가 달린 스포티한 폴로 셔츠가 의복에서 격식이 완화되고 있음을 반증했다.

공식적인 행사에서 남성들은 여전히 셔츠, 타이와 함께 어두운 색상의 슈트를 착용했다. 여성복처럼 남성복도 남성미를 강조하면서, 강한 운동선수 같은 외모를 목표로 했다. 이러한 경향이 1930년대 남성복을 주도했으며 아메리칸 스타일로 통하는 윈저 공의 테일러 숄트가 만든 '드레이프(drape)' 또는 '런던컷(London cut)' 슈트에도 반영되었다도101 . 슈트의 재킷은 최소한의 패딩을 사용해 어깨가 넓었고, 가슴에 주머니가 있었으며, 허리가 들어가고 힙 부분은 꼭 맞았다. 싱글 혹은 더블브레스트로 만들었는데 더블브레스트의 인기가 더 많았다. 단추가 6개 달리고 V자 형태로 파인 조끼는 길이가 짧았다. 바지는 하이웨이스트에 헐렁하게 재단되었고, 두 개의 주름과 커프스가 있었으며 멜빵으로 고정했다. 초기에는 헐렁한 바지를 반대하던 사람들도 있었지만, 착용하기 쉽고 편안하므로 남성들은 점점 이 바지를 선호하게 되었다. 가장 인기 있는 모자 스타일은 트릴비(trilby, 중절모*)와 페도라(fedora, 중간 사이즈의 챙이 달린 펠트로 만든 모자로 앞에서 뒤쪽으로 주름이 잡혀 있다*)였다.

남성복에도 뚜렷한 유행이 있었으나 여성복의 유행을 만들어 내는 다양한 요인들에 그다지 좌우되지는 않았다. 1930년부터 많은 쿠튀리에들이 고전적인 스타일에서 영향을 받았는데, 특히 파리의 쿠튀리에들이 큰 영향을 받았다. 부드러운 실크, 레이온 저지, 크레이프, 시폰과 부드러운 벨벳에 주름을 잡고 드레이프를 만들었으며, 자주 인체에 직접 대고 옷을 만듦으로써 겉으로는 단순해 보이지만 사실 의상은 아주 정교하게 제작되었다. 맨 레이와 조르주 오이닝겐-위엔 같은 당대 최고의 사진작가들은 이렇게 섬세한 의상과 어울리는 코린트 양식의 기둥, 아칸서스 나뭇잎과 고전주의

101 스포츠웨어와 비옷으로 잘 알려진 영국 회사 버버리는 여기 보이는 것처럼 싱글과 더블브레스트의 테일러드 수트도 판매했다. 이 1930년대 버버리의 광고는 공황의 여파를 의식한 듯 클래식 스타일과 고급 소재, 그리고 장인정신의 가치를 강조하고 있다. "요즘과 같은 시기에는 오래 입을 수 있는 슈트가 바람직하다. 슈트는 기쁨을 줄 수 있어야 하며 착용자를 불편하게 하거나 싫증나게 하면 안 된다."

102 매기 루프가 제작한 두 개의 클립이 있는 네크 라인, 단추 달린 소매, 허리에 개더 디테일이 있는 절제된 디자인의 드레스를 착용한 마담 루이 아르펠(Louis Arpels)이 1936년 파리에서 찍은 사진. 우아한 액세서리로 룩을 마무리하고 있다. 하이힐 구두와 장갑이 카롤린 르부가 디자인한 넓은 챙의 모자를 돋보이게 한다.

조각을 배경으로 의상을 촬영했다. 신고전주의 패션의 유행에 기여한 파리의 디자이너로는 알릭스, 비오네, 매기 루프(Maggy Rouff), 루시앵 를롱, 로베르 피게(Robert Piguet), 장 파투와 오귀스타베르나르(Augustabernard)가 있었다ㅤ도102.

알릭스와 비오네가 신고전주의 의상을 선도했다. 알릭스의 본명은 제르멘 크렙(Germaine Krebs)으로 어릴 적에는 조각가가 되고 싶었으나 부모의 반대로 뜻을 이루지 못하고 창조적인 재능을 의상 디자인으로 돌렸다. 파리의 프레메(Premet) 의상실에서 견습생으로 일을 시작했다. 1933년 줄리 바르통(Julie Barton)과 함께 알릭스 바르통 의상실을 열었다. 일년 후 동업자가 떠나자 알릭스 의상실로 알려지게 되었다. 1941년 알릭스는 이름을 다시 마담 그레(Madam Grès)로 바꾸었다. 고전주의 조각이 지닌 시간을 초월하는 우아함을 포착하기 위해 드레이퍼리와 주름을 많이 잡아 인체를 감싸는 흰색 가운을 만들었다. 그는 인체에 직접 작업을 했으며,

103 1936년 『하퍼스 바자』에 실린 비오네의 이브닝 가운으로 조르주 오이닝겐-위엔의 사진. 흰색 레이온 새틴으로 만든 이 비대칭 드레스는 왼쪽 어깨에 케이프칼라가 있으며 이것과 균형을 이루는 금색 리본 장식이 오른쪽 아래에 줄지어 있다.

104 1938년 12월호 『페미나』 지에 실린 르네 그뤼오의 일러스트레이션으로 비오네의 이브닝 드레스를 보여주고 있다. 1930년대에는 사진이 패션을 전달하는 주도적인 매체였지만, 그뤼오의 직접적이고 우아한 일러스트레이션은 조르주 르파프 같은 일러스트레이터에 의해 형성된 아르데코 패션의 전통을 계승했다.

자주 자신의 옷감을 다루는 작업을 재료를 다루는 조각가의 작업에 비교했다.

비오네의 레이블은 한 여성이 머리 위로 기다란 윗옷 자락을 들어올리고 기둥에 포즈를 취한 고전적인 이미지를 담고 있다. 1924년부터 비오네의 자수 디자인은 그리스 화병과 이집트 프레스코에서 영향을 받았으며, 1930년대 초에는 고전적인 드레이핑을 위해 그 유명한 바이어스 재단을 포기했다도103. 그의 많은 의상은 여밈이 없는 하나의 조각으로 교묘하게 만들어졌다. 비오네는 드레이퍼리를 바느질하지 않았던 예외적인 디자이너로, 고객이 스스로 연출해 원하는 룩을 만들기를 기대했다. 그는 보통 중간 색상으로 작업했으며, 붉은 진흙색이나 짙은 초록색과 검은색

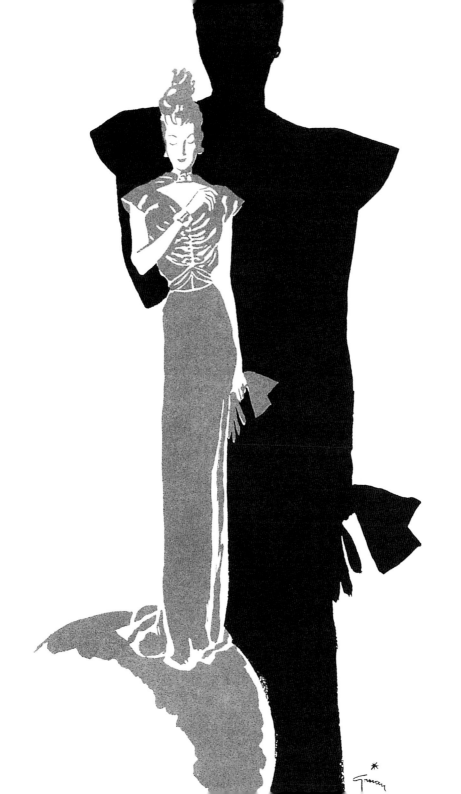

도 좋아했다.

1936년 파리의 쿠튀리에 의상실들은 노동자들에게 더 나은 환경을 제공하기 위해 결성된 CGT(La Confédération Générale de Travail: 노동자총연맹)에 의해 큰 타격을 받았다. 이러한 분규에도 불구하고 쿠튀르 의상실과 부속품 산업은 사치스러운 무도회복과 신(新)빅토리아풍 의상에 대한 수요로 활성화되었다도105. 1933년 무렵 1850년대부터 19세기 말까지의 스타일에 대한 관심이 고조되었으며, 1938년 절정에 달했다. 이것은 특히 인테리어와 패션에서 뚜렷이 나타났다. 신빅토리아풍 옹호자들은 당시 국제적으로 유행하던 장식을 배제한 모더니즘의 순수성에 반대해 극적인 성격과 장식성을 선호했다. 〈작은 아씨들 *Little Women*〉(1933), 〈바람과 함께 사라지다 *Gone With the Wind*〉(1938) 같은 할리우드 영화와 를롱이 의상을 담당한 연극 〈윔플 가의 베레모 *The Barretts Wimple Street*〉(1934)가 이러한 유행을 부채질했다. 빅토리아 시대의 골동 가구들이 인테리어에 자주 사용되었으며, 패션 디자이너들은 많은 양의 실크와 레이스를 사용해 낭만적인 신빅토리아풍의 웨딩드레스를 만들어 여성의 인체를 우아하고 볼륨감 있어 보이도록 했다.

크리놀린이나 버슬 스커트가 달려 있고 코르셋으로 조인, 어깨가 노출되는 드레스는 투명한 실크, 사각거리는 태피터, 벨벳, 튤과 아름다운 레이스로 만들었으며, 반짝이는 셀로판 실로 강조하기도 했다. 교묘한 재단과 패딩, 그리고 19세기 드레스를 지탱하던 뻣뻣한 말총으로 만든 불편한 페티코트 대신 가벼운 후프를 사용해 볼륨감을 살렸다. 버슬 같은 실루엣을 만들기 위해 드레스의 엉덩이 부분에 커다란 리본을 달기도 했다. 액세서리로는 베일과 어깨까지 오는 손가락이 없는 레이스 장갑으로 장식했으며, 부채도 다시 도입되었다. 초기 의상에서 과감하게 우아함을 버렸던 샤넬조차 새로운 로맨티시즘에 빠져들었다. 데이웨어에는 뚜렷하게 나타나지 않았지만, 테일러드 재킷에 양다리 모양 소매(leg of mutton sleeve)의 유행을 가져왔으며 1860년대 스타일의 토시와 헤어네트 등의 액세서리가 유행했다.

노먼 하트넬은 신빅토리아 운동의 중심 인물이었다. 1937년 조지 6세의 즉위 직후 하트넬은 왕실의 위임장을 받았으며, 다음 해

105 1939년 노먼 하트넬 디자인의 신(新)조지 왕조풍 무도회 가운을 입고 있는 레이디 로스. 런던 오스털리 하우스(Osterley House)에서 개최된 18세기를 주제로 한 가장 무도회가 하트넬의 이 드레스 디자인에 영향을 주었다. 진주와 다이아몬드가 박힌 레이스로 장식된 새틴 패널이 있는 검은색 벨벳 데콜레테(dédolleté) 가운이다.

에는 왕비의 파리 순방을 위한 의상 제작을 의뢰받았다. 윈터홀터(Winterhalter)의 초상화를 비롯한 웅장한 왕실 소장 회화에서 영감을 얻어 하트넬은 왕비에게 크리놀린을 입히기로 결정했다. 드레스를 만드는 동안 스트래스모어(Strathmore) 공작 부인이 타계해 왕실이 이를 애도하자 왕비는 이미 골라놓은 색상이 화려한 옷감을 사용할 수 없게 되었다. 상복에도 검은색과 자주색 사용을 꺼렸던 하트넬은 상복으로 잘 사용하지 않던 흰색으로 옷을 만들었다.

로맨틱한 분위기를 내기 위해 조화, 생화를 이브닝용 지갑과 모자뿐만이 아니라 코르사주나 꽃 장식, 목걸이, 팔찌 등에도 많이 사용했다. 특별한 저녁 행사에는 향기로운 꽃으로 장식한 핀으로 머리를 위로 올리거나 시뇽(chignon, 뒷머리에 땋아 붙인 쪽머리*)을 하고 머리 꼭대기는 꽃으로 장식했다. 꽃으로 만든 초커도 유행했으며 진짜 보석과 코스튬 주얼리도 흔히 꽃의 모티프나 형태를 취했다.

1930년대 중반부터 후반까지 초현실주의의 영향이 패션 사진과 광고, 그리고 의상점 진열장과 살롱에도 나타났다. 초현실주의 운동은 앙드레 브르통이 「초현실주의 선언 *Surrealist Manifesto*」을 처음 발표한 1924년으로 거슬러 올라가지만, 런던, 파리, 뉴욕에서 주요 전시회가 열렸던 1936-1938년 사이에 비로소 대중들에게 초현실주의 이미지가 널리 알려졌다. 1930년대 후반 혁신적으로 초현실주의적 이미지를 수용한 스키아파렐리의 디자인은 그 누구의

106, 107 살바도르 달리의 개념이 엘사 스키아파렐리의
디자인에 많은 영향을 주었다. 1936년 달리는
〈서랍이 달린 밀로의 비너스〉와 아래에 실린
〈의인화된 캐비닛 *Anthropomorphic Cabinet*〉(1982년 주조)를
완성했다. 서랍 시리즈는 그해 선보인 스키아파렐리의
〈책상 슈트 *Desk Suit*〉에 영향을 주었다(가운데).
그의 슈트에는 주머니 기능을 하는 진짜 서랍도 있고
가짜도 있다.

것과도 견줄 수 없을 만큼 뛰어났다.

스키아파렐리는 크리스티앙 베라르(Christian Bérard)와 장 콕토(Jean Cocteau) 등 많은 예술가와 공동으로 작업을 했지만, 가장 뛰어난 패션은 살바도르 달리(Salvador Dali)와의 협업에 의해 탄생되었다. 달리의 초현실주의 미술 작품과 스키아파렐리의 재치 있고 뛰어난 디자인의 직접적인 연관성을 많은 작품에서 찾아볼 수 있다. 1936년 달리는 조각 〈서랍이 달린 밀로의 비너스 *Venus de Milo with Drawers*〉를 완성했으며, 그해 달리는 스키아파렐리를 대표하는 색상인 쇼킹 핑크로 물들인 곰 인형의 몸통에 서랍을 설치해 스키아파렐리 부티크의 진열장에 전시했다. 이것이 스키아파렐리의 날씬한 테일러드 '서랍 슈트(drawer suit)'에 영향을 주었다. 이 슈트에 부착된 서랍은 주머니 역할을 하는 것도 있고 '눈속임 기법(trompe l'œil)'을 사용해 르사주가 정교하게 수를 놓은 가짜도 있다도106, 107.

1937-1938년 〈찢어진 드레스 *Tear Dress*〉는 폭력과 누더기를 호사스러운 엘리트 패션과 병치했다. 실크 크레이프로 만든 이 드레스는 회색 바탕에 멍든 것처럼 보라색과 핑크색을 프린트해 찢어진 살을 표현하고 있다. 머리에 둘러쓴 오갠자 숄은 핑크색 실크 조

각으로 아플리케 했다. 이 드레스는 달리의 회화 작품〈오케스트라의 피부를 팔에 든 세 명의 젊은 초현실주의 여성들 *Three Young Surrealist Women Holding in their Arms the Skins of an Orchestra*〉(1936)에서 영감을 얻었다. 이 그림 속의 한 인물이 입은 사람의 피부 같은 드레스가 여기저기 찢겨나가 인체를 드러내고 있다.

초현실주의는 스키아파렐리 의상에서 재단보다는 표면 장식에 많은 영향을 주었는데 이것은 1930년대 전체 경향과 일치하고 있다. 새로운 형태를 시험할 수 있는 기회를 제공한 것은 모자였다. 1936년에 검은색 단독으로 혹은 검은색과 쇼킹 핑크 벨벳을 결합한 하이힐 코트 슈즈를 뒤집은 형태의〈신발 모자 *Shoe Hat*〉를 선보였다도108 . 이 독특한 디자인은 물신숭배(物神崇拜)적인 성격을

109 1938년 스키아파렐리의
〈서커스 *Circus*〉컬렉션의 재킷 디테일.
메탈에 칠을 한 광대는 달리는 말이
직조된 이 핑크색 실크 트윌 재킷
앞으로 뛰어오르는 듯이 보인다.
구리 못이 광대를 뚫어 후크와 연결되어
있다.

110 1935년 옷을 가볍게 만들어주는
지퍼 광고로 스키아파렐리 서명이
들어 있다.

Schiaparelli
features this fashion fastener in her Autumn Collection

To fasten Scotch tweeds, finest Lyons silks, heavy Ottomans and cobweb British woollens, Schiaparelli uses either self-toning fasteners unobtrusively, with plastic teeth and tape to match, or contrasting colours—red on green, blue on red—to charm the eye with their decorative value.

She fits them cleverly on shoulders, sleeves and skirts; to front, side and back openings and to pockets: for the smooth, swift fastening of

EVENING, TOWN AND SPORTS WEAR

'LIGHTNING'
TRADE MARK
PLASTIC FASTENER

Sole Manufacturers:
LIGHTNING FASTENERS LTD.
(A subsidiary company of Imperial Chemical Industries Ltd.)
KYNOCH WORKS, WITTON, BIRMINGHAM, 6.
London Sales Office: Thames House, Millbank, S.W.1. Telephone: Victoria 3828.

띠고 있을 뿐만 아니라 초현실주의의 치환(置換)기법을 사용하고 있다. 머리에 신발을 올려놓은 달리의 유명한 사진이 있다. 스키아파렐리는 주머니가 열리는 부분에 입술 모양을 아플리케한 검은색 테일러드 칵테일 수트와 이 〈신발 모자〉를 함께 매치했다. 스키아파렐리는 고기에 대한 달리의 망상에서 영향을 받아 1937년 〈양고기 조각 모자 *Lamb Chop Hat*〉를 디자인했으며, 1938년에는 재치 있는 〈잉크병 모자 *Inkpot Hat*〉를 디자인했다.

스키아파렐리는 주제가 있는 컬렉션을 발표했던 최초의 디자이너로 평가되고 있다. 1937년 가을 음악의 부호들을 주제로 한 컬렉션을 처음 선보였다. 이후의 컬렉션은 서커스, 이교도, 광대, 점성술 등에서 영감을 이끌어냈다도109 . 모든 컬렉션에서 르사주가 제작한 뛰어난 자수 작품을 보여주었으며, 이 주제는 신기한 단추에 의해 강조되었다. 스키아파렐리는 지퍼 사용에 있어서도 혁신적이었다도110 . 지퍼는 1893년 일찍이 특허가 출원되었지만, 속옷이나 실용적인 의상과 가방에 국한해 사용되고 있었다. 전통적으로 고급 의상은 손으로 만든 여밈을 겉으로 노출하지 않았다. 그러므로 오트쿠튀르 의상에 지퍼를 달고 더군다나 대비되는 밝은 색상으로 강조한다는 것은 스키아파렐리의 입장에선 아주 혁신적인 사건이었다. 1930년 수건 천으로 만든 비치 재킷의 주머니에 스키아파렐리 디자인으로서는 최초로 지퍼가 등장했으며, 점차로 격식 있는 데이웨어와 이브닝웨어 컬렉션에도 사용되었다.

영국계 미국인 디자이너 찰스 제임스(Charles James) 역시 초기부터 지퍼를 사용했다. 영국에서 태어난 제임스는 1924년부터 1928년까지 뉴욕에서 모자 제작자와 맞춤의상 제작자로 일했으며, 1929년 런던에서 의상점을 열었다. 1930년대 초반 런던과 파리를 두루 돌아본 후 1934년 파리 지점을 설치했다. 스키아파렐리처럼 달리의 친구였던 제임스도 자신의 디자인에 초현실주의 이미지를 사용했다.

제임스는 역사적인 의상의 재단에 매료되었으며, 나선형의 드레이핑처럼 혁신적인 형태의 의복 구성을 시도했다. 중요한 의상들 가운데에는 〈택시 *Taxi*〉 드레스, 공기를 넣은 패딩 재킷, 〈요정 *Sylphid* 〉 가운이 있다. 1929년 처음 만든 〈택시〉 디자인은 1933-1934년에 몸통을 나선형으로 감싸는 지퍼를 단 드레스로 다시 만

들어졌다. 정교하게 재단한 의상은 기성복으로 만들어도 몸에 잘 맞는다는 신념을 가진 제임스는 이 드레스를 두 개의 사이즈로 만들어 기성복으로 판매했다. 1937년 흰색 새틴으로 패딩한 유명한 이브닝 재킷은 조각과 같은 형태감과 볼륨감을 가지고 있었다도112. 그 구성은 오리털 이불과 같았으며, 1970년대 컬트로서의 지위를 획득한 패딩 코트의 선구자가 되었다.

제임스의 특기는 넓고 화려한 스커트의 이브닝 드레스였다. 1937년 코르셋과 브래지어를 합친 속옷을 뜻하는 〈코르슬레트 Corselette〉 혹은 〈요정〉 이브닝 가운이 훌륭한 예이다도111. 옅은 핑크색 가느다란 줄로 된 홀터넥에 노란 카나리색 오갠자로 만든 드레스는 장식적인 노란색 퀼팅 코르셋으로 조이는 덧입는 보디스로 구성되었다. 1938년에 비슷한 형태의 코르셋 탑이 발렌시아가, 매기 루프, 를롱, 자크 에임, 몰리눅스와 메인보처 등의 컬렉션에도 등장했다.

전후 세계를 주도하는 국제적인 디자이너로 부각된 발렌시아가의 재능은 1930년대 후반부터 발휘되기 시작했다. 1937년 파리로 이주하기 전 스페인에서 이미 유명했던 발렌시아가는 정교하게 장식된 이브닝 드레스와 절제되고 세련된 테일러링으로 파리에서

111-113 찰스 제임스와 발렌시아가 의상. 왼쪽은 찰스 제임스 디자인의 〈코르슬레트〉 혹은 〈요정〉 이브닝 드레스. 이 드레스의 코르셋 탑은 속옷이 겉옷으로 착용된 초기의 예로, 1980년대 이래 많은 패션 디자이너들이 사용했다.
가운데는 1937년 제임스의 전설적인 흰색 새틴 이브닝 재킷과 바이어스로 재단된 이브닝 드레스. 조각적인 재킷의 좁아지는 아라베스크 문양의 깊이가 가장 극단적인 경우 7.6cm에 달했다고 한다. 움직임을 원활히 하기 위해 목과 진동 주변에는 얇게 패딩을 댔다.
오른쪽은 1930년대 초 발렌시아가의 이브닝 드레스로 연한 핑크색 실크 크레이프로 만들고 검은색 레이스로 장식했다. 핑크와 검은색은 발렌시아가가 좋아하던 색상 배합이다. 스페인에서 태어난 그는 산세바스티안에서 패션 사업을 처음 시작했으며 고국에서 영감을 얻었다. 예를 들어 화려한 색상과 자수, 그리고 칠흑색 장식에 투우장의 영향이 나타난다. 그는 점잖은 데이웨어와 여기 보이는 것처럼 극적인 이브닝 드레스로 명성을 얻었다.

서 금방 명성을 얻었다도113.

1930년대 이국적인 의상의 전통이 막강한 영향력을 행사했다. 1934년부터 차이니즈데코(Chinese-Deco) 스타일이 중국 도자기의 밝은 색상과 일본의 꽃 프린트에 영향을 받은 발렌티나, 메인보처, 몰리눅스의 의상에도 나타났다. 3명의 디자이너 모두 산둥 실크를 사용해 만다린 칼라와 새시(sashes) 벨트, 일본의 기모노나 윙(wing) 소매, 그리고 트임과 갈라진 트레인이 있는 좁은 튜블러형 스커트처럼 다양한 디자인의 슈트와 드레스를 만들었다. 대나무 단추와 인도 노동자 스타일(coolie-style)의 모자가 이 룩을 완성했다. 알릭스는 기모노, 카프탄(caftans), 사리(saris)와 도티(dhotis, 인도 등에서 남자가 허리에 두르는 천*)의 재단 등 다양한 문화로부터 영감을 얻었다.

1930년대 중반과 후반에는 티롤리안 모자(Tyrolean Hats), 던들 스커트(dirndle skirts), 자수가 놓인 페전트 블라우스와 목에 매는 손수건 등 오스트리아와 독일의 페전트 스타일이 많이 등장했다. 당시에는 순수한 유행일 뿐이었으나, 이러한 유행이 히틀러의 정권 장악과 우연히 시기가 일치하면서 불길한 느낌을 내포했다. 그러나 이 스타일은 1930년대 말의 다양한 패션 경향 중의 하나일 뿐이었다. 잡지는 독자들에게 저지로 그리스의 기둥 같은 차림을 하거나 새틴이나 튤로 만든 빅토리아 시대풍의 룩 가운데 하나를 선택하라고 광고했다. 다른 여러 가지 원류로부터 요소를 취해 혼성 스타일을 만들기도 했다. 고대의 우아한 주름을 빅토리아 시대풍의 요염한 코르셋과 혼합하는 것이 한 예이다. 일부 디자이너들은 역사를 더 거슬러 올라가 영감을 구했다. 발렌시아가는 1880년대의 버슬과 스페인 화가 벨라스케스(Velazquez)의 파니에 스커트를 교대로 선보였고, 를롱은 18세기 화가 바토(Watteau)를 따라 뒤가 자루 모양 스타일을 디자인했으며, 매기 루프는 프랑스 화가 부셰(Boucher)에게서 영감을 얻었고, 비오네는 마담 레카미에의 영향을 받았다.

혼란스러운 정치 상황과 임박한 전쟁의 현실을 반영하듯 태슬에서 장교의 금색 브레이드까지 군복 스타일의 파스망트리가 1939년 컬렉션에 광범위하게 나타났으며, 최신 유행 색상은 음울한 색조를 띄었다. 패션 잡지들은 위협적인 푸른색, 안개 긴 듯한 회색,

바다의 폭풍과 같은 녹색과 자주색 등 색상이 음울해졌다고 보도했
다. 1939년 9월 3일 히틀러가 폴란드를 침공하자 영국과 프랑스가
독일에 전쟁을 선포했다.

평화시 패션에 대한 지출은 일반적으로 과시적 소비로 유발되지만, 전시에는 대부분 필요에 의해 파생된다. 제2차 세계대전 동안 여성들은 최소한의 의복으로 최대한 활용해 입고자 했다. 패션에 대한 제약에도 불구하고 스타일은 결코 지루하지 않았다. 실제로 패션 언론은 생기 있는 의상으로 전쟁 기간 내내 패션 스타일이 적절히 유지되었다고 보도했다.

전쟁 기간에 생산된 옷감은 대부분 군수용으로 할당되었다. 수백만 벌의 제복을 만들기 위해 모직이 징발되었으며, 실크는 낙하산, 지도, 화약봉지 제조에 사용되었다. 의복의 공급량을 늘리기 위해서 시민들의 일상복은 비스코스와 레이온으로 만들었다. 1930년대 미국의 거대 텍스타일 업체 듀폰(Du Pont)은 무기물질에서 추출한 원료로 새로운 합성 섬유를 개발했다. 1938년 듀폰 사는 『뉴욕 헤럴드 트리뷴 *New York Herald Tribune*』에 나일론(nylon)을 소개하는 전면 광고를 실었다. 처음에는 주로 양말류를 만드는데 나일론을 사용하다가, 1940년 5월 나일론 스타킹이 미국 여성들에게 소개되었다. 전시에는 주로 낙하산을 비롯한 군수품 생산에 공급되었던 나일론이 이후 손질이 간편한 속옷과 의류 소재로 발전하게 되었다.

전쟁이 선포된 후 몇 주 동안 런던과 파리의 디자이너들은 실용성을 강조하는 의상들을 소개했다. 몰리눅스와 피게는 커다란 후드가 달린 코트와 새틴이나 모로 만든 '방호용' 파자마를 선보였다. 커다랗고 늘어지는 주머니가 달린 스키아파렐리의 슈트는 보온을 위해 코듀로이 블루머(bloomers, 넓은 바지통을 고무줄로 조인 여성용 속옷*) 위에 착용했다. 디그비 모턴은 지퍼와 후드가 달린 "사이렌 수트(siren suits)"를 타탄 비엘라(Viyella, 면·모 혼방의 능직물, 상표명*)로 만들었는데, 이 옷은 공습 때 재빨리 잠옷 위에 입을 수 있었다. 파리의 모자업자 아녜스(Agnès)는 "나이트캡(night-cap)"이

라는 저지 터번을 만들었다. 가방은 방독면을 넣고 다닐 수 있도록 커졌으며, 신발은 코가 넓적하고 굽이 낮은 실용적이고 투박한 스타일이 생산되었다.

아직 전투가 본격화되지 않은 전쟁 초기 프랑스 정부는 디자이너들이 1940년 가을 컬렉션을 준비할 수 있도록 2주 동안 군수품 생산에서 제외해주었다. 영국과 프랑스 정부는 달러 수입을 올릴 수 있는 대미 수출용으로 호화로운 컬렉션을 만들기 위해 하이패션 디자이너의 기술을 활용했다. 자전거 탈 때 입는 퀼로트, 견고한 트위드 슈트, 울과 저지 천으로 만든 하이넥에 긴소매가 달린 이브닝 드레스가 전쟁 기간의 디자인에 포함되었다. 사각사각 소리를 내는 실크로 만든 데콜레테(dédolleté, 깊이 파서 가슴, 어깨, 목, 등을 노출시킨 의상*)의 폴로네이즈 스타일(polonaise-style) 드레스 등 정교한 디자인들은 주로 수출용이었다.

1940년 6월 독일이 파리를 점령하자, 더 이상 파리는 세계 패션계를 주도할 수 없었다. 계속 새로운 스타일을 발표했지만 최신 의상에 대한 뉴스가 더 이상 바깥 세상으로 나가지 못했기 때문이다. 많은 외국인 디자이너들이 파리를 떠났다. 스키아파렐리는 의상실을 닫지 않고 미국에서 순회강연을 했고, 크리드와 몰리눅스는 런던으로 돌아갔으며, 메인보처와 찰스 제임스는 뉴욕에서 새로 활동을 시작했다. 전쟁 동안 샤넬은 패션 살롱을 닫고, 나치 연인과 함께 리츠 칼튼 호텔에서 지냈으며, 유태인인 자크 에임은 몸을 숨겼다.

베를린을 세계 문화의 중심지로 만들려는 야심의 일환으로 아돌프 히틀러는 파리의 패션 산업을 독일의 수도로 이전할 계획을 세웠다. 의상조합 협회의 회장인 루시앵 를롱과 장시간에 걸친 면담 후에 히틀러는 패션 산업의 이전이 실효성이 없다는 것을 확인하게 되었다. 대신 쿠튀르는 계속 파리에 남아서 나치가 승인하는 프랑스계 독일인들에게 의상을 제공하기로 했다. 파캥, 잔느 랑뱅, 워스, 피에르 발맹(Pierre Balmain), 마르셀 로샤, 니나 리치(Nina Ricci), 를롱, 자크 파스, 발렌시아가 등 100개 이상의 의상점이 전쟁 기간에도 계속 문을 열어 1만 2천 명의 생계를 유지케 했다. 마담 그레가 프랑스 국기의 색상을 가지고 도전적인 컬렉션을 개최하자 독일인들이 그의 사업을 중단시켰다.

독일인의 수요를 감당하기 위해 프랑스에서 막대한 양의 사치품을 들여왔기 때문에 최고급 옷감과 액세서리의 가격은 매우 비쌌으며, 파리 오트쿠튀르 의상의 가격도 치솟았다. 물자 부족에도 불구하고 스타일은 화려했다. 많은 장식을 달았으며 폭이 넓게 재단되고 풍부한 주름을 잡았다. 어깨는 둥글었으며, 소매 폭이 넓은 비숍 소매(bishop sleeves, 일반적인 진동 둘레에 폭이 넓은 소매를 단 것으로 소맷부리는 주름을 잡아 밴드로 조임*)나 배트윙(batwing, 소맷부리는 좁고 진동 둘레는 거의 허리까지 깊이 판 긴 소매로 팔을 벌리면 날개처럼 보임*) 소매를 좁은 소맷부리 밴드로 꽉 조였다. 보디스의 몸판은 넓고 허리가 가늘었으며, 스커트는 넓었다. 정복자의 나치 문화가 반영되면서 패션과 텍스타일 디자인에도 농부와 중세 의상에 대한 낭만적인 해석을 볼 수 있었다. 파리의 우아함을 전형적으로 보여주었던 날씬한 실루엣을 퇴폐적이라고 반대한 나치는 농장에서 일하고 아이의 출산에 적합한 통통하고 건강미 넘치는 여성을 이상적인 여성상으로 그렸다도 115, 116 . 1930년대 중반부터 종전할 때까지 나치가 승인하는 예술 작품을 통해 홍보한 소박한 '농부 스타일(peasant style)'이 인기를 끌었으며, 그 영향이 하이패션에서는 초

115, 116 1930년대 독일 패션은 건강하고 통통한 젊은 여성을 강조했으며, 흔히 목가적인 배경을 이용했다. 왼쪽: 1937년 『모데 운트 하임(패션과 가정) Mode und Heim』 표지는 데이지를 한 다발 들고 있는 모델이 꽃무늬 선 드레스를 입고, 허리에는 천을 감고 있는 모습이다. 옆에는 리본과 꽃으로 장식한 모자가 놓여 있다. 오른쪽: 1940년 무렵 텍스타일 광고 역시 전원을 배경으로 꽃으로 장식한 젊은 여성을 보여준다.

원의 꽃과 풍차 무늬 옷감으로 만든 관능적인 이브닝 드레스뿐만
아니라 자수를 놓은 블라우스, 목에 매는 손수건, 자수를 놓은 멜빵
이 달린 사격복과 두꺼운 순모 망토(loden cape)에도 나타났다.

1941년경 군화 생산으로 인해 프랑스의 가죽 재고량이 사실상
바닥나자 민간용 신발은 번창하는 암시장에서 불법으로 거래되는
귀한 상품이 되었다. 가죽을 보호하기 위해 많은 여성용 신발에 두
툼한 나무 웨지 창을 댔다. 이렇게 신발의 무겁고 남성적인 특징은
화려하게 장식한 높은 모자로 상쇄했다. 펠트, 깃털, 튤 소재가 바
닥나자 모자업자들은 셀로판, 대팻밥, 엮은 종이 같은 재료로 모자
를 만들고 장식했다.

패션계의 규모는 여전히 거대했지만 나치 행정부는 디자이너
들의 컬렉션을 100개의 디자인으로 제한했으며, 물자 부족이 극에
달한 1944년에는 60개로 축소했다. 오트쿠튀르의 잠재 수요층은 4
년의 점령기 동안 부유한 프랑스 여성, 나치 관료의 부인과 정부,
그리고 나치의 동조자에게 주는 2만장의 특별구매허가증을 신청해
야 했다.

대부분의 사람들은 식량과 의복 등의 물자 부족으로 지독한 내
핍을 겪었다. 유태인들이 운영하던 많은 공장들이 문을 닫았으며,
공장주들은 포로수용소에 끌려가 죽었다. 군복과 시민복이 주로 독
일인들에게 제공되었기 때문에 특히 일반 남성복을 구하기 어려웠
다. 프랑스인들에게 중고품 시장은 부족한 의복을 보충할 수 있는
중요한 대안이었다. 재치 있고 스타일에 관심이 많은 여성들은 헌
옷으로 새로운 스타일을 창조했다. 1942년에는 여러 벌의 낡은 옷
을 모아서 여러 가지 색으로 이루어진 옷으로 개조하는 것('la robe
à mille morceaux', 조각 드레스)이 유행했다.

1941년 2월부터 프랑스의 의복 소비는 여러 가지 규제에 의해
통제되었으며, 그해 7월부터 쿠폰이 발행되었다. 각 의복 품목이
가치에 따라 쿠폰으로 환산되었으며, 새 의복을 구입할 때에는 현
금과 함께 쿠폰을 냈다. 처음에는 개인당 100장의 쿠폰이 할당되었
으며, 30장은 즉시 사용할 수 있었다. 일년에 새 코트나 슈트 한 벌,
혹은 작은 아이템 몇 가지 정도밖에 살 수 없는 부족한 할당량이었
다. 뜨개질용 실의 규제에 대해서 특히 분개했다. 임산부나 3세 이
하의 아이를 가진 어머니에게만 특별 쿠폰이 할당되었다. 1942년 4

월경에는 의복 디자인 또한 규제를 받았다. 옷감 사용량이 규제되었으며, 디테일 부착이 금지되었다. 남성복에서는 더 이상 더블브레스트 재킷을 만들 수 없었으며, 코트나 재킷에 주름을 잡거나 다트를 넣은 주머니를 달 수 없게 되었다. 바지에는 엉덩이 주머니를 한 개만 허용했으며, 바지 단을 접어 올리는 턴업을 금지하고 단은 좁아졌다.

세상과 격리된 파리는 패션 중심지로써의 위치를 상실했다. 초기에는 걱정하던 런던과 뉴욕의 디자이너들은 물자 부족과 제약에도 불구하고 이것이 오히려 자국의 디자인 능력을 개발할 수 있는 계기가 될 수도 있다는 것을 깨달았다. 전쟁이 일어나자 영국은 더 이상 원료와 식량을 수입에 의존할 수 없었다. 군수품 생산을 위해 노동력을 배가하고 공장을 활용하는 동시에 기존 자원의 보존이 시급했다. 의복 자원을 최대한 활용하기 위해 상무성은 공급을 조절하고 수요를 제한했으며, 디자인에 제약을 가했다. 초기의 대책으로 '면·리넨·레이온 법령'(1940. 4)과 '(기타)공급제한령'(1940. 6)을 수립하고 소매용 옷감 판매량을 감축했다. 1942년 7월에는 더욱 확대해 의류제조 공장의 수를 줄이고 의류업체의 신설을 금지하는 집중계획안을 추가했다.

수요를 줄이고 상품을 공정하게 배급하기 위해 1941년 6월 최초로 '소비자 공급제한 법령'이 발효되었고 1949년까지 계속되었다. 규제가 시행된 첫해 남성, 여성 그리고 아동 각자에게 66장의 쿠폰이 할당되었다. 이것은 평화시 의복 소비의 절반 정도를 허용한 것이었다.

이 쿠폰 할당량으로는 남성 한 명이 착용하는 의복 정도밖엔 구입할 수 없었다. 오버코트를 구입하는 데에는 쿠폰이 16장, 재킷이나 블레이저는 13장, 조끼나 스웨터는 5장, 바지는 8장(퍼스티안이나 코듀로이 외에는 5장), 셔츠는 5장, 타이는 1장, 울 조끼와 속바지는 8장, 양말은 3장, 신발은 7장이 필요했다. 여성복은 코트 한 벌에 14장, 긴소매의 울 드레스에는 11장, 블라우스와 카디건 혹은 점퍼에 각 5장, 스커트에 7장, 신발 한 켤레에 5장, 브래지어 2개와 서스펜더 벨트 1개에 각 1장, 페티코트, 컴비네이션(아래 위가 달린 속옷), 혹은 카미니커즈에는 각 4장의 쿠폰이 소요되었다. 남은 쿠폰 12장으로 스타킹 6개를 사는데 사용할 수 있었다.

　　많은 여성들은 매주 스타킹을 한 켤레씩 사곤 했으므로 전쟁 전이었다면 스타킹 소비에만 104장의 쿠폰이 필요했을 것이다. 귀중한 스타킹을 절약하기 위해 많은 여성들은 겨울에는 울 스타킹을 신었으며, 날씨가 따뜻하거나 집에 있을 때에는 스타킹을 신지 않고 지냈다. 1941년 시민복에 실크 사용이 금지되자 레이온이 대체물로 사용되었다. 1942년부터 영국에 주둔하던 미국 군인들이 매우 훌륭한 나일론 스타킹을 소개했다. 외관상 실크와 비슷하면서도 훨씬 더 견고한 나일론이 새로운 기적의 섬유로 광고되었다. 나일론은 1946년에야 비로소 영국에서 생산되었다. 맨다리를 선탠한 것처럼 보이게 만드는 화장품이 생산되었으며, 브라운색 그레이비와 코코아가 저렴한 대용품으로 사용되었다. 다리에 이것들을 칠한 후 종아리 뒤에 솔기를 그려 넣었다도117. 많은 젊은 여성들은 이

118, 119 전시의 영국과 미국에서 스웨터와 장갑, 단춧구멍에 사용하던 패턴. 울이 규제를 받긴 했지만 기성복을 사는 것보다 울을 구입하는 것이 쿠폰이 적게 들었다. 영국에서는 2온스의 실을 사는데 쿠폰이 1장 필요했다. 따라서 스웨터는 짧고 몸에 꼭 맞았으며 패턴과 텍스처 그리고 색상으로 활기를 주었는데, 남은 소량의 실을 사용하거나 옷을 풀어서 다시 사용하기도 했다.

러한 수고를 덜어주는 발목 양말을 신었다.

규제가 시작된 이듬해 쿠폰 할당량이 일시적으로 48장으로 줄었으며 품목들의 가치가 재조정되었다. 가죽을 절약하기 위해 사용된 나무 밑창 신발은 쿠폰 2장으로 조정되었다. 초기에 보였던 정책의 허점도 보완되었다. 규제 대상이 아니었던 작업용 오버올과 가재도구용 천도 의복을 만드는 데 사용하는 것이 분명해지면서 쿠폰 1장을 할당했다. 그래도 소등(消燈)용 소재는 전시에 규제를 받지 않았으므로 불법적으로 의복을 만드는데 사용하곤 했다. 언제나 그렇듯 집에서 옷을 만들고 뜨개질을 하면 경제적일 뿐만 아니라 쿠폰도 절약할 수 있었다. 3/4 야드(68cm)의 천으로 집에서 스커트 하나를 만드는데 쿠폰 3장이 들었는데, 기성복 스커트를 구입하려면 2배의 쿠폰이 들었다도118, 119.

여성들이 패션을 표현할 수 있도록 유일하게 허용된 것은 모자였는데, 규제를 받지는 않았지만 모자의 크기는 작았다. 베일이 달린 필박스가 인기 있었으며, 베레모처럼 머리를 감싸는 캡과 작은 챙이 달린 조그만 모자를 맵시 있게 기울어 썼다. 깃털 장식이 인기를 끌었는데 깃털 한 개에서 새 한 마리를 통째로 사용하는 것까지

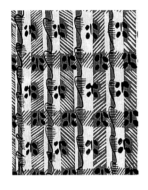

다양했으며, 멋진 리본을 사용하기도 했다. 여름에는 밀짚모자를 천으로 만든 꽃으로 장식했다. 규제를 받지 않았지만 모자 판매가 전시에 눈에 띌 만큼 증가하지는 않았다. 많은 여성들이 가격 때문에 살 수 없었고, 일부 여성들은 전시에 모자가 사치스럽고 부적절하다고 생각했으며, 실내외에서 착용하기에 더 적합하고 실용적인 그물망, 터번, 스누드(snood, 헤어네트식 그물 모자*), 머리 스카프를 선호했다.

진취적인 의복 판매업체는 예술가와 공동 작업을 통해 순수 예술에서 영향을 받아 전시에 애국심을 호소하는 텍스타일과 디자인을 생산했다. 자크마(Jacqmar)는 경쾌한 머리 스카프에 동맹국의 엠블럼과 『펀치 Punch』의 만화가 푸가스(Fougasse)의 〈부주의한 말이 생명을 위협한다 Careless Talk Costs Lives〉는 제목의 선전용 슬로건을 사용한 디자인을 선보였다. 맨체스터에 근거를 둔 목면 협회의 디자인 앤드 스타일 센터(Cotton Board's Design and Style Center)와 런던의 텍스타일 회사 애셔(Ascher) 사는 헨리 무어와 그레이엄 서덜런드를 포함한 유명 예술가와 디자이너에게 독창적이고 현대적인 텍스타일 프린트를 의뢰했다. 재단할 때 발생하는 낭비를 줄이기 위해 직조와 프린트의 반복 문양을 작게 만들었다도120.

1941년 상무성이 시행한 실용계획안은 재료와 노동력 사용을 제한하면서 중저가 소비재를 '합리적인' 가격에 최적으로 규격화해 생산하기 위한 것이었다. '실용(utility)'이라는 말은 실용 천으로 만들어진 의복에 적용되었으며, 최소한도의 품질 수준(1평방 야드당 무게와 섬유 함량)과 최대한도의 소비자 가격이라는 견지에서 정의되었다. 실용 의복은 2개의 초승달 모양의 CC41(Civilian Clothing 1941) 레이블로 구분했다. 제조업체는 총생산의 85%에 달하는 실용 할당량을 생산하면, 실용천이 아닌 소재로 옷을 생산할 수 있었다. 그러나 이러한 옷들도 실용 의복에 부과된 스타일 규정을 따라야 했다. 부족한 물자를 효율적으로 사용하기 위해 시민복 제조법(Restrictions Orders)이 1942년 통과되었다. 이 법은 재단에서 낭비를 막고 의류 제조업체와 테일러들이 작업에서 지켜야 할 규정을 제시했다. 예를 들어 드레스 한 벌에 2개 이상의 주머니나 5개 이상의 버튼, 혹은 스커트에 6개 이상의 솔기와 2개 이상의 맞주름과 박스 주름, 혹은 4개 이상의 나이프 주름과 4m 이상의 스티치

120 1943년 영국의 텍스타일 디자인. 〈평화와 풍요 Peace and Plenty〉 디자인은 붉은색 바탕에 검은색과 흰색 문양으로 이루어졌고(위), 가로선과 세로선이 교차하는 무늬(가운데), 그리고 어긋나는 프린트로 되어 있다(아래).

121 1942년 영국 크로이든에서 평범한 오버올을 입은 군수품 공장 여성 근로자들이 모여 실용 의복 전시를 구경하고 있다.

를 금지했다. 옷감 위에 부착하는 장식은 허용하지 않았다.

실용계획안이 스타일을 제한한다든가 결과적으로 의복을 획일화하지 않는다는 것을 보여주기 위해 상무성은 런던의 유명 패션 디자이너들에게 견본이 될 수 있는 컬렉션을 의뢰했다도121 . 새로 창설된 런던 패션디자이너 협회(Incorporated Society of London Fashion Designers)의 후원 하에 하디 에이미스, 디그비 모턴, 비앙카 모스카(Bianca Mosca), 피터 러셀, 런던의 워스 사(Worth Ltd), 빅터 스티벨, 크리드, 에드워드 몰리눅스는 오버코트, (셔츠나 블라우스가 포함된 슈트, 낮에 입는 원피스로 구성된 계절별 의복 디자인을 의뢰받았다. 그들의 디자인들은 다양한 사이즈의 32개 견본으로 제작되었고, 제조업체들이 1942년 10월부터 실비로 이 디자인을 생산할 수 있게 되었다. 그 달 『보그』지는 최고 디자이너들이 디자인한 옷들을 여러 곳에서 구매할 수 있으며, 부정적인 결과가 될 수도 있는 스타일 규제가 긍정적인 승리로 전환되었다고 칭찬했다도114 .

122 가느다란 빨간색 줄과 그로그레인 리본(grosgrain ribbon), 그리고 3개의 CC41 단추가 달린 회색 헤링본 트위드 실용 앙상블. 디자이너의 이름을 밝히지 않기로 했지만 1942년 빅토리아 앤드 앨버트 박물관에 기증될 당시 디자이너의 머리글자가 있는 꼬리표가 발견되어 이 의상이 디그비 모턴이 디자인한 것으로 드러났다. 블라우스와 재킷, 스커트를 같은 소재로 만든 이 다용도 스리피스는 슈트나 드레스로 입을 수 있었다. 이 디자인은 다양한 품질로 생산되었다.

123 얼룩덜룩한 연한 파란색 재킷과 군청색 울 스커트로 된 실용 앙상블은 빅터 스티벨의 디자인으로 추정된다. 버클이 달린 싱글브레스트 재킷은 패드를 대서 어깨에 각이 졌고 라펠이 크며 2개의 플랩 주머니가 달려 군대의 전투복을 연상시킨다. 이 재킷은 요크에 플레어 패널을 단 날씬한 스커트와 함께 착용했다.

재단과 라인에 초점을 맞춘 컬렉션은 우아한 단순성이 돋보였다. 『보그』지에 실린 것처럼 세련되게 연출한 여성은 거의 없었지만, 이 디자인이 전시 영국 의상의 라인을 만들어냈다. 실루엣은 좁게 재단했으며, 어깨를 강조하고 허리선은 들어갔다. 재킷은 짧았고 박스 형태거나 길고 가는 형태였다. 힙은 튜닉의 선과 드레이퍼리, 그리고 비스듬히 단 패치 포켓으로 강조했다. 직선적인 스커트는 활동에 편하도록 킥 플리츠나 맞주름 혹은 약간 플레어진 패널로 만들었다. 스커트 길이는 보통 지면에서 위로 18인치 올라간 무릎 바로 아래였다. 애국심에서 CC41 모티프 같은 상상력을 가미한 직물 디자인이나 단추로 활력을 주었다도122 . 벨트, 가슴 주머니, 높은 목선과 작은 칼라 등 군복의 디테일이 두드러졌으며, 밝고 대비되는 색상들을 사용해 경쾌해 보였다도123 .

124 1942년 무렵 기본적인 실용 슈트를 입은 젊은 남성이 런던의 고급 백화점 심프슨스(Simpson's)의 슈트를 입은 나이 지긋한 남성에게 담배를 권하고 있다. 이 사진에는 두 의상의 외형적인 유사성을 보이려는 의도가 담겨 있는 것 같다.

여성용 신발은 굽이 대부분 5cm가 넘지 않는 웨지 창이나 힐로 만들어 투박하고 견고했다. 발가락을 내놓는 신발은 안정성과 실용성 때문에 금지되었다. 라피아(raffia)나 펠트가 경제적이면서도 참신한 대용 소재임이 입증되었으나, 가죽의 부족에도 불구하고 신발 윗부분은 보통 송아지가죽이나 스웨이드로 만들었다. 남성용 신발은 보수적이고 견고한 옥스퍼드(oxfords)와 끈 달린 브로그가 대부분이었고 전통적인 제조법을 고수했다.

많은 남성들이 전시에 제복을 입고 지내게 되면서 일반 의복은 점점 더 격식을 따지지 않게 되었다. 슈트와 칼라 달린 셔츠, 그리고 타이보다는 플란넬이나 코듀로이 바지에 셔츠의 앞단추를 풀어놓고 입거나 풀오버를 착용했다. 실용안의 규제에 따라 스타일의 종류는 줄어들었다. 절약을 위한 가장 큰 변화는 조끼를 입지 않게 된 것이다. 그리고 모든 슈트는 투피스로 만들어졌으며, 주머니 입술 덮개인 플랩, 바지의 커프스와 멜빵이 사라졌다도124 . 평론가들은 조끼 대신 풀오버의 수요가 증가할 것이며, 많이 사용해서 불룩해진 것을 감추기 위해서는 주머니 플랩이 중요하며 커프스는 수선을 용이하게 하고, 멜빵은 잘 맞지 않는 슈트에 필수적이라고 지적했다. 그러나 협회의 결정은 번복되지 않았다. 품목이 줄어든 의복에 다양성을 주기 위해서 액세서리를 이용할 수 있었다. 예를 들면 보수적인 검은색 홈부르크와 좀더 캐주얼한 스냅 챙 모자를 번갈아 착용하면 슈트 한 벌로 비즈니스용과 레저용으로 연출할 수 있었다.

제한령이 시민들의 수요를 조절했지만 헵워스(Hepworths)와 버튼스(Burton's) 같은 남성복 제조업체는 전쟁 내내 군복 수요를 충당하느라 바빴다. 새빌 로의 양복점들도 제복 주문과 해외 주문 때문에 판매량은 꾸준했다. 전쟁이 막바지에 이르렀을 때 영국에서 근무했던 많은 미군 장교들이 고국에 돌아가서 입을 옷을 주문하면서 새빌 로에는 고급 수제 양복 주문이 많이 밀렸다.

"만들고 수선하기(Make-do and Mend)"로 알려진 정부 주도 캠페인은 가진 옷을 최대한 이용하고 재활용하기 위해 1943년 시행되었다도126, 127 . 가난한 사람들은 항상 집에서 옷을 만들고 수선해왔으나, 이제 부자들도 이 캠페인에 동참하라고 장려했다. 언론은 독자들에게 적은 돈으로 멋진 차림을 할 수 있는 방법과 낡은 옷으로 새 옷 만드는 법을 광고함으로써 이 캠페인을 지지했다도125 .

COMBINING GARMENTS

THREE WAYS IN WHICH TWO OLD FROCKS MAY BE COMBINED

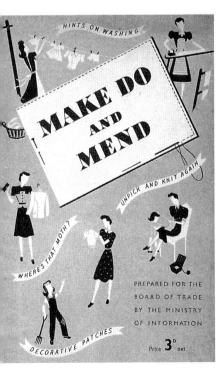

HINTS ON WASHING

MAKE DO
AND
MEND

UNPICK AND KNIT AGAIN

WHERE'S THAT MOTH?

DECORATIVE PATCHES

PREPARED FOR THE
BOARD OF TRADE
BY THE MINISTRY
OF INFORMATION

Price 3^D net

MAKE and MEND

FOR VICTORY ★ BOOK NO. S-10 ★ PRICE 10 CENTS

LBT-142

ALTERATIONS

MAKE OVER

ACCESSORIES

MENDING
AND
DARNING

심지어 낡은 스타킹을 풀어 그 실을 재활용할 수 있다는 것을 여성들에게 알려주었으며, 수영복이 필요한 사람에게 다섯 개의 먼지떨이로 수영복 한 벌을 만드는 방법을 소개했다. 병뚜껑, 코르크, 필름으로 산뜻한 장신구 만드는 방법은 매우 신선했다.

전쟁 기간 내내 여성들은 가정을 돌보는 동시에 지루하고 위험한 전시의 노동을 감수하면서도 특히 전쟁터에서 돌아온 남성들에게 잘 보이도록 언제나 보기 좋은 차림을 해야한다는 압력을 받았다. 공장에서 일할 때 기계에 걸릴 소지가 있는 것은 착용이 금지되었으므로 긴 머리는 감싸고 끈이나 레이스, 루프가 달린 옷은 입을 수 없었다. 여밈은 등이나 어깨에 있고, 주머니는 엉덩이 부분에 있는 것을 착용해야 했으며, 벨트는 뒤에서 조이고 신발을 제대로 신어야 했다.

의복과 액세서리의 공급이 부족한 것처럼 화장품 제조 역시 상당히 위축되었지만 각별히 화장과 헤어스타일이 강조되었다. 바퀴에 사용하는 윤활유, 글리세린, 화장분과 알코올은 전시 필수품으로 잘 팔렸으며, 플라스틱 같은 포장재 역시 필요했다. 화장품은 군수품 제조공장 노동자들이 독성 물질이 침투하는 것을 막기 위해 사용하는 얼굴 크림처럼 패션용이 아니라 필수적인 수요로 전환했다도128. 그럼에도 불구하고 리타 헤이워스(Rita Hayworth), 베티 그

128 1940년대 초 엘리자베스 아덴의 얼굴 크림 광고는 "미래를 차분하고 냉정하게 맞이하는 것이 그녀의 의무입니다"는 문구로 시작하고 있다. 수많은 화장품 광고에서 이렇게 애국심을 나타냈다.

129 1945년 미국의 테일러드 패션.
앞의 모델은 크라우스(Kraus) 디자인의
박스 형태로 된 더블브레스트 트위드
슈트를 입고 있는 반면, 우산을 들고
있는 모델은 해티 카네기의 허리가
잘록하게 들어간 울 슈트를 입고 있다.

래블(Betty Grable), 베트 데이비스(Bette Davis), 존 크로퍼드, 바
버라 스탠웍(Babara Stanwyck) 같은 할리우드의 스타들이 다양한
미의 이상을 제시했고, 여성 팬들은 여배우들을 열심히 모방했다.

미용 담당 기자들은 매니큐어가 구하기도 힘들고 전시에 적합
하지 않으므로 매니큐어를 칠하지 말고 손톱을 문질러 윤기를 내
라고 제안했다. 마찬가지로 머리도 광택제를 바르는 대신 빗어서
윤기를 주라고 조언했다. 전쟁 초기에는 짧은 헤어스타일이 인기
였지만, 1942년부터 어깨 길이의 헤어스타일이 인기를 끌었으며,
할리우드 스타 베로니카 레이크가 옆가르마의 페이지보이 스타일
(page-boy style)을 유행시켰다. 특별한 행사에는 머리를 컬해 길
게 늘어뜨리거나 감아올렸다.

이탈리아에서도 물자부족은 심각했으며, 여성복의 유행 실루
엣은 영국과 비슷하게 무릎 바로 아래 길이의 스커트에 어깨가 네

모난 꼭 맞는 의상을 입었다. 그러나 이탈리아 스타일은 남성적인 테일러드 실용 의복보다 좀더 '드레시'했다. 마리아 안토넬리(Maria Antonelli), 소렐레 폰타나(Sorelle Fontana), 스쿠베르트(Schuberth)와 모피업자 욜 베네치아니(Jole Veneziani)는 귀족들과 백만장자, 그리고 주연 여배우들의 수요를 충당했다. 가죽의 부족이 발표되면서 특히 세계적으로 유명한 이탈리아 액세서리 제조업체들이 타격을 입었다. 엄격한 가죽 사용 제한에 직면해 독창적이고 영향력 있는 플로렌스의 제화업자 살바토레 페라가모는 획기적인 발명품을 만들었다. 그는 합성 수지와 코르크를 이용해 아주 멋진 웨지 창 신발을 만들었다. 그 중에서도 가장 독특한 것은 유리처럼 보이는 로도이드(rhodoid)와 합성 수지 베이클라이트(Bakelite)로 만든 미래지향적인 구두창이었다. 1940년부터 가죽 사용이 군화용으로 제한되자 페라가모는 헴프, 펠트, 라피아와 엮어 짠 셀로판 등 다양한 재료를 이용해 화려한 색상의 신발을 만들었으며, 종종 앞코가 위로 향한 동양풍의 신발을 만들었다.

1940년 6월부터 1941년 12월까지 미국 디자이너들은 전시의 규제로부터 자유로운 멋진 컬렉션을 발표했다. 발렌티나는 뉴욕 최고급 패션 시장에 실크로 주름을 잡은 이브닝 드레스를 내놓았는데, 어떤 디자인은 중세 분위기가 나는 스커트의 폭이 넓은 발레리나 스타일이었다. 찰스 제임스는 비범한 색상 배합으로 조각물 같은 형태의 코트와 드레스를 디자인했으며, 해티 카네기는 빛나는 색상으로 인체의 형태를 강조하는 슈트를 제작했다도129. 1941년 겨울 카네기는 짙은 핑크색 스커트와 겨자색 재킷 한 벌을 만들었으며, 대담한 토마토 빨간색 울 슈트에 파란색 안감을 댄 슈트를 디자인했는데 이 슈트의 어깨와 주머니는 틈을 벌여 안감이 들여다보이도록 했다.

미국은 1941년 12월 제2차 세계대전에 개입했다. 물자 공급은 유럽보다 나았지만 1942년 미국도 꼭 필요치 않은 디테일을 금하고 일부 의상의 착용을 금지하는 '제한령 L-85(General Limitation Order L-85)'를 시행했다. 디자이너와 제조업체는 울로 만든 랩(wrap)이나 폭이 넓은 이브닝 드레스 생산이 금지되었으며, 바이어스 컷과 진동을 넓게 판 돌먼 소매(dolman sleeve)도 만들 수 없었다. 재킷 길이는 63.5cm를 초과할 수 없었으며, 커프스와 오버스커트는 금지되었고 벨트의 넓이는 5cm를 초과할 수 없었다. 영국처럼 미국 제조업체들도 이윤이 많이 남는 고가의 의복을 생산하려는 추세였지만 저렴한 의류를 일정량 생산해야만 했다.

전시 동안 할리우드는 1930년대의 사치스런 성향에서 멀어졌다. 에이드리언은 영화의상 디자이너로서의 전성기가 지나갔음을 깨닫고 맞춤 의상 디자이너로 새로 사업을 시작했으며 1942년 1월 첫 컬렉션을 발표했다. 패드를 댄 넓은 어깨에 눈길을 끄는 옷감을 안에 댄 슈트가 특히 주목받았다. 전문성을 갖춘 노동력이 부족하지 않았기 때문에 미국 디자이너들은 옷감 규제 내에서도 복잡한 기교를 발휘한 쿠튀르 의상을 만들 수 있었다.

뉴욕의 맞춤복 디자이너들도 인정을 받았지만, 절제된 단품과 스포츠웨어 분야에서 미국의 패션계는 단연코 뛰어났다. 최고 기성복 디자이너인 폴린 트리제르(Pauline Trigère), 노먼 노렐, 필립 망곤(Philip Mangone), 네티 로젠스타인(Nettie Rosenstein)의 의상이 미국 전역에서 판매되었다. 클래식한 셔츠웨이스트 드레스가 꾸준히 등장하였는데, 주간복은 실용적인 옷감으로 만들었고 이브닝웨어용은 화려한 옷감에 장식적인 액세서리를 달아서 만들었다. 넓은 원형으로 된 던들 스커트가 제한령 L-85로 금지되자 패치 포켓과 캡 소매(cap sleeve)에 스퀘어넥, 혹은 등이 드러나는 홀터넥의 폭이 좁은 스커트 드레스를 줄무늬나 단색 소재로 만들었다. 전쟁으로 파괴된 유럽과 미국 전역에서 여성들은 실용적인 목적에서, 그리고 교외와 바닷가에서 우아한 이브닝웨어로 바지를 착용하는 것이 널리 허용되었다. 그러나 그 외의 경우에는 대체로 치마를 입었다도130.

캘리포니아 디자이너들의 재능도 전시에 인정을 받았다. 단품과 놀이옷을 전문으로 하는 그들은 색상을 발랄하게 사용했으며, 민속 의상에서 영감을 받았다. 산타페(Santa Fe)의 앨리스 에번스(Alice Evans)는 블루 데님 슈트에 아메리카 원주민이 만든 수제 은단추를 달았다.

디자이너와 제조업체들은 미국에서 생산된 면을 대량으로 사용했는데 그들 중 상당수는 여태까지 섬세한 프랑스 옷감을 수입했던 사람들이었다. 바지, 퀼로트, 반바지, 드레스, 스커트, 셔츠와 블라우스를 모두 빳빳한 면으로 만들었다. 웨지 창으로 된 신발은 킹엄 플래드(gingham plaid)로 덮었으며 면직포는 벨트를 만드는데 사용했고 주름잡은 피케는 옷을 장식하는데 사용했으며, 베레는 거친 삼베로 만들었다. 비치웨어로는 방축 가공한 면과 레이온에 화려한 색상의 열대 꽃, 넓은 줄무늬, 혹은 점무늬로 프린트한 천으로 만든 발레리나 스타일의 스커트가 있었다.

1942년 여름부터 과테말라와 페루, 그리고 칠레의 문양과 색상이 북아메리카 시장에 등장했다. 깊은 플라운스가 있는 스커트, 퍼프 소매가 달리고 목선을 깊이 판 수놓은 농부 스타일 '페전트' 블라우스가 인기 있었다. 비치웨어뿐만 아니라 일상복도 배 부분을 노출해 패션은 배 부분에 초점을 맞추었다. 잡지들은 규제를 받지 않는 상품, 즉 태양을 마음껏 이용하기 위해서 단순한 드레스, 비치 블라우스와 스커트 그리고 수영복에 투자하라고 제안했다. 비치 블라우스는 등을 깊게 판 스타일이 많았으며, 사롱 모양의 트렁크나 반바지를 꽃무늬가 프린트된 레이온 저지 브라탑과 함께 입었다. 액세서리로는 벨벳 질감의 스웨이드로 만든 조리형 샌들, 여러 줄의 목걸이, 달랑거리는 귀걸이, 팔꿈치 위쪽에 끼는 팔찌와 도금 동전 발목찌가 있었다.

뉴욕의 일류 스포츠웨어 디자이너로는 티나 레서(Tina Leser), 베라 맥스웰(Vera Maxwell), 보니 캐신(Bonnie Cashin)과 클레어 포터(Clare Potter)가 있었으며, 그중에서 가장 유명한 클레어 매카딜은 1927년부터 1929년까지 뉴욕의 파슨스 디자인 학교에서 공부하고 뉴욕과 파리의 패션 업체에서 일했다. 그는 전쟁 기간에 자신의 재능을 마음껏 발휘하면서 인정을 받게 되었다. 데님, 샴브레이(chambray), 매트리스를 싸는 아마포, 면 시어서커(seersucker), 깅엄과 저지 등 튼튼한 옷감을 사용해 여러 가지로 코디해서 입을 수 있는 블라우스, 바지, 스커트와 같은 다용도 의상을 만들어냈다. 매카딜은 전통을 깨고 금속 여밈을 노출했으며, 그의 상징이 된 이중 솔기를 대비되는 색상의 실로 스티치해 강조했다. 이중 솔기는 전통적으로 작업복에 사용하던 옷을 강화하는 기술이었다.

1944년 매카딜은 제화업자 카페치오(Capezio)를 설득해 자신의 옷에 어울리는 천을 사용해 규제를 받지 않는 발레 펌프스를 만들었는데, 야외용으로 신을 수 있도록 튼튼한 밑창을 댔다. 울 저지로 만든 긴 바지 형태의 레오타드도 소개했는데, 이것은 스커트나

130 이 사진의 원 제목은 "망설이고 계시다면 스커트를 입으세요"였다. 작업을 위해 여성들이 바지를 많이 착용했지만 아직 레저웨어로는 완전히 받아들여지진 않았다. 모자는 규제를 받지 않았기 때문에 큰 것도 착용할 수 있었으며, 여기 보이는 것처럼 넓은 챙의 솜브레로(sombrero)도 썼다.

드레스 속에 겹쳐 입을 수 있어 보온 효과도 있고 모습도 우아했다. 이러한 스포츠웨어가 전시 패션 시장에 그리 영향을 주지는 않았지만, 유사한 스타일이 1970년대에 패션 혁명을 불러왔다.

전세계의 여군 중에서도 특히 미국 여군의 제복이 가장 매력적으로 평가되었는데, 상당수가 일류 패션 디자이너들에 의해 디자인되었다도131. 특히 메인보처는 기능성과 여성성을 결합했다는 평가를 받았다. 1942년 WAVES(Women Accepted for Voluntary Emergency Service: 자원 비상군에 입대한 여성)를 위해 디자인한 멋진 제복을 SPARS(the Women's Reserve of the Coast Guard: 여성 해안 경비 예비군)도 채택했다. 여성 예비군은 필립 망곤 디자인의 제복을 착용했다. 필립 망곤은 그의 테일러드 데이웨어에 군복의 디테일을 많이 사용했다. 엘리자베스 호스는 패션계에서 은퇴해 1938년 발표한 그의 가장 유명한 저서 『패션은 시금치다

Fashion is Spinach』 집필에 몰두하고 있었지만, 1942년 적십자 자원봉사자의 제복 디자인 의뢰를 수락했다.

남성들에게 제복이나 전시 패션의 양자택일의 대안으로써, 급진적이며 쟁점이 되었던 것은 주트 수트(zoot suit)였다도132, 133. 주트 수트는 1930년대 생겨났으나 미국의 아프리카계, 멕시코계 청년들이 자신의 민족성에 대한 자부심과 주류 사회와의 고립에 대한 상징으로 착용했으며 전쟁 기간에 막대한 영향을 미쳤다. 주트 수트는 과장된 스타일로 주목되었다. 허리가 들어간 아주 긴 재킷은 어깨에 패드를 대어 아주 넓게 강조했으며, 하이웨이스트 바지는 위를 부풀리고 아래로 가면서 좁아지는 스타일로 커프스가 있었다. 옷감은 밝은 색상으로 대담한 체크나 커다란 줄무늬가 있었다. 타이는 매우 화려했으며, 두 가지 색으로 된 신발이 인기 있었다. 긴 루프형의 시계 체인은 패션을 완성하는 마무리 소품이었다. 젊

131 WAC 소속의 세 여성이 새 예비군 제복을 입고 있다. 왼쪽에서 오른쪽: 장교의 겨울과 여름 제복, 그리고 기본 제복. 이 제복과 비번일 때 혹은 일반인이 착용한 테일러드 수트의 유사성을 주목하라.

132, 133 왼쪽: 밀매하는 천으로 만든 화려한 주트 수트를 입고 액세서리를 착용한 미국의 아프리카계 젊은이들. 오른쪽: 체크 재킷과 밑으로 가면서 좁아지는 바지를 입고 눈에 띄는 시계줄로 치장한 멕시코계 젊은이.

은 여성들은 재킷과 체인을 타이트 스커트, 그물 스타킹과 하이힐 구두와 함께 태연히 착용했다. 주트 수트를 입은 유명 인사 중에는 재즈 음악가 디지 길레스피와 루이 암스트롱, 그리고 젊은 시절의 맬컴 X가 있었다.

애국심으로 모두들 절약하고 있을 때 사치스런 주트 수트의 착용은 반감을 불러 일으켰다. 이러한 반감은 주트 수트를 입은 사람들이 군인, 경찰과 충돌했던 1943년의 유명한 '주트 수트 폭동' 때 절정에 달했다. 주트 수트는 전시에 계속 착용되었으며, 후에 암시장의 '건달'들뿐만 아니라 자주(Zazous)로 알려진 나치 점령하 파리의 도전적이고 자기도취적인 스윙 재즈 팬들의 의상에 영향을 미쳤다.

1944년 8월 프랑스가 해방된 후, 독일 점령하의 압제와 쾌락주의에 대한 소식이 바깥세상으로 퍼져나갔다. 파리에 가장 먼저 도

착한 사람 중에 리 밀러(Lee Miller)는 『보그』 지를 위해 유행 패션 사진을 찍었다도134 . 점령하의 스타일은 『모드 앨범 Album de la Mode』에서 볼 수 있는데, 이것은 나치 침략 후인 1940년 여름 발행이 중단된 프랑스판 『보그』 지의 전 편집장 미셸 드 브뤼노프 (Michel de Brunhoff)가 비밀리에 수집한 자료를 편찬한 것이다.

불가피하게 점령하의 쿠튀르 산업의 역할에 대한 조사가 진행되었고, 디자이너들의 애국심에 대한 의문이 제기되었다. 적국의 자원을 낭비하기 위해 일부러 많은 양의 옷감을 써버렸으며, 시대에 뒤떨어진 전시의 스타일을 그들의 고객을 비웃기 위해서 만든 것이라고 설명하는 사람도 있었다. 다른 이들은 여성을 아름답게 보이게 함으로써 평상시처럼 겉치장을 지속하게 해 나치를 조롱한 것이라고 주장했다.

해방 후 파리의 디자이너들은 어디에서든 물자 절약에 동참했다. 컬렉션은 44개의 디자인으로 축소되었으며, 스타일은 얌전하고 경제적이었다. 1945년경 잡지들은 패션의 '새로운 여성성'에 대해 보도했다. 정교하게 재단된 의상은 풍성한 느낌을 주었으며, 어깨는 부드러워지고 타원형이나 하트형의 깊게 파진 네크라인이 인기 있었다. 기모노 소매, 프로그 여밈, 화려한 색상의 조합 등 일본과 중국 의상의 영향이 나타났다. 패션 기사는 세계로 퍼져나갔으며, 파리는 일시적으로 불확실했던 패션 주도권을 다시 회복할 전망을 보였다.

134 '젖은 컬을 한 채로 피에르와 르네(Pierre et René) 미장원을 나서는' 이 사진은 1944년 파리에서 리 밀러가 찍은 것이다. 파리가 해방되자 최전방에서 전쟁의 공포를 취재했던 리 밀러는 『보그』 지의 컬렉션 사진 대부분을 촬영했다. 작품의 진솔함과 친밀감으로 알려진 그는 모델의 공개되지 않았던 장면을 담은 사진과 거리 풍경도 찍었다.

여성성과 획일주의

제2차 세계대전의 여파로 모든 유럽 참전국의 경제가 위축되었으며, 많은 국가들이 파산하는 지경에 이르렀다. 평화로운 분위기에 익숙해지면서 복구는 천천히 이루어졌고, 군인들은 시민으로 돌아왔다. 영국에서는 자금과 상품의 공급이 부족한데다가 규제령이 지속되면서 패션 산업의 발전이 지연되었던 전쟁 직후의 이 기간을 "긴축의 시절(The Age of Austerity)"이라고 불렀다. 상대적으로 피해가 적고 풍요로웠던 미국은 1947년 유럽의 복구를 위한 경제적 지원을 약속하는 마셜 플랜을 발표하면서 경제적, 정치적 영향력을 과시했다. 패션계에도 점차적으로 미국의 번영이 반영되었다. 미국의 기성복 업계가 더욱 강력하게 부상한 반면, 유럽 각 지역 패션 산업의 복구 속도는 제각각이었다. 군에 입대했던 남성들은 군복을 벗고 기뻐했으며, 영국에서는 전쟁이 끝나면서 지급한 몸에 잘 맞지 않는 제대복 대신 입을 옷을 구하려고 애썼다도136. 전쟁으로 인한 업무에 참여했던 많은 여성들은 전업 주부와 아내로서 가정으로 돌아왔다.

전쟁이 끝나면서 점차 다시 주말과 휴일을 즐기게 되었다. 유럽은 레저웨어 산업을 활성화하는데 어느 정도 시간이 걸렸지만, 스포츠웨어에 경험이 있던 미국 업체들은 재빨리 신상품을 내놓았다. 전후에 등장한 비치웨어 중 가장 뉴스거리가 된 것은 비키니(bikini)인데, 미국이 태평양의 비키니 아톨 섬에서 원자폭탄을 시험한 직후인 1946년 프랑스 디자이너 루이 레아르(Louis Réard)가 소개했다. 투피스로 된 수영복이 그다지 새로울 것은 없었지만, 사이즈가 매우 축소된 레아르의 수영복에 대한 찬반양론이 맞섰다. 이러한 모험은 20세기에 들어 등장한 합성 섬유로 만든 더 효율적이고 세련된 활동복으로 나아간 레저웨어와 스포츠웨어 혁명의 시발점이라 할 수 있다.

독일에서 해방된 파리는 곧 세계 패션계의 정상이라는 위치를

135 전쟁이 끝난 지 2년 후인 1947년 2월 크리스티앙 디오르가 발표한 혁신적인 첫 컬렉션 〈뉴 룩 New Look〉은 파리를 다시 패션계의 중심으로 올려놓았다. 이 컬렉션의 핵심이 되는 〈바 Bar〉 슈트는 몸에 꼭 맞는 천연 산둥 실크 재킷과 좁은 주름이 있는 넓은 울 스커트로 구성되었다. 작은 코르셋으로 허리를 가늘게 조였으며, 재킷이 힙 위로 부드럽게 곡선 형태가 되도록 패드를 댔다. 상당히 무거운 스커트는 여러 층의 실크와 툴 페티코트에 의해 지탱되었다.

136 정부가 배급한 제대복은 1940년대 중반 이집트 카이로의 개리슨 극장에서 열린 위문봉사 공연에 참석한 영국 군인들에게 소개되었다. 이러한 규제를 최대한 활용하면서 가슴 주머니에 멋진 손수건을 꽂고, 넓은 라펠의 슈트를 입은 군인들이 평화가 온 것을 환호하고 있다.

137, 138 파리 의상조합이 기획한 《모드 극장》 전시회는 1945년과 1946년 프랑스 패션을 소개했다. 전시회에 출품된 두 개의 소형 마네킹. 전시회에는 쿠튀르 의상을 입은 철사 인형(높이 68.5cm)이 150개 이상 전시되었으며, 50곳 이상의 프랑스 쿠튀르 의상실들이 참여했다. 의상은 섬세하게 제작되었으며, 소형 가발과 액세서리가 특별 제작되었다. 왼쪽은 푸른색 바탕에 흰색 점이 있는 시폰 여름 드레스로 루시앙 를롱의 디자인이며, 밀짚모자는 르그루(Legroux) 제품이다. 오른쪽은 프린지가 있는 커다란 리본을 골반 부분에 단 검은색 울 앙상블로 발렌시아가의 디자인이다.

되찾았다. 1945년 철사로 만든 작은 인형에 쿠튀르 의상을 입혀 순회 전시하는 《모드 극장 *Théâtre de la Mode*》이 파리 패션계의 복구 소식을 알렸다 도137, 138. 몇몇 의상은 1938-1939년 컬렉션에 나왔던 로맨틱 스타일을 부활시켰는데, 이것은 디자이너들이 변화에 대한 사람들의 심리적 요구를 파악하고 있었으며, 전시의 박스형에서 길고 부드러운 선으로의 변화가 시작되고 있음을 보여주었다. 이 기간에 두드러진 활약을 보인 쿠튀리에는 크리스티앙 디오르(Christian Dior)와 크리스토발 발렌시아가였다.

백만장자 텍스타일 제조업자 마르셀 부사크(Marcel Boussac)의 재정적인 후원하에 디오르는 1946년 말 자신의 쿠튀르 의상실을 열었다. 1947년 2월 12일 디오르는 이제는 전설이 된 《코롤 *Corolle*》과 《8》, 두 개의 라인으로 구성된 최초의 봄 컬렉션을 개최했다. 『하퍼스 바자』지의 편집장 카멜 스노(Carmel Snow)가 "뉴 룩(the New Look)"이라고 명명한 이 컬렉션으로 디오르는 즉각 패션 업계의 리더로 부상했다 도135. 이 컬렉션은 당시의 스타일과 타협의 여지가 전혀 없다는 측면에서 획기적이었다. 어깨는 좁고 부드러우며 경사진 모양이었으며, 허리는 웨이스피(waspie) 혹은 게피에르(Guêpière)라고 알려진 속옷을 입어 가늘게 조였으며, 스커트는 굉장히 넓고 정강이 아래까지 오는 긴 길이였다. 대부분의 패션 평론가들이 이 사치스럽고 로맨틱한 의상을 열렬히 환영했다. 그러나 뉴 룩이라는 명칭에도 불구하고 그리 새로운 것은 아니었

139 전후의 컬렉션은 쿠튀리에의 살롱에서 조용한 분위기 속에서 진행되었으며, 이러한 차분한 분위기는 1950년대 말 시작되는 활기찬 컬렉션과 대조된다. 1948년 디오르 살롱에는 무대를 설치하지 않아서 모델이 맨 앞줄에 앉은 관람객들 위로 넓은 스커트 자락을 휘날리고 있는데 재떨이가 위험할 정도로 가까이 놓여 있다.

다. 뉴 룩은 과거, 특히 19세기 중반 드레스의 가느다란 허리와 넓은 스커트를 다시 부활시킨 것이다. 발레 의상과도 다소 비슷했다. 그러나 이 스타일이 전시 스타일을 완전히 거부하고 의복에 대한 규제에 도전했기 때문에 완전히 새롭고, 또 바람직했던 것이다. 물자가 부족했던 시기에 막대한 양의 옷감이 소요되는 이런 비싸고 화려한 스타일에 대해 기자들은 찬반을 논했다. 당시 상무성 장관이었던 스태퍼드 크립스 경이 이끄는 영국 관료계는 이 스타일을 비난했다. 사치스러운 뉴 룩을 여성의 자유를 제한하는 부적절하고 무책임한 의상이라고 혹평했다. 패션계의 선봉에 선 사람들은 재빨리 이 스타일을 받아들였으며, 일년 후에는 대중 시장에도 이 스타

140, 141 1951년 크리스티앙 디오르의 이브닝 가운은 1950년대 유행하던 두 개의 실루엣을 보여준다. 왼쪽은 날씬한 시스 드레스이며, 오른쪽은 넓은 스커트의 풍성한 스타일이다. 두 드레스 모두 상체는 꼭 맞으며 끈이 없다. 오른쪽 드레스에는 이브닝웨어와 함께 인기 있던 스톨을 걸쳤는데, 스톨이 패션 사진에 활기를 주고 있다.

일이 출현했다. 미국에서도 반대하는 무리가 뉴스에 등장했으며, 뉴 룩에 반대하는 '무릎 조금 아래(Little Below the Knee)' 클럽은 마침내 이 소동이 가라앉기 전까지 미국 전역에서 3천 명의 회원을 확보했다. 뉴 룩의 상업적인 가능성은 미국에서 인정받았으며 이 스타일을 열정적으로 개발했다. 뉴 룩은 텍스타일 산업을 촉진했을 뿐만 아니라 이 스타일에 포함되는 수많은 액세서리 제조업계도 활성화했다. 업적을 인정받은 디오르는 1947년 댈러스에서 권위 있는 니먼 마커스 패션상(Neiman Marcus Fashion Award)을 수상했다도139.

1940년대 후반기의 패션은 폭발하는 창조성을 그 특징으로 했다. 그러나 1950년대 중반 H 라인과 색(sack) 스타일이 등장하기 전까지 두 실루엣이 주도했다. 첫 번째 실루엣은 가슴을 강조해 가슴선을 살린 몸에 꼭 맞는 상체, 자연스러운 어깨선, 그리고 타이트한 허리(벨트를 매기도 했다), 종아리 중간에서 발목 사이 길이의 폭이 넓은 스커트(여러 겹의 페티코트로 지탱했다)로 구성되었다. 두 번째 스타일은 활동을 위해 뒤에 주름이나 긴 트임을 넣은 극히 좁은 스커트로 되어 있다는 점에서만 달랐다도140, 141. 10년 동안 디오르는 부유한 고객들에게 매 시즌 200개의 다른 디자인을 선보였다. 디오르는 개인적으로는 수줍은 사람이었지만 수출과 라이선스 계약에서 오는 막대한 수익과 언론의 광고 효과를 잘 알았고 활용했다. 컬렉션과 개개의 디자인에 이름을 부여하는 일이 새로운 개념은 아니었지만, 디오르가 실루엣에 붙인 제목들이 뉴스의 헤드라인을 장식했으며 모방되었다. 디오르의 라인은 〈지그재그 Zig-Zag〉(1948), 〈버티컬 Vertical〉(1950), 〈튤립 Tulip〉(1953)과 유명한 〈에이치 라인 H line〉, 〈에이 라인 A line〉, 〈와이 라인 Y Line〉 (1954-1955)으로 이어졌다. 1957년 10월 갑작스럽게 타계하기 직전의 마지막 컬렉션은《스핀들 라인 Spindle Line》이었다. 디오르의 맞춤복은 능숙한 기술자들에 의해 정교하게 제작되었다. 눈길을 사로잡는 일련의 형태들은 복잡하고 정교한 구성에 의해서 만들어졌다. 겉옷은 형태를 만드는 속옷에 의해 지탱되었다. 끈이 없는 장식적인 이브닝 드레스는 여러 층으로 된 튤 페티코트와 뼈대가 든 내부 구조로 이루어졌다. 뉴 룩의 빠른 성공과 부유한 후원자의 도움으로 디오르는 1950년대 패션을 주도하게 되면서 유리한 출발을

할 수 있었다.

디오르가 낭만에 대한 여성의 도피적 갈망을 표현했다면, 크리스토발 발렌시아가의 의상은 모던한 매력을 풍겼다. "디자이너의 디자이너"로 불리는 발렌시아가는 1937년 파리에서 의상점을 열고 앞으로 유행하게 될 많은 스타일을 발표했으며, 전후 프랑스 쿠튀르계에서 주도적인 역할을 했다. 인체의 곡선을 날씬하게 보이도록 하는 세련된 테일러드 의상의 대가인 발렌시아가는 모든 측면에서 다양한 시도를 했던 쿠튀르로 유명하다. 소재, 색상, 재단, 구성과 마무리 처리가 완벽한 조화를 이루었다. 그는 우아하면서 때로는 극적인 의상을 디자인했는데, 의상은 복잡하게 구성되었으나 단순하게 보였다. 재능 있는 색채가였던 발렌시아가는 검은색, 흰색, 회색, 선명한 핑크색을 배합해 효과를 극대화했다. 그의 색채 감각과 극적인 성격은 고향 스페인으로부터 온 것으로, 투우와 플라밍고, 로마 카톨릭 교회의 의례뿐만 아니라 벨라스케스, 고야의 회화에서 영감을 얻었던 것으로 전해진다.

발렌시아가는 동료 쿠튀리에들처럼 호리호리한 모델만을 기용하지 않고 평범한 외모를 지닌 모델도 기용해 그의 의상을 다양한 모습과 사이즈의 여성들에게 입혔다. 카멜 스노는 발렌시아가 자신을 위해 만들어준 옷에 대해 "우리 시대 최고의 슈트"라고 찬사를 보냈다. 목에서 뚝 떨어지는 칼라가 달린 세미피트 재킷과 단순한 스커트, 혹은 2조각이나 4조각의 플레어 패널이 달린 스커트로 구성된 이 의상은 클래식이 되었으며, 발렌시아가의 컬렉션에 변형되어 종종 등장했다. 착시(錯視)의 대가였던 발렌시아가는 쇄골을 감추는 칼라 없는 네크라인을 도입해 목을 길고 가늘게 보이도록 했다. 그는 움직이기 편리한 라글란 소매와 날씬한 팔목이 드러나는 7부 소매를 좋아했다. 허리선을 약간 올려 착용자의 키가 커 보이도록 했으며, 최소한의 플레어로 스커트를 나부끼게 만들었다. 주머니, 단춧구멍, 여밈은 유선형으로 배치했으며, 손으로 꼼꼼하게 마무리해 완벽한 품질을 보장했다도142. 고급 차이나 실크로 안감을 넣은 의상은 미끄러지듯 쉽게 착용할 수 있었으며, 실크로 싼 스냅으로 고급스럽게 마무리했다. 추운 날씨를 위한 일상복은 자신이 가장 좋아했던 감색, 회색, 검은색으로 만들었으며, 단색이나 체크

143, 144 오트쿠튀르의 고급성을 강조하기 위해 패션 사진의 배경으로 리무진을 자주 이용했다. 왼쪽은 자크 파스의 이브닝 드레스로, 땅을 휩쓰는 스커트에 깊은 맞주름을 잡았다. 두 가지 색상의 커다란 천을 허리에 감아 극적인 연출을 했다. 오른쪽은 1953년 목선이 높고 세련된 파스의 데이웨어로 냉정한 자세의 모델이 옷을 돋보이게 한다. 이런 도도함은 1950년대 모델들의 전형적인 태도였다.

145 발맹은 토시나 모자 같은 액세서리와 앙상블의 트리밍으로 표범 가죽 같은 고급 소재를 즐겨 사용했다. 1954년 발맹의 의상을 입고 파리의 바에서 포즈를 취한 거만한 모델을 행인이 관심 있게 바라보고 있다.

146 발맹 디자인의 상체에 뼈대를 대고 꼭 조인 어깨 끈이 없는 넓은 이브닝 드레스는 뛰어난 구성력을 보이면서 비싼 보석을 최대한 돋보이게 한다. 1955년 섬세한 부채가 로맨틱한 분위기를 살려주고 있는데, 발맹은 로맨틱한 분위기로 명성을 떨쳤다.

무늬 울, 또는 트위드 소재를 사용했다. 여름 컬렉션에는 파란색, 모래 빛깔, 오렌지색 계열의 리넨이 자주 사용되었다. 발렌시아가는 극적인 이브닝웨어에 단색의 두꺼운 실크를 대담한 각도로 배치해 만들기도 했으며, 르사주에게 의뢰해 자수를 놓은 이브닝 튜닉을 만들었다. 검은색 또는 흰색 레이스는 특별한 행사를 위한 드레스 소재로 실크와 함께 사용했다. 발렌시아가는 부드러운 소재를 사용한 드레이프에 있어서는 별로 뛰어나지 못했으나 그 외의 소재를 다루는 솜씨가 뛰어나 컨셉트와 소재를 성공적으로 매치했다.

전후 파리는 패션의 메카가 되었다. 스키아파렐리, 몰리눅스 등 1930년대에 명성을 얻은 디자이너 세대에 뛰어난 신진 디자이너들이 합류했다. 부유층 여성들은 여러 유능한 디자이너들 중에서 선택할 수 있었으며, 이 디자이너들은 막강한 전문가 단체인 파리 의상조합에 소속되어 있었다. 파리에 근거를 둔 54개의 쿠튀르 의상실들이 1956년 이 조합에 등록했다. 1950년대 내내 그들은 고객들에게 멋진 의상을 공급했다. 자크 파스는 전후 패션계를 주도하는 디

147 1954년 2월 컴백 컬렉션이 있던 날 저녁 파리의 캉봉 가(街) 31번지에 있는 본점의 계단 거울에 비친 샤넬의 모습을 찍은 로베르 두아스노 (Robert Doisneau)의 사진. 약간 플레어지는 스커트와 함께 흰색 블라우스 위에 짧은 재킷을 깔끔하게 차려입고 있다. 자신이 디자인한 액세서리로 돋보이게 했다.

자이너가 되었다. 그는 키가 크고 날씬한 여성을 위한 의상에 뛰어난 솜씨를 보였는데, 이 여성들은 바람에 나부끼는 패널과 끝이 뾰족한 칼라가 달린, 몸에 꼭 맞는 시스 드레스(sheath dress, 몸에 꼭 맞고 좁으며 허리선이 없는 직선형의 드레스*)로 뽐냈다. 그의 의상은 항상 강렬했는데, 매우 높은 칼라와 대각선으로 배치한 커다란 리본처럼 대담한 비대칭성을 활용해 주목할 만한 결과를 얻었다도143, 144. 전성기의 푸아레처럼 파스는 환상적인 의상을 입고 즐기는 무도회를 좋아했으며, 사교계 인사들을 초대해 자신의 코르브빌 성에서 '스퀘어 댄스(Square Dance)', '실물 같은 그림(Tableau Vivants)', '리오 카니발(Carnaval à Rio)' 같은 테마 파티를 열었다. 그는 백혈병에 걸려 한창 전성기를 누리던 1954년 11월 사망했다.

피에르 발맹은 1945년 의상실을 열고, 아주 여성스럽고 세련된 의상과 "귀여운 여인(Jolie Madame)"이라고 이름 붙인, 1952년부터 1957년 사이의 컬렉션에서 강조했던 분위기로 명성을 얻었다 도145. 다른 주요 디자이너들처럼 그도 왕실과 영화배우 등 열성적인 고객을 얻게 되었는데, 그들 중에는 태국의 왕비, 다이애나 쿠퍼(Diana Cooper), 비비언 리(Vivien Leigh), 그리고 마를렌 디트리히가 있었다. 날렵하게 재단한 일상복도 자주 선보였지만, 발맹 의상실은 육감적인 이브닝웨어로 명성을 얻었다 도146. 짧은 칵테일 드레스는 새틴이나 벨벳에 자수를 놓았으며, 저녁의 축제 드레스는 몸에 꼭 맞는 보디스와 오간자로 만든 길게 나부끼는 스커트나 레베(Rébé)나 르사주, 뒤푸르(Dufour)가 자수를 놓은 새틴으로 만들어 가장 화려했던 18-19세기 의상을 떠올리게 했다. 잔잔하게 주름 잡은 몸에 꼭 맞는 시폰 드레스도 인기 있었다. 다른 쿠튀리에들처럼 발맹도 영화의상을 디자인했는데 1947년부터 1969년 사이 70편 이상의 영화에 참여했다.

1954년 다시 의상실을 연 샤넬은 당시 유행하던 몸을 구속하는 잘 구성된 의복에 대한 혐오감을 숨기지 않았다. 샤넬은 카디건 수트 같은 클래식 디자인을 현대적인 룩으로 재해석했지만 미국판 『보그』지만이 그의 의상에 관심을 보였다. 시간을 초월한 샤넬의

148 샤넬은 1920년대 성공을 거둔 카디건 수트를 계속 선보였다. 이 1950년대 말 슈트는 좌우 양끝이 만나 여미게 되어 있는 칼라 없는 직선 재킷과 날씬한 스커트로 단순하게 디자인했다.

디자인이 다시 인정받고 하이패션계에서 환영받는 데 2년이 걸렸다도147, 148 .

파리 레이블이 붙은 오트쿠튀르는 부유한 엘리트층의 특권이었지만, 계절마다 새로운 디자인이 빠르게 전파되어 많은 계층이 받아들였다. 좋은 품질의 파리 모조품이 쿠튀르의 차선책이라고 생각되었다. 의상을 구입하는데 동의하고 입장권을 미리 구입한 바이어들이 컬렉션에 참여해서 생산할 디자인을 선택했다. 미국인들을 주 고객으로 한 고급 모조품들이 미국의 헨리 벤델과 마셜 필드 (Marshall Field) 등지에서 판매되었다. 영국에서는 렘브란트 (Rembrandt)가 고급 파리 모방품을 공급했다. 의상조합은 쇼 시간을 배정하고 대중에의 공개와 재생산에 대한 엄격한 규칙을 제정했다. 사진 촬영과 스케치는 금지되었다. 디자이너와 저널리스트의 기록들로 매우 흥미로운 당시의 패션계를 파악할 수 있다. 그들은 디자인을 염탐하는 기법이 변하지 않았음을 보여준다. 과거처럼 몰래 필기하고 스케치했으며, 사진처럼 기억해내 디자인을 훔치는 것이 현실이었다. 관객이 퇴장한 후 선정된 의상에 한해 언론의 공식적인 사진 촬영과 스케치가 허용되었으나, 사용 지침과 공개 날짜 (보통 한 달 후)에 동의했다. 이 약속을 깨면 컬렉션에서 추방되었다. 값싼 제품을 생산하는 대량생산업체들은 점점 수가 늘어가던 패션 예측 저널 등의 인쇄 매체에 의존했다. 패션 잡지들이 파리 컬렉션의 하이라이트를 전세계 독자들에게 전했다. 영국의 대중적인 가정 잡지에도 패션 칼럼란이 있었으며, 편집자들은 독자들에게 일년에 두 번 열리는 컬렉션 소식을 전해주어 최신 파리 패션에 접할 수 있도록 했다. 가정에서 옷을 만드는 전통은 널리 유행했으며, 매컬, 버터릭(Butterick), 심플리서티(Simplicity) 같은 종이 옷본 업체들이 한 해에 두 차례씩 최신 디자인을 제공했다. 『보그』지는 최신 유행 디자인의 옷본을 제공했으며, 파리의 최고 쿠튀리에들의 패턴을 연재물로 실었다.

전후 영국의 상황은 패션 산업 발전에 그다지 도움이 되지 못했다. 1949년까지 제한령이 지속되었으며, 실용의복안은 1952년까지 계속되었다. 수출 증진을 위해 '굿(good)' 디자인을 장려하고 사기를 진작시키는 일환으로 산업디자인 협회는 1946년 빅토리아 앤드 앨버트 박물관에서 《영국은 만들 수 있다 *British Can Make*

149 호럭시스(Horrockses) 면 드레스는 전형적인 영국적 디자인으로, 신선한 색상과 단순성으로 인해 낙관적인 이미지를 풍겼다. 1950년대 중반 몸에 꼭 맞는 상의와 넓고 개더를 잡은 스커트 형태의 드레스는 별로 변화가 없었다. 꽃무늬와 줄무늬 디자인은 1957년 봄/여름을 위해 제작되었다.

Description of dress on cover page.

Horrockses TOWN COTTON DRESS
in pure cotton, plain colour with small black design. Fly away revers with contrasting black collar. Three-quarter length sleeves and narrow self belt. Deep unpressed pleats all round swing in movement.
Colours: CITRON YELLOW, SEA BLUE, CORAL PINK, SMOKY TAN.
Sizes: 36", 38", 40", 42" hips.

B.600 **£5.19.6**
or 18/- monthly

Size: 44" hips.

B.601 **£6.9.6**
or 19/6 monthly

Horrockses COTTON DRESS
in bold flower stripe. Squared neck line and cap sleeves. Very full gathered skirt with matching belt and concealed pockets. Cool to wear and easy to wash.
Colours: CHERRY PINK, DEEP BLUE, LEMON YELLOW.
Sizes: 36", 38", 40", 42" hips.

B.604 **94/6** or 14/3 monthly

THE PANAMA BAG
Roomy lightweight handbag in plastic, cleverly designed to give an appearance of straw and fitted with an adjustable handle.
Colours: PANAMA, BLUE or WHITE.

E.926 **23/6**

Dress in perfect harmony— buy everything on a JONES and HIGGINS Monthly Account.

It)라는 제목의 영국 상품전을 개최했다. 이 전시는 새로운 상품을 사고자 하는 잠재 소비자들을 많이 불러모았지만 전시 상품 대부분이 기본형이거나 "수출용"으로 표기되어 있어 곧 "영국인은 살 수 없다(Britain Can't Have It)"라는 별명을 얻었다. 영국의 저명한 패션 저널리스트 어니스틴 카터, 앤 스콧 제임스, 오드리 위더스는 패션과 액세서리 위원회의 회원이었다. 자본의 유치와 패션 디자이너의 사회적인 위상을 확고히 하기 위해 노력해온 런던 패션디자이너협회의 회원이 주축이 되어 최고 디자이너 15명의 의상을 흰색 타워의 패션관에 전시했다. 이 단체는 공동의 이익을 보호하고 최고품질의 영국 상품을 세계적으로 알리고자 했다. 런던 패션디자이너

150 패션 언론에 정기적으로 등장하는 영국의 사교 행사용 의상이다. 영국의 톱 모델 바버라 골른은 하비 니콜스(Harvey Nichols)에서 판매하는 액세서리를 선보이고 있는데, 이것은 1945년 애스컷을 위한 추천 상품이었다. 테가 넓은 모자는 타조 깃털로 장식했으며, 그로그레인으로 만든 신발, 가방과 스웨이드 장갑은 남색과 검은색으로 매치시켰다.

151 1947년 11월 20일 필립 마운트배튼 중위와 결혼하는 엘리자베스 공주를 위한 웨딩드레스의 스케치로, 흰색 새틴에 자수가 놓인 노먼 하트넬 디자인이다. 하트형 네크라인에 플레어 스커트와 긴 트레인이 달린 로맨틱한 디자인을 위해 하트넬은 거의 3개월간 작업했다고 한다.

152 1954년 애셔 사의 검은색 실크로 만든 하디 에이미스의 테일러드 코트 드레스로, 넓은 챙의 모자와 장갑, 코트 슈즈로 매치시켰다. 진주 귀걸이와 목걸이로 완벽하게 마무리했다.

협회는 정부의 후원을 받고 오랜 전통을 지닌 프랑스 협회를 능가하지는 못했지만 1950년대에 강력한 영향력을 행사했다. 영국과 아일랜드의 핵심적인 디자이너들이 회원으로 가입하였는데, 하디 에이미스, 노먼 하트넬, 에드워드 몰리눅스, 디그비 모턴, 빅터 스티벨, 피터 러셀, 비앙카 모스카, 존 카바나(John Cavanagh)와 마이클 셰러드(Michael Sherard) 등이 포함되었다. 그들은 공동으로 영국 패션에 대한 관심을 촉진하고 파리의 패션쇼보다 조금 일찍 개최해 런던의 컬렉션으로 바이어들을 불러오는 데 성공했다.

영국 왕실이 매우 열성적으로 패션을 후원하지는 않았지만 영국 왕실 전속이라는 명예와 왕실 가족들이 패션 행사에 참여한다는 사실만으로도 유리하게 작용했다. 왕실 가족과 귀족들은 전후 쿠튀르 의상실을 주도한 두 명의 뛰어난 쿠튀리에 노먼 하트넬과 하디 에이미스를 후원했다. 1947년 엘리자베스 공주의 결혼식이 매체의

153 전시의 실용 의복에서 화려한 뉴 룩으로 가는 과도기를 보여주는 에드워드 몰리눅스의 1946년 슈트. 전시의 전형적인 짧은 스커트로 되어 있으나, 재킷의 허리는 좁고 부드러운 선으로 되어 있어 1947년 뉴 룩 혁명을 예고하고 있다.

관심을 집중시켰으며, 상류사회의 의류구매 열풍을 불러일으켰다. 노먼 하트넬이 디자인한 자수 드레스는 의복 규제를 벗어나지 않았으며, 100장의 쿠폰이 소요되었다도151 . 이 드레스는 많은 찬사를 받았으며, 뉴욕 7번가에서는 결혼식이 거행되기 8주 전에 이미 이 디자인의 모방품이 생산되었다. 그러나 국제 질서를 위해 결혼식 당일 이후에야 판매했다. 1950년대 내내 하트넬은 여왕 엘리자베스 2세와 모후를 위해 화려한 공식석상의 드레스를 만들었다. 1953년 처음으로 TV를 구입한 수백만 명의 사람들이 TV를 통해 엘리자베스 2세의 대관식 드레스를 보았다. 공식석상의 드레스가 이렇게 세인들의 관심 대상이 되면서 일부러 일상적인 패션과 거리를 두고 만들었다.

　　1947년 전통적인 왕실 행사가 재개되자 사교 생활과 애스컷 경마장에서 헨리 국제 보트 경주(Henley Regatta)에 이르는 영국의 '시즌' 행사도 다시 시작되었다. 이 모든 행사에는 적합한 옷차림이 필요했으며, 이것은 주로 런던에서 활동하는 여성복 제작자, 테일러, 소매점들의 사업이 활성화되는 것을 의미했다.

하디 에이미스는 당시 영국 하이패션계에서 중심적인 역할을 했다. 라채스에서 수련을 마친 후 1946년 새빌 로에 쿠튀르 의상실을 열고 1940년대 후반, 1950년대 테일러드 시티웨어와 주말에 착용할 야외용 의복을 생산했다도152. 그는 이브닝 드레스와 사교 무도회용 드레스, 그리고 왕실 행사용 드레스로도 유명했다. 젊은 여성들을 위해서 뼈대를 댄 몸에 꼭 맞는 보디스에 끈이 없거나 얇은 끈이 달린 이브닝웨어를 만들었다. 튈이나 오갠자로 만든 스커트는 화려하게 자수를 놓았으며 넓게 부풀렸다. 나이 든 여성을 위한 의상은 젊은 여성의 의상과 형태는 비슷했지만 자수를 놓은 패널을 달았으며, 두꺼운 새틴이나 골이 진 실크를 자주 사용했다. 그는 왕실의 후원을 받았으며, 1950년 캐나다를 방문하는 엘리자베스 공주의 의상을 디자인했다. 1950년대 초 하디 에이미스는 고가의 오트쿠튀르를 구입할 경제적인 여유는 없지만 감각이 뛰어난 고객을 위해 기성복 부티크를 시작했다.

파리에서 오랫동안 쿠튀리에로 활동했던 찰스 크리드는 제2차 대전이 발발하자 런던으로 돌아왔으며 종전 후 사업을 재개했다. 뛰어난 테일러였던 크리드는 우아하고 잘 재단된 코트와 슈트를 중점적으로 생산해 침체된 영국 패션 업계에 활력을 불어넣었다. 빅터 스티벨, 에드워드 몰리눅스, 존 카바나와 디그비 모턴은 화려한 측면도 있지만 좋은 품질의 세련된 클래식 의복으로 잘 알려져 있었다도153.

이탈리아에서도 새로운 변화가 나타났다. 대부분 귀족 출신으로 구성된 디자이너 그룹이 밝은 색상, 대담한 패턴의 개성 있는 디자인을 선보여 약동하는 젊음에 호소하면서 전후 유행을 선도하게 되었다. 이 디자이너들의 뛰어난 휴일용 의상과 스포츠웨어가 대중의 주목을 받았으며 미국 바이어들의 관심도 끌었다. 그들 중 시모네타(Simonetta)는 1946년 사업을 시작해 젊고 세련된 컬렉션으로 명성을 얻었다. 시모네타는 유선형의 테일러링을 전문으로 하는 쿠튀리에 알베르토 파비아니(Alverto Fabiani)와 결혼했는데, 이 부부

는 1950년대에 각자의 컬렉션 성공을 거두면서 직업적으로도 조화를 이루었다.

새로 등장한 이탈리아 디자이너들은 패션 기업가 조반니 바티스타 조르지니(Giovanni Battista Giorgini)가 1951년 피렌체에 있는 그의 저택 토레자니에서 그룹 쇼를 개최하면서 주목을 받았다. 로마와 밀라노에서 10명의 최고 디자이너들과 4개의 부티크가 참가했다. 조반니는 미국 바이어와 언론을 초청했으며, 『라이프 *Life*』지는 이 행사가 파리에 견줄 만하다고 평했다. 이 쇼는 일 년에 두 번 개최되었고, 1952-1953년에는 피티 궁으로 옮겨 세계 패션에서 이탈리아의 위상을 확고히 했다. 1951년 21세의 로베르토 카푸치(Roberto Capucci)가 패션계에 등장해 건축적이고 기하학적인 개념을 의상에 도입해 뛰어난 컬렉션을 계속 선보였다. 한편 나폴리 귀족 출신인 에밀리오 푸치(Emilio Pucci)는 근육질의 인체를 강조하는 스포츠웨어와 캐주얼웨어로 주목받았으며, 울리는 듯한 색채에 소용돌이치는 디자인의 실크 프린트는 지금까지도 유명하다. 푸치의 바지와 셔츠로 이루어진 앙상블은 최상류층 사이에서 리조트웨어에서 필수적인 차림새가 되었다.

파리가 세계 오트쿠튀르계의 리더로서 위상을 확고히 한 반면, 미국은 기성복 업계에서 가장 효율적인 생산성을 자랑했다. 상대적으로 전쟁 피해가 적었던 미국의 생산 라인은 설비에 대한 연구·개발과 합리적인 유통 과정을 통해 이윤을 증대했다. 다양성보다는 품질에 대한 수요가 업계를 안정시키고 번영시켰다. 1940년대 후반에서 1950년대까지 미국 의류 회사들은 유럽 동종 업계의 종사자들과 경쟁사들이 그들의 선진 시스템을 시찰하는 것을 환영했다. 패션 업계는 세밀한 시찰을 허용했으며, 1947년에는 자세한 분석보고서를 발간했다. 미국 노동부는 1956년 유럽의 생산담당 책임자들을 위해 여성복 제조에 관한 보고서를 펴냈다.

미국의 언론과 바이어들은 다시 파리에 관심을 기울였으나 자국의 패션을 무시하지는 않았다. 오히려 미국 디자이너들은 자국의

154 1948년 메인보처 디자인의 트레인 달린 이브닝 드레스를 입고 있는
빈센트 애스터 부인은 그는 미국의 부유한 거상이며 재력가,
존 제이콥 애스터의 후손과 결혼했다. 부드러운 새틴은 1890년대를 연상케 하는
개더가 있는 커다란 소매와 부드럽고 유동적인 드레스의 선을 살리는데
이상적인 소재였다.

155 찰스 제임스는 웅장한 무도회
드레스로 유명했다. 윌리엄 랜돌프
허스트 부인이 1953년 아이젠하워
대통령의 취임식 무도회에서 입을
〈네 잎 클로버 Four-leaf Clover〉 혹은
〈추상 Abstract〉 드레스를 디자인했다.
광택 나는 크림색 새틴과 화려한
검은색 벨벳 소재로 만든 이 드레스는
복잡한 내부구조에 의해 지탱되는데,
무려 30개의 패턴 조각으로 구성되었다.

생산 기술과 연계한 창조적인 접근법으로 각광을 받았으며, 뉴욕 7
번가를 패션의 중심지로 공고히 했다. 미국 같이 넓은 나라에서 산
업의 분산은 불가피했으므로, 많은 지역 패션 중심지가 육성되었
다. 시카고와 뉴욕이 다양한 의류를 생산했던 반면 댈러스, 플로리
다, 캘리포니아(특히 로스앤젤레스)는 비치웨어와 스포츠웨어를
특화했다. 우편주문판매 카탈로그는 우수한 품질의 기성복을 광고
했다. 패션 업계는 페어차일드 출판사(Fairchild Publishing)에서 발
행하는 영향력 있는 신문『위민스 웨어 데일리 Women's Wear
Daily』를 통해 전세계의 패션 소식을 매일 접할 수 있었다. 자국 시
장의 요구와 라이프스타일을 잘 알고 있던 미국 디자이너들은 의식
적으로 파리의 패션에 저항했다. 고급 패션 저널들은 파리 컬렉션
을 보도하고 그것을 모방한 의상의 사진을 실었지만 국내에서 생산
된 패션도 소개하면서 균형을 잃지 않았다. 비교적 부유하고 세련
된 미국인들이 옷과 상품에 많은 돈을 소비했다. 미국 제조업체들

은 10대 시장을 주목하여 이 또래 그룹을 위한 '영 룩(young look)'을 생산했다.

하이패션계에서 1940년대나 혹은 그 이전에 시작한 디자이너들은 이미 부유층 고객을 확보하고 있었다. 그들 중에는 뉴욕의 노먼 노렐, 메인보처도154, 해티 카네기, 폴린 트리제르, 캘리포니아에서 활동하던 할리우드의 의상 디자이너 에이드리언, 하워드 그리어(Howard Greer), 아이린(Irene)이 있었다. 혼자 떨어져서 활동하던 찰스 제임스는 1939년 뉴욕으로 돌아왔으며 단골 고객을 위해 화려한 소재를 사용한 독특한 의상을 선보였다. 그의 고객 중에는 윌리엄 랜돌프 허스트 부인(William Randolf Hearst)과 윌리엄 페일리 부인(William S. Paley), 그리고 코넬리우스 밴더빌트 휘트니(Cornelius Vanderbilt Whitney) 부인이 있었다. 이들은 어떤 행사에서도 제임스의 의상에 이목이 집중된다는 것을 알았기 때문에 그의 괴팍한 행동을 참았다. 그의 이브닝웨어는 볼륨의 대비를 보여주었는데, 투명한 색으로 염색한 두꺼운 새틴 소재의 거대한 스커트와 위험할 정도로 꼭 조이는 보디스가 완벽한 균형을 이루었다. 1953년 흑백의 대비가 극적인 돌출된 〈네 잎 클로버 *Four-leaf Clover*〉 혹은 〈추상 *abstract*〉 무도회복에 대해 제임스의 디자인 중

156, 157 1940년대 후반부터 1958년 갑작스런 죽음을 맞기 전까지 클레어 매카딜은 우아함과 실용성을 겸비한 레저복과 활동복을 디자인했다. 착용이 간편한 캡 소매의 셔츠웨이스트 드레스 같은 단순한 의상에 재미있는 벨트를 매 활기를 주었으며(왼쪽), 실용적인 깅엄소재로 매력적인 수영복을 만들어냈다(오른쪽).

158 노먼 노렐의 전형적인 의상. 단순한 벨트를 매는 좁은 슈미즈 드레스에 크리스털 구슬 자수로 화려하게 장식했다. 노렐은 이렇게 우아하고 세련된 룩을 만들어 냈다. 1950년 트레이너-노렐(Traina-Norell)을 위해 디자인했다.

가장 뛰어나다고 평하는 평론가들도 있다도155. 일상복은 실용적인 플란넬과 트위드 소재로 만들었지만, 1949년 〈코쿤 *Cocoon*〉 코트, 1954년 〈고딕 *Gothic*〉 코트, 그리고 앞으로 돌출한 〈파고다 *Pagoda*〉(1955) 슈트처럼 독특한 형태를 띠고 있다. 제임스는 1945년 메디슨 가에 살롱을 열었고, 1950년대 중반에는 도매 제조업에도 뛰어들었다. 그러나 사업에는 영 소질이 없었으므로 1958년 사업이 도산하면서 은퇴했다. 제임스는 디자이너로서의 순탄치 않은 경력에도 불구하고 동료 디자이너들로부터 찬사를 받았다. 발렌시아가는 그를 "오트쿠튀르를 응용 미술에서 순수 미술로 격상시킨" 유일한 쿠튀리에라고 칭찬했다.

클레어 매카딜과 노먼 노렐의 의상은 전후 미국 패션 산업에 두 개의 주요 원동력이 되었다. 매카딜이 완전히 미국적이었던 반면, 노렐은 파리 쿠튀르와 조화를 이루었다. 매카딜은 창조적인 타운리 프로스 의상으로 이미 명성을 얻고 있었다. 그의 특기는 기능적이고 우아한 데이웨어와 스포츠웨어였고, 적절한 가격대의 기성복으로 판매되었다도156, 157. 매카딜은 특히 면과 울 저지 같은 소박한 소재를 사용했으며, 장식을 거의 사용하지 않았다. 시간을 초월한 그의 강렬한 디자인은 절제되고 실용적인 형태였다. 1950년대는 1940년대에 소개된 테마들을 연장해 허리선 없이 벨트를 선택적으로 사용한 드레스, 버뮤다 바지와 함께 입는 배 부분이 드러나는 홀터 상의, 서큘러 스커트(circular skirt, 도련을 폈을 때 완전한 원을 그리는 스커트*)로 구성된 강렬한 색상의 셔츠웨이스트 드레스(shirtwaister)를 선보였다. 활동적인 미국 여성들에게 다용도로 입을 수 있는 이상적인 패션을 제공했던 매카딜은 1958년 암 때문에 디자인 활동을 중단해야 했다.

매카딜과 노렐은 디자인의 지향점이 서로 달랐지만 두 사람 모두 해티 카네기를 위해 디자인했다. 카네기와 함께 파리 컬렉션에 참가하면서 노렐은 프랑스 오트쿠튀르를 잘 알게 되었다. 그는 1940년 카네기를 떠났고 다음 해 제조업자 앤서니 트레이너(Anthony Traina)와 함께 일하게 되었다. 1950년대 내내 노렐은 부유층 여성들을 위해 예술적인 측면에서는 독립적이었지만 파리 쿠튀르 전통의 기술과 세련미를 살린 고급 기성복을 디자인했다도158. 1952년 노렐은 "나는 지나친 디자인을 좋아하지 않는다"고 선언한 바 있으며, 이러한 자신의 디자인관에 맞게 일상복은 장식을 최소한으로 사용한 절제된 라인을 특징으로 했다. 그는 절제된 울 저지 드레스, 날렵한 테일러드 수트와 그의 특기라 할 수 있는 소박한 피 재킷을 세련되게 해석한 〈작은 오버코트 *Little Overcoats*〉 같이 좋아했던 것을 반복해서 디자인했다. 그는 단순함을 좋아해 거추장스럽지 않은 칼라나 장식이 없는 둥근 네크라인, 단순한 코트 슈즈를 즐겨 사용했으며, 화려한 꽃무늬 대신 줄무늬, 체크무늬, 점무늬를 즐겨 사용했다. 여름용으로는 특히 깔끔하게 재단된 흰색과 네이비의 세일러 드레스를 좋아했다. 고객의 요구에 맞추어 아주 낭만적인 이브닝 드레스를 만들었지만, 그의 가장 뛰어난 걸작은 유명한 '인어' 드레스였다. 이 드레스는 물고기 비늘처럼 시퀸이 옷 전체에 달린 반짝이는 시스 드레스이다. 절제된 디자인에 맞추어 모델은 시뇽 스타일의 머리를 했으며, 발레의 프리마돈나와 같은 태도를 취했다.

　여성복 업계는 디오르의 뉴 룩의 아류로 넘쳐났던 반면, 제대한 군인들은 전쟁 전의 복장으로 돌아왔으며, 영국에서는 매력 없는 제대복을 입었다. 이러한 상황은 남성복 업계에 경제 여건의 변화와 점진적인 구매력의 성장이 반영되면서 개선되었다. 영국의 계급 구분은 그 어느 때보다 엄격했다. 쿠폰을 허용하자 신사들은 새빌 로와 근교에서 맞춤복과 액세서리를 구입했으며, 그다지 경제적 여유가 없는 사람들은 백화점이나 세실 지(Cecil Gee), 버튼스 같은 남성복 체인에서 기성복을 구입했다. 해외의 부유층 고객들이 다시 런던의 테일러를 찾았으며, 이들 중에는 새로 알려진 기브스, 헨리 풀, 앤더슨 앤드 셰퍼드(Anderson & Sheppard)가 있었다. 옷에 관심을 가지는 것이 남성적이지 못하다는 생각 때문에 남성복의 보수적인 경향은 지속되었다. 색상 혼합이 스포츠웨어나 레저웨어에는 받아들여지기는 했지만 저녁에는 검은색, 낮에는 회색·감색·검은색만을 착용해야 한다는 통념으로 인해 남성복은 여전히 단조로웠다. 대부분의 존경받는 회사원들은 안전하고 무난한 기본적인 의상으로 사회적인 지위와 신용을 표시했다. 근무할 때에는 잘 재단된 슈트, 때로는 가는 줄무늬 슈트와 독특한 액세서리, 그리고 오버코트와 볼러 해트가 필요했으며, 라운지 수트를 준정장으로 여겨 가정 행사에서 입었고, 이브닝웨어로 연미복을 착용했다. 스포츠 활동에는 머리부터 발끝까지 종목에 어울리는 복장을 갖추어야 했다. 1940년대 말, 1950년대 영국의 패션 전문지 『테일러 앤드 커터』는 매주 새로운 경향과 변화에 대한 기사를 실었으며, 사진기자를 보내 직장에서 그리고 여가 시에 옷을 잘 입은 사람과 잘못 입은 사람을 촬영했다. 보수적인 남성복은 디테일상의 아주 작은 변화만을 허용했다. 넓어지거나 좁아진 라펠, 기울여서 단 주머니나 턴업의 두께가 매우 중요했으며, 이러한 디테일들은 모방할 만한 가치가 있었다.

전쟁이 끝난 직후 우아한 도시의 남성들은 에드워드 시대 스타일을 하기 시작했다. 이러한 스타일은 멋지면서도 상류층처럼 보였고, 전형적인 영국 스타일이었기 때문에 기득권층으로부터 환영받았다. 사실 이것은 장교의 일상 군복을 닮았다. 신(新)에드워드 룩은 길고 날씬한 싱글브레스트 재킷에 어깨는 기울어지고 단추는 높이 달렸으며, 바지통은 좁고(커프스가 없는 경우가 많음), 공들여 만든 조끼와 벨벳 칼라가 달린 체스터필드 스타일의 오버코트로 구성되었다. 볼러 해트, 접은 우산, 윗부분을 은으로 만든 지팡이와 광택을 낸 옥스퍼드 신발 한 켤레로 이 복장은 완성되었다.

이렇게 세련된 스타일은 디오르의 뉴 룩처럼 역사적인 의상에 근거를 둔 것으로, 전후 미국 남성복과 완전히 대조를 이루었다. 영국은 미국 남성복 스타일을 수용하기 어려웠다. 아마도 레저웨어의 성향이 강한 미국 남성복이 유럽 스타일보다 헐렁하고 거칠었기 때문인 것 같다. 1948년 미국 맞춤신사복 협회(America's Custom Tailor's Foundation)는 전세계를 상대로 판매하기 위해 유럽의 숙련된 테일러들을 기용했으며, 남성복 쇼와 언론 보도 등 조직적인 홍보 캠페인으로 지원했다. 때때로 영국 남성복 업계는 아메리칸 스타일에 대해 관대하지 못한 태도를 취했다. 남성지 『에스콰이어』는 "대담하고 지배적인 남성 룩(Bold Dominant Male Look)"이라고 아메리칸 룩을 묘사했다. 영국은 미국이 자국의 상품을 자신만만하게 홍보하는 태도를 용납하기 힘들었으며, 미국과 유럽의 남성복 구성 요소는 같았지만 각국이 연출하는 방식과 사이즈는 달랐다. 미국식 재킷은 박스형으로 헐렁하게 재단했으며, 커다란 라펠을 달았고 바지의 통이 넓었다. 대담하고 화려하게 연출하는 미국인의 성향에 유럽인들은 거리감을 느꼈다. 런던에서는 홈부르크를 챙을 직선으로 하거나 아래쪽으로 내려쓰는 반면, 뉴욕에서는 유쾌하게 위쪽으로 기울여 썼다. 미군 출신들이 편안하고 기능적인 제복의 요소들을 그대로 간직하자 업계는 제복을 캐주얼 바지와 풀오버로 전환했다. 『에스콰이어』지는 성공을 암시하는 의복을 입고 있는 앞서가는 모던한 간부의 이상적인 라이프스타일을 통해 미국 남성복 스타일을 보여주었다.

전후 재개된 프랑스와 이탈리아의 남성복은 영국의 테일러링과 미국의 스타일링에서 영향을 받았으나, 1940년대 후반에 두 가지를 혼합해 자국 시장의 수요를 충족시켰다. 이탈리아는 로마와 나폴리, 밀라노에 주요 남성복 업체들이 자리하고 있었으므로 각 지방 고유의 테일러링 전통을 가지고 있었다. 경쾌한 이탈리안 수트, 그리고 자동차와 스쿠터용 3/4 길이의 코트는 1950년대 중반 인기 상품이었으며, 아방가르드한 '컨티넨털' 스타일로 특히 미국과 영국에서 판매되면서 그 영향력을 행사했다. 가장 극단적인 슈트의 재킷은 짧고 좁으며, 좁은 라펠이 달리고 앞이 약간 둥글게 재단된 싱글 여밈이며, 바지는 커프스가 없고 밑으로 가면서 좁아졌으며, 끝이 뾰족한 신발과 함께 신었다. 신에드워드 룩처럼 이탈리아 수입품이 하위문화에 속하는 젊은이들의 스타일에 막강한 영향력을 행사했다. 1950년대 초반 남성복 패션쇼가 시작되었으며, 1년마다 열리는 세계 테일러 회의(World Congress for Tradors) 같은 국제 패션 포럼을 통해 전문가들이 모여서 아이디어를 교환했다. 무엇보다 이 시기에는 격식에서 벗어나려는 경향을 받아들였다. 화이트칼라 종사자들은 여전히 의무감에서 슈트를 입긴 했으나, 근무 시간 외에는 바지와 카디건을 입고 휴식을 취할 수 있게 되었다. 대담한 남성들은 여름에는 직선으로 재단된 아메리칸 레저셔츠를 입었다.

주류 패션이 융성할수록, 젊은이들은 집단적으로 모여 대중음악에서 오토바이까지 정열과 이념을 공유하면서 자신들만의 독특한 스타일을 만들어갔다. 유럽과 미국에서 반체제적인 태도를 보이던 다양한 젊은이들의 무리가 나타났다. 반항하기 위해 일부러 앤티패션(anti-fashion)적 태도를 취했지만, 이 젊은이들이 시각적인 동질성과 제복을 추구해 가면서 당시 이들의 스타일에 힘이 실렸고 이후에 고급 패션에까지 수용되었다는 것은 모순적이다. 불만으로 가득 찬 젊은이들은 부모 세대의 정돈된 깔끔함과 획일성을 거부하

고 단정치 못한 외모를 했다. 잭 케루악(Jack Kerouac)을 추종하던 미국의 비트족(Beats)은 치노(chino)와 공군의 비행용 재킷을 입었다. 파리의 지하 술집에서 실존주의의 영향을 받은 젊은이들은 검은색 옷을 입어 자신들의 진지함을 표현했다. 여성들이 스커트나 타이트한 바지 위에 헐렁한 스웨터를 입은 반면, 남성들은 풀오버와 코듀로이 바지를 즐겨 입었다.

1950년대 영국에서 나타난 비트니크(Beatnik) 현상은 미국의 비트족과 레프트뱅크(Left-Bank, 파리 센 강 좌안[左岸]의 보헤미안들이 사는 지역*) 실존주의자들의 외모를 혼합한 형태를 보였다. 젊은 비트니크 여성들은 슬로피 조(sloppy joe) 스웨터와 발목이 드러나는 타이트한 진을 입고 발레 펌프스나 샌들을 신거나 맨발로 다녔다. 새빌 로에서 주문 제작해 입던 영국 엘리트들의 신에드워드 스타일이 1951년경 기성복으로도 만들어졌으며, 1년 후에는 런던의 이스트엔드(East End)에 더욱 활기가 넘치고 화려한 의상으로 등

장했다. 테디 보이(Teddy Boys), 혹은 테즈(Teds)로 알려진 거리의 젊은이들이 이 스타일에 주트 수트의 드레이프가 지는 긴 재킷과 미국 카우보이의 부트레이스 타이(bootlace ties), 그리고 엘비스 프레슬리로 대표되는 로큰롤 룩(rock 'n' roll look)을 첨가해 새로운 스타일을 만들어냈다도159, 160. 신에드워드 스타일의 광택 나는 옥스퍼드 신발은 크레이프 창 신발('brothel-creepers')에게 자리를 내주었으며, 이마에 커다란 곱슬머리를 붙여 기름을 바른 헤어 스타일은 테디 보이의 징표였다. 1950년대 중반 즈음 또 다른 하위문화가 영국에 등장했다. 말론 브란도(Marlon Brando) 주연의 1954년 영화 〈난폭자 The Wild One〉로 인해 오토바이족이 형성되기 시작했다. 폭주족(Ton-Up Boys)으로 알려진 이들에게 말론 브란도의 검은색 가죽 재킷은 거친 모습을 표현하는 대표적인 의상이었다도161. 이러한 소수의 하위문화가 주류 패션에 도전했지만 패션의 변방에 머물렀을 뿐 주류 패션을 변화시킬 만큼 강력하진 못했다.

전후 속옷 제조업이 괄목할 만한 성장을 보였다. 1938년 듀폰사가 개발한 나일론이 영국에서는 군수품에만 사용되다가 민간용으로 전환되자 혁신을 일으켰다. 나일론이 시장에 공개되자 제조업체들은 나일론에 고무와 장식을 첨가해 예쁜 속옷을 만들었다. 세탁 후 누런색이나 회색으로 변하거나 뻣뻣해지는 경향이 있어 꺼려하는 사람들도 있었지만 나일론은 빨리 마르고 가볍다는 장점을 지녔다. 전시의 실용 속옷은 점차 섬세한 란제리로 대체되었으며, 영국계 미국 회사인 카이저 본더(Kayser Bondor) 같은 주요 속옷 회사들이 세련된 광고를 내보냈다. 나이 든 여성들이 끈이나 후크로 여미는 뼈대가 든 코르셋을 계속 착용한 반면, 딸들은 뒤에서 여미는 단순한 서스펜더 벨트나 가벼운 팬티거들을 착용했다. 거들은 스타킹을 내려가지 않게 하는 것 외에 배와 엉덩이를 납작하게 해 1950년대의 시스 드레스와 테일러드 수트 속에 착용하면 날씬한 선을 살릴 수 있었다. 패션 리더들은 뼈대가 든 8인치 두께의 웨이스피를 입어 허리를 조였다. 나일론 스타킹이 점차로 흔해졌으며 살색이나 황갈색이 인기가 있었고, 파스텔 계열도 소개되긴 했으나 대중적으로 성공하지 못했다. 이 시기 유행하던 뾰족하게 돌출한 가슴 형태를 만들기 위해 브래지어는 패드를 넣거나 재봉틀로 원형으로 박아 단단하게 만든, 깔때기 모양 컵으로 만들었다. 가슴이 작

159, 160 10대들의 대안. 반대편
왼쪽: 1954년 11월 1일. 런던의 의상 박람회에 선보인 보수적인 젊은이들의 스타일. 소년의 싱글브레스트 수트는 테릴렌(Terylene)으로 만들었다. 점무늬가 있는 나일론 드레스와 나일론 펄린(Furleen) 케이프, 흰 양말에 발레 펌프스를 신고 있는 소녀는 미국 10대들의 룩을 하고 있다.
오른쪽: 1954년 런던. 보수적인 의상과는 거리가 먼 룩이 토튼엄의 메카 댄스홀 밖에서 포착되었다. 드레이프가 지는 긴 재킷과 통이 좁은 바지를 입은 테디 보이는 전후 영국에 등장한 최초의 하위문화 스타일이다.

161 1954년 기성세대에 저항하는 또 다른 우상이 등장했다. 〈난폭자〉에서 조니 역을 맡은 말론 브란도가 오토바이족의 검은색 가죽 재킷을 입고 있다.

은 사람은 고무로 된 가슴 패드를 브라에 넣었다. 끈이 없는 드레스를 입을 때는 심을 넣은 긴 브래지어를 착용했다.

전후 화장품 산업의 성장으로 헬레나 루빈스타인(Helena Rubinstein), 갈라(Gala), 엘리자베스 아덴(Elizabeth Arden)과 레블론(Revlon) 같은 회사들이 다양한 신상품을 출시했다. 1940년대 후반에는 입술이 가장 중요했으며 미용 평론가들은 짙은 빨강색을 호평했다. 1940년대 말 강조점은 눈으로 옮겨갔다. 파리 레프트 뱅크의 가수 줄리에트 그레코는 감정이 충만한 사슴 같은 눈망울을 만들기 위해 검은색 펜슬로 눈 주위를 둘렀으며, 눈꼬리를 위쪽으로 연장해서 그렸다. 눈 화장품의 판매가 치솟았다. 학교를 갓 졸업한 10대 소녀들이 공개적으로 화장을 하자 화장품 업체들은 떠오르는 10대 시장의 잠재력을 간파했다. 신상품은 광고를 많이 했다. 뉴욕이라는 유리한 입지를 가진 레블론은 패션 잡지에 양면 컬러로 1년에 두 번 출시되는 '번지지 않는' 립스틱과 '벗겨지지 않는' 매니큐어를 광고했다. 화장품은 다양한 색상으로 출시되었다. 광고 카피라이터들은 레블론 상품에 "눈 속의 체리", "빨강을 사랑하라", "다이아몬드의 여왕", "빨간 테이프" 같이 멋진 이름을 붙였다. 립스틱과 매니큐어 외에 크림, 보습제, 세안제 등도 많았다. 맥스 팩터의 잡티를 감추는 팬스틱(Pan-Stick) 같이 진한 화운데이션을 사

162 화장품, 향수, 의상 광고에 유명인을 기용하는 전략은 계속되었다. 1954년 할리우드 스타 앤 블라이스는 핸드백에 적당한 사이즈의 엎질러지지 않는 넓적한 막대 모양을 한 맥스 팩터 사(社)의 고체 크림 팬 스틱을 광고했다. 이것은 1950년대 아주 인기 있던 상품이었지만, 1960년대 후반에 개발된 가벼운 화장과 비교해볼 때 아주 두꺼웠다.

163 1950년경 에이드리언 디자인의 자수 놓은 튤 이브닝 드레스를 입고 있는 수지 파커. 귀걸이를 고쳐 다느라 팔 안쪽이 드러난, 평범하지 않은 수지 파커의 이 포즈가 끈이 없는 넓은 스커트 드레스를 잘 보여주고 있다.

용해서 가면 같은 모습을 하는 것도 유행했다도162.

   짙은 화장은 모델로서 처음으로 성공을 거둔 직업 모델들이 유행시켰다. 거만한 모습으로 잡지에 등장한 영국의 바버라 골른과 앤 거닝, 미국 이미지 메이커가 패션 우상으로 만들어낸 빨간 머리의 수지 파커, 그리고 1950년대 프랑스의 톱 모델로 명성을 얻은 베티나가 있었다도163. 일류 디자이너들은 좋아하는 모델을 기용했으며, 모델들이 무대 위에서 의상에 활력을 불어넣었다. 머리에서 발끝까지 완벽한 모습이 목표였다. 이렇게 완벽하게 치장하는 데에는 많은 시간과 비용이 들었다. 냉정해 보이는 미인들은 머리를 뒤로 모아 시뇽을 한 반면, 프랑스의 여배우이며 무용수인 지지 장메르는 짧게 자른 말괄량이 스타일을 유행시켰는데, 이 스타일이 영국에서는 "개구쟁이 컷(urchin cut)"으로 알려졌다. 여성들은 여가 시간이 생기자 미용과 헤어스타일에 몰두했다. 미용사들이 스타 대접을 받았으며, 국제적으로 활약했다. 런던의 미용사 레이먼드

(Raymond, Mr Teasie Weasie)는 항상 뉴스 거리였으며, 앙투안 (Antoine)은 파리와 뉴욕의 부자들 사이에서 유명했다. 영화를 보러 가는 사람들이 많아지면서, 1940년대, 1950년대 할리우드의 우상도 옆집 소녀 같은 도리스 데이(Doris Day)부터 육감적인 제인 러셀(Jane Russell), 마릴린 먼로(Marilyn Monroe), 지나 롤로브리지다(Gina Lollobrigida)와 엘리자베스 테일러(Elizabeth Taylor)까지 다양화되었다. 우아하고 차가운 그레이스 켈리(Grace Kelly)와 요정 같은 오드리 헵번(Audry Hepburn)이 또 다른 미의 전형을 보여주었다. 1957년 브리지트 바르도(Brigitte Bardot)가 영화 〈그리고 신은 여자를 창조했다 And God Created Woman〉에서 선보인 도발적인 의상과 입을 삐쭉 내민 모습이 유행했다.

'스마트' 라는 단어가 슬로건으로 등장하면서, 각 앙상블에 적절한 액세서리를 하는 것이 필수적이었다. 패션 잡지는 신발, 가방, 모자와 장갑을 어울리게 코디하라고 충고했다. 가느다란 허리선을 강조하기 위해 벨트는 필수적이었으며, 넓은 고무 '웨이스피 (waspie)' 벨트에 잠금 장치를 단 것부터 송아지 새시 벨트까지 다

164 1940년대 후반 파리의 모자업자 클로드 생-시르는 넓은 챙을 낮게 기울여 쓴 쿨리(coolie)라고 알려진 삼각형 모자를 만들었고, 커다란 리본으로 장식했다. 긴 모자 핀과 고무로 된 모자 받침이 이렇게 커다란 모자를 머리에 지지시켜 주었다.

양한 스타일의 벨트가 있었다. 멋쟁이 여성들이 장갑과 모자를 꼭
착용하게 되면서 모자 산업이 육성되었다. 매 시즌마다 아주 커다
란 바퀴 모양 모자, 비행접시 모자, 그리고 여러 가지 스타일을 혼합
한 작은 모자 등이 소개되었다. 프랑스에서는 폴레트(Paulette), 클
로드 생-시르(Claude Saint-Cyr)도164 와 스벤드(Svend)가 인기 있
었다. 런던에서는 오게 토럽(Aage Thaarup), 시몬 미르망(Simone
Mirman)도165 과 오토 루카스(Otto Lucas)가 유명했으며, 애스컷
경마대회에서 숙녀의 날에는 전통을 따라 눈에 띄는 애스컷 모자를
썼다. 미국의 모자업자 릴리 다셰는 여전히 모자를 주문 생산했다.
이탈리아는 신발 등 최고급 가죽 제품을 생산했다. 독창적이고 실
험적인 살바토레 페라가모는 철로 만든 받침대를 도입한 스틸레토
힐(stiletto heels)을 유행시켰다. 프랑스에서는 루이 주르당(Louis
Jourdin)과 로제 비비에가 고급 신발을 생산했다. 런던의 로브스
(Lobbs)는 남성 수제화로 세계적인 명성을 얻었으며, 레인(Rayne)
은 최신 유행 디자인의 고급 여성 기성화를 판매했다. 세계의 패션
중심지에는 디자이너와 제조업체에 부자재와 트리밍, 그리고 액세
서리를 공급하는 업체들이 포진해 있었다. 1950년대 중반에도 나
이 든 소비자들은 여전히 격식을 갖춘 스타일을 유지했다. 그러나
변화가 시작되고 있었다. 젊음의 힘이 패션 디자인과 패션 유통계
에 아주 중요하고 돌이킬 수 없는 변화를 몰고 왔다.

풍요와 10대들의 도전

1957년 무렵 유럽은 전쟁의 여파와 전후의 물자 부족에서 회복되어 가고 있었다. 북미와 유럽에서는 10대들이 수입을 갖게 되면서 시장이 형성되기 시작했으며, 이러한 시장의 성장은 패션 제조업계와 마케팅에 지대한 영향을 미치게 되었다. 이 시기의 번영으로 1960년대 소비자 사회가 출현하게 되었다. 반짝하는 일시적인 유행이 일반적이어서 옷이 닳거나 해지기 전에 버렸으며 갑자기 젊은 이미지를 선호했다. 미국과 유럽의 간격을 좁힌 대서양 횡단 논스톱 비행기가 '제트족'을 탄생시키면서 패션 트렌드의 전파 속도는 더욱 빨라졌다.

1960년대 중반 무렵 세계 패션계는 파리의 쿠튀리에가 아니라 런던의 재능 있는 디자이너들이 주도하게 되었다. 이러한 변화는 이제 패션의 유행이 선택받은 부유한 소수가 아니라 거리의 일반 남녀에게 초점을 맞추게 되었다는 점에서 중요한 의미를 갖는다. 파리의 아성은 프레타포르테의 성장과 피에르 카르댕(Pierre Cardin), 앙드레 쿠레주(André Courrèges)와 에마누엘 웅가로(Emanuel Ungaro)의 혁신적이고 미래지향적인 패션, 그리고 이브 생 로랑의 형식을 파괴하는 디자인에 의해 유지되고 있을 뿐이었다.

1967년 스타일의 변화가 나타나기 전까지 1960년대를 상징하는 의상은 지금도 유행하고 있는 허벅지 길이의 미니스커트와 리틀 걸 룩(little-girl looks), 기하학적인 헤어컷과 좁게 골이 진 스웨터였다. 그러나 사실 미니의 유행은 1965년 무렵 시작되었고, 1957년부터 1960년대 초반까지의 주요 패션은 여전히 성숙한 남녀의 우아하고 전통적인 의상이 주도했다. 변화의 근간은 이미 샤넬에 의해 싹텄지만, 이 기간에 파리는 여전히 패션의 중심지로써 니나 리치 도166, 그레, 파투 도167 같은 유명한 파리의 의상실들이 최고급 의상을 부유층 고객들에게 제공하고 있었지만, 혁신적인 스타일 변화를 꾀하지는 않았다. 그러나 점차로 노동집약적인 주문 의상의

166 유행하던 벌집 헤어스타일을 하고 니나 리치의 직선적인 이브닝 가운과 케이프를 입고 우아하게 포즈를 취한 모델(1960). 연속적인 주름이 있는 드레스와 장식 없이 매끈한 케이프를 효과적으로 배치했다. 이러한 우아한 행사용 의상에는 숙녀다운 흰 색상의 긴 새끼염소 가죽 장갑이 필수적이었고, 뾰족하고 단순한 신발로 세련된 룩을 완성했다.

167 말쑥한 싱글브레스트 수트를 입은 남성 양옆에 선 모델들은 1959년 파투의 봄/여름 디자인의 짧은 이브닝 드레스를 입고 있다. 왼쪽의 〈미친 말 Crazy Horse〉은 칵테일파티에 적합한 절제된 디자인이며, 오른쪽의 부풀린 〈실험 풍선 Ballon d' Essai〉은 늦은 저녁 차림에 적합하다. 1950년 내내 디자이너들은 극단적인 풍선 모양의 형태를 시도했다. 형식에 얽매이지 않고 행동하고 있으며 마치 움직이는 것 같이 포즈를 취한 이 사진의 모델들은 점차 패션 사진이 정적인 데서 벗어나고 있음을 보여준다.

168 크리스티앙 디오르를 위한 유명한 〈트라페즈〉 컬렉션 이후 이브 생 로랑은 1958-1959 가을/겨울 컬렉션에 부풀린 〈바르바레스크 Barbaresque〉 이브닝 드레스 같이 변형된 웨지 실루엣을 내놓았다. 이 의상은 이브 생 로랑이 디오르의 우아한 스타일 전통에 어떻게 젊은 감각을 가미했는지 보여준다.

가격이 상승하고 부유층 고객의 수가 감소하면서 쿠튀르 사업은 쇠퇴하게 되었다. 생존을 위해 쿠튀르 의상실들은 기성복과 수익성이 높은 향수와 화장품 쪽으로 사업을 확장하기 시작했다.

크리스티앙 디오르는 1947년 컬렉션으로 파리 패션계에서 미래를 보장받았으며, 그 후로 10년간 최고의 자리를 유지했고, 1957년 3월에는 잡지 『타임 Time』의 표지를 장식하기도 했다. 7개월 후 그는 막대한 수출 사업과 연간 5백만 파운드라는 매출액을 가진 세계 최고의 의상실을 유산으로 남긴 채 52세의 나이로 갑자기 타계했다. 디오르의 보조 디자이너였던 21세의 이브 생 로랑은 예술 감독으로 임명되었으며, 3년 가까이 디오르 의상실을 젊은 스타일로 이끌었다. 그의 재능은 1957년 디오르의 마지막 컬렉션인 《스핀들 라인 Spindle Line》에서 분명하게 나타났다. 《스핀들 라인》은 허리선이 없는 좁은 의상이다. 여러 디자이너들, 특히 발렌시아가가 가늘고 허리선이 없는 시스 드레스에서 유사한 라인을 선보였다. 결국 이 드레스는 대중들에게 유행했으며, 종이 옷본을 이용해 집에서 만든 조잡한 스타일에 실망한 기자들에 의해 "자루(the sack)"라

169 1957년 디오르의 갑작스런 타계로 인해 이브 생 로랑은 트라페즈 룩을 선보이는 첫 단독 컬렉션을 서둘러 개최했다. 1958년 1월 개최된 컬렉션은 성공적이었으며, 생 로랑은 파리 쿠튀르의 구원자로 환영받았다. 이브 생 로랑이 스케치한 회색 울 부클레(bouclé)로 만든 단순한 플레어 드레스는 쇼에서 가장 많은 카메라 세례를 받았다. 입기 편하면서도 산뜻한 이 드레스가 뉴스의 헤드라인을 장식한 것은 젊고 순진무구해 보였기 때문이었다.

Le Trapèze

는 별명을 얻었다.

디오르 의상실을 위해 이브 생 로랑이 처음으로 선보인 단독 컬렉션은 장식이 없는 삼각형 모양의 실루엣을 형상화한 《트라페즈 Trapeze》였다도169. 이 환상적인 드레스에 대한 비난과 디오르의 가르침을 받을 수 없는 현실이 안타까운 이브 생 로랑은 이듬해 부풀린 공 모양의 형태를 시도했다도168. 1960년 디오르를 위한 마지막 컬렉션에서는 상반되는 레프트뱅크의 《비트 Beat》컬렉션을 내놓았는데, 오트쿠튀르 시장에 적합하게 가죽 장갑, 악어가죽, 밍크와 값비싼 모직으로 오토바이족과 비트의 의상을 재해석했다도170. 그러나 디오르의 고객들은 이러한 급진적인 디자인에 대해 아직 준비가 되어 있지 않았다. 이브 생 로랑이 그해 군대에 징집되자 마르크 보앙(Mark Bohan)이 디오르 사(社)에서 이브 생 로랑의 자리를 대신하게 되었다.

1961년 사업 파트너 피에르 베르제(Pierre Bergé)와 함께 이브 생 로랑은 자신의 의상실을 설립하고 1962년 첫 번째 컬렉션을 개최했다. 1960년대에 쿠레주와 웅가로가 완전히 현대적인 디자인을 시도했던 것과 달리 생 로랑의 디자인은 다양하고 자극적이었다. 그는 전통적인 작업복과 특별한 행사용 의상에서 자신의 레퍼토리를 택했으며, 이러한 요소들이 YSL을 대표하는 것이 되었다. 1962년과 1968년 사이에 피 재킷, 트렌치코트, 니커보커 수트, 사파리 수트를 부활시켰다도171. 가장 유명한 것은 1966년 남성 이브닝 정장에서 차용해 만든 〈스모킹 Le Smoking〉이었다도172. 이 의상은 이후의 컬렉션에도 변형된 형태로 계속 등장했다도203. 1965년 몬드리안(Mondrian)의 회화에서 영감을 받아 두꺼운 실크 드레스를 만들었는데, 이 드레스는 1960년대를 상징하는 아이콘으로 남았다도173. 몬드리안 드레스는 즉시 값싼 인조 섬유로 모방되었으며, 1966-1967년 이브 생 로랑의 대담한 옵아트(Op Art) 드레스들 역시 모방되었다. 그는 더 넓은 계층의 호응을 받을 수 있는 값이 비싸지 않은 의상이 필요하다는 인식을 하게 되면서 1966년 첫 기성복 부티크 리브 고슈(Rive Gauche)를 열었다.

이브 생 로랑처럼 위베르 드 지방시(Hubert de Givenchy)도 젊고 우아한 여성을 위한 디자인에 탁월했으며, 1950년대 말 파리 최고 쿠튀르의 위치에 올랐다. 발렌시아가의 열렬한 지지자이며 오

T2 ot

Crocodile
with
mink
1960

Trench Cot
Black
('26'
1962

170-172 1960년대 이브 생 로랑의 대표적인 세 작품의 스케치.
왼쪽: 밍크로 트리밍한 악어가죽 재킷은 1960년 7월 디오르를 위한
마지막 의상 쇼에서 선보인 대담한 《비트》 컬렉션에 등장했다.
디오르의 조심스런 고객들에게는 너무 대담해서 냉대를 받았다.
가운데: 1962년 자신의 브랜드를 위해 이브 생 로랑은 비례를 새롭게 하고
진보적인 검은색 광택 시레(ciré)를 사용해 기능적인 트렌치코트를 디자인했다.
오른쪽: 웅장한 이브닝 가운에 대한 대안으로 1966년 남성의 턱시도를
여성에 맞게 재단한 유명한 《스모킹》 룩을 선보였다. 그는 계속해서
이 슈트를 세련되게 변형했다.

173 1965년 가을/겨울 이브 생 로랑은 네덜란드의 데 스테일 화가 피에트 몬드리안의 추상화에 경의를 표하기 위해 캔버스나 깃발 같은 날씬한 원통형을 택했다. 두꺼운 실크 크레이프로 만든 이 대담한 '창살' 드레스는 밝은 색상과 흰색 면을 구분하는 검은색 띠로 절묘하게 구성되었다. 〈몬드리안〉 의상은 즉시 업체들에 의해 도용되어 대중시장에 나왔다.

174 오드리 헵번은 영화
〈티파니에서 아침을〉(1961)에서
지방시가 디자인한 유명한 검은색
드레스를 입고 남자 주인공 조지
페퍼드와 함께 포즈를 취하고 있다.
지방시와 에디스 헤드, 폴린 트리제르가
이 영화의 의상을 제작했다. 헵번은
지방시의 절제된 디자인에 완벽한
모델이었다. 여기서 헵번의 자연스런
우아함은 높은 시뇽 헤어스타일과
매끄러운 검은 장갑, 그리고 아주 긴
담뱃대에 의해 돋보이고 있다.

란 친구이기도 했던 지방시는 1945년 발렌시아가의 보조 디자이너
로 채용되지 못했을 때 실망이 컸다. 1952년 자신의 의상실을 설립
하기 전까지 파스, 피게, 를롱과 스키아파렐리를 위해 일했다. 고급
스러운 전통에 뿌리를 둔 지방시는 대중적인 요소를 피하고 고전적
이고 세련된 스타일을 완성시켰다. 오드리 헵번은 그의 의상에 매
료되어 1953년의 만남 이후 가장 충실한 고객이 되었다. 꼼꼼하게
만들어진 산뜻한 의상이 날씬하고 발랄한 헵번의 외모와 잘 어울렸
으므로 그는 지방시의 의상을 영화 속에서 그리고 영화 밖에서 입
었다. 지방시는 1953년과 1979년 사이 헵번이 출연한 영화 중 16편
의 의상을 디자인했으며, 〈티파니에서 아침을 *Breakfast in Tiffany*〉

에서 헵번이 홀리 골라이틀리 역을 연기할 때 입었던 의상들이 가장 유명하다 도174 .

발렌시아가는 계속해서 극도로 세련된 의상을 선보였는데, 열렬한 갈채를 받는 명배우를 위한 이브닝웨어를 만들기 위해 빳빳한 실크인 가자(gazar)로 과장된 기하학적 형태를 만드는 실험을 거듭했다. 그의 작업실에서 키워낸 쿠레주와 웅가로가 1960년대 프랑스 쿠튀르에 활력을 불어넣었다. 쿠레주는 1950년부터 1960년 자신의 이름을 내걸기 전까지 10년간 발렌시아가의 작업실에서 일했다. 그가 발렌시아가의 스타일로부터 벗어나는 데는 3년이 걸렸다. 그러나 1964년 가을 흰색의 작은 쇼룸에서 드럼 소리에 맞추어 진행된 완전히 현대적인 컬렉션이 패션계를 놀라게 했다. 그 쇼는 많은 언론으로부터 격찬을 받았으며, 특히 『위민스 웨어 데일리』지는 쿠레주의 미니멀한 접근에 대해 "패션계의 르 코르뷔지에"라는 별명을 붙여주었다.

쿠레주는 자신의 단정한 디자인에 어울리는 모델로 운동선수 같은 외모의 젊은 여성을 택했다. 그의 의상에서는 짧은 재킷과 매치한 길이가 짧은 플레어 시프트 드레스(shift dress, 웨이스트 라인에 이음선이 없는 직선적인 심플한 드레스*)와 스커트가 중심이었다. 곡선을 덧대거나 플랩 포켓이나 웰트 포켓(welt pocket, 가장자리를 장식한 천을 붙인 포켓*)을 다는 등 경직된 라인을 깨뜨림으로써 삼각형 모양의 시프트 의상을 무수히 변형시켰다. 당시 파리 패션쇼에 등장했던 수많은 바지 슈트 중에서 쿠레주의 슈트가 단연코 전위적이었다. 정확한 재단과 구성에 의해 만들어진 매우 통이 좁은 바지는 발등에 트임선이 있고 거의 땅에 닿을 정도의 긴 길이로 인해 다리가 아주 길어 보이는 효과가 있었다. 힙에 걸치는 매력적인 이 바지는 낮에 입는 것은 울로 만들고, 저녁에 입는 것은 시퀸을 달거나 자수를 놓은 실크로 만들었다.

쿠레주의 의상은 토털 룩(total look, 의상의 색이나 소재, 액세서리, 소품 등이 통일된 느낌을 주는 스타일*)을 지향하는 여성들에게 가장 매력적으로 보였다 도175 . 그는 토털 룩에 적합하도록 디자인했으며, 의상에 대한 올바른 태도를 적절한 액세서리 선택만큼이나 중요하게 생각했다. 신발은 굽이 없이 납작해야 했다. 그는 앞코를 잘라낸 흰색 부츠와 바 슈즈 메리 제인스(mary janes)를 소개했다. 눈

부분에 슬릿을 넣은 흰색 개기 일식 안경은 패션쇼 밖에서는 거의 착용되지 않았으나, "쇼티즈(shorties)"라고 알려진 흰색의 깔끔한 장갑은 많은 대중들에게 받아들여졌다. 쿠레주는 색상을 엄격하게 한정했다. 우주복과 우주선뿐만 아니라 스포츠웨어에서 영감을 얻었던 그는 흰색과 은색을 매우 좋아했다. 그에게 흰색은 젊음과 낙관주의를 상징했으며, 완전히 깨끗하다는 특성을 좋아했다. 슈가아몬드 파스텔과 몇 가지 강렬한 색상, 특히 불타는 듯한 오렌지색이 전형적으로 사용되었다. 모든 계절에 무늬 없는 옷감을 즐겨 사용했지만 때때로 줄무늬, 체크와 파이핑으로 변화를 주었고, 여름용으로는 데이지 꽃이 흩뿌려진 자수를 스위스에서 주문하기도 했다도176.

쿠튀르 의상을 입을 여유가 있으며 패션의 첨단을 걷는 여성들에게 매우 인기 있었던 쿠레주의 고객으로는 재클린 케네디와 자매 간인 리 래즈월 공주와 프랑스의 팝 가수 프랑수아즈 아르디 등의 유명 인사들이 있었다. 그의 디자인은 대단한 성공을 거둔 만큼이나 수없이 표절되었는데, 종종 스펀지를 댄 값싼 천으로 조잡하게 만든 것들도 많았다. 자신의 디자인에는 최고급 소재와 뛰어난 수공예품이 필수적이라고 생각하던 쿠레주는 이러한 표절로 인해 상심했다. 이는 그가 1965년 철수하게 된 이유 중 하나였다. 쇄도하는 주문을 뒤로 한 채 2년 가까이 문을 닫았으며, 사적인 고객에게만 의상을 팔았다. 1967년 다시 문을 열었을 때에는 부드럽고 유동적인 선으로 변해가던 패션계의 흐름과 멀어져 있었다.

에마누엘 웅가로 역시 파리 패션의 부흥에 중요한 역할을 했다. 그는 1964년 쿠레주와 동업하기 위해 발렌시아가를 떠났으나 동업은 곧 실패로 끝났고, 1965년 첫 컬렉션을 개최하면서 혼자서 디자인을 시작했다. 쿠레주처럼 웅가로도 무거운 소모사 직물로 하

177, 178 피에르 카르댕은 과장된 의상뿐만 아니라 세련되고 절제된 의상에도 뛰어났다. 얼굴을 감싸는 거대한 칼라로 유명했는데, 1958년의 펼친 부채 모양의 러프처럼 생긴 칼라는 코트의 주름진 요크를 연장한 것이다 (맞은편). 1958년에는 세련되고 짧은 이브닝 드레스를 선보였다(오른쪽).

드에지(hard-edge, 기하학적 도형과 선명한 윤곽의 추상 회화*)풍의 의상을 만들었다. 이탈리아 나티에르 사(社)에서 생산한 삼중직 개버딘을 포함해 매끈한 표면에 상당히 두껍게 직조한 직물을 사용했는데, 이 직물은 옷감 자체를 세울 수 있을 정도여서 1960년대 중반 삼각형 형태의 패션을 유지하는데 딱 들어맞았다. 웅가로와 쿠레주 모두 발렌시아가에게서 배운 원칙을 충실히 지켰으며, 기술적으로 뛰어난 의상들을 만들었다. 이 시기 그들의 의상은 유사했는데, 특히 요크 보디스에 칼라가 없고 부분 벨트에 두꺼운 제천 단추가 달린 심플하고 깔끔한 미니 드레스가 비슷했다. 그러나 웅가로는 유기적인 문양과 화려한 색상 배합을 활용한 점에서 쿠레주와 달랐

다. 그는 텍스타일 디자이너 소니아 냅(Sonia Knapp)과 공동으로 작업했는데, 소니아 냅은 의상의 선을 제압할 만큼 강렬한 프린트를 계속해서 제작했다.

파리 쿠튀르계에서 떠오르는 샛별로 주목받은 피에르 카르댕은 1950년 자신의 회사를 설립했으며, 1957년에는 강하고 정돈된 디자인의 컬렉션으로 자신의 위상을 확고히 했다. 테일러로 일했던 카르댕은 앙상블에 너무 많은 아이디어를 넣으면 안 된다는 원칙을 고수했다. 비대칭 목선, 가리비 모양 장식과 둥글게 말린 가장자리 처리, 얼굴을 감싸는 거대한 칼라 같은 그의 대표적 디자인은 각 계절마다 그 분위기에 맞추어 변형되었다도177,178. 그는 또한 나선

179 1966년 카르댕의 위력적인 피나포어 드레스는 두꺼운 소모사로 만들었으며 날씬한 폴로넥 스웨터 위에 입었다. 돔 모양의 복숭아색 펠트 헬멧과 앞코가 네모나고 굽이 낮은 신발이 미래주의 룩을 완성했다. 맨 왼쪽의 톱모델 히로코(카르댕의 뮤즈)는 턱 길이의 끝이 뭉툭한 단발머리에 곡선으로 된 T자 모양의 멜빵이 달린 피나포어를 입고 있다.

180 파코 라반의 비범한 의상 제조 기술은 전통적인 재단과 봉제에 의한 의복 구성을 거부했다. 1966년 그는 펜치를 들고 플라스틱 원반과 금속 링으로 만든 의상의 어깨 부분을 수정하고 있다.

형의 형태를 시도했는데, 1958년에는 단에 졸라매는 끈을 사용해 풍선 코트 드레스(coat dress, 코트의 느낌을 주는 원피스 드레스로 보통 도련까지 단추가 달려 있다*)를 만들었으며, 1960년에는 골반 부분에 부풀린 파니에를 단 몸에 꼭 맞는 시스 드레스를 만들었다. 같은 해 머리 위로 18인치 정도 선을 연장하는 원뿔 모자와 함께 장식이 없는 트라페즈 형태의 코트를 선보이기도 했다. 1959년 기성복 라인을 라이선스를 내주어 의상조합의 규정을 위반한 카르댕은 독창성을 인정받아 1963년 『선데이 타임스 *Sunday Times*』지가 주최하는 제1회 패션상을 수상했음에도 불구하고, 한동안 조합의 회원 자격을 박탈당했다. 1964년 아주 현대적인 디자인을 시도해 쿠레주, 웅가로와 함께 패션의 미래주의 운동에서 선구자가 되었다. 그는 도쿄에서 인형처럼 생긴 자그마한 체구의 모델 마쓰모토 히로코를 파리로 데려와 모델로 기용하고 뛰어난 디자인을 히로코에게 입혔다. 검은색과 선명한 색을 결합해 팝아트와 옵아트를 프린트한 시프트 드레스를 시리즈로 디자인했다. 카르댕은 곱게 빗어 올린 머리 위에 사각형의 필박스 모자를 얹어 기하학적인 룩을 강조했다.

1960년대 문화 전반에 우주비행이 스며들었는데, 패션도 그 영향으로부터 벗어날 수 없었다. 카르댕은 우주탐사에 매료되어 우주비행사 에드 화이트 소령이 우주 공간에서 내딛은 첫 걸음을 1965년 《코스모스 *Cosmos*》 컬렉션으로 이어갔다. 이러한 실용적인 유니섹스 의상은 몸에 꼭 맞는 골이 진 스웨터와 타이츠, 혹은 바지

위에 걸치는 튜닉이나 피나포어(pinafore, 가슴 바대가 달린 에이프런, 소매 없는 간소복*)로 구성되었다. 뾰족한 캡과 펠트로 만든 돔 형태의 모자가 우주인 룩을 완성했다도179. 이것은 패션성과 편안함, 활동성을 결합한 기능적인 디자인이었으며, 온 가족이 착용할 수 있었다. 그러나 미니 피나포어 드레스의 모방품에 대중들이 접근하기는 했지만, 전반적으로 대량으로 소비하기에는 너무나 진보적인 룩이었다. 카르댕은 1960년대의 짧은 스커트 밑에 겨울에는 색상이 있는 두꺼운 타이츠, 여름에는 촘촘히 짠 흰색이나 문양이 있는 타이츠를 입혀 살색 다리가 노출되는 것을 꺼렸던 최초의 디자이너였다. 그는 또한 대담한 허벅지 길이의 부츠를 소개했으며 검은색 스웨터와 타이츠, 머리에 꼭 맞는 모자를 매치해 주된 의상을 돋보이게 했다.

카르댕, 쿠레주, 웅가로의 의상이 테일러링 전통에 기반을 두고 있는 반면, 파코 라반(Paco Rabanne)의 디자인은 보석 세공에서 발전했다. 라반은 작은 플라스틱, 메탈 조각을 연결해 의상을 구축했다. 반짝이는 첫조각과 금속 원반을 금속 링으로 연결해 이브닝웨어를 만든 반면, 데이 드레스는 구리 리벳으로 가장자리를 고정한 가죽 조각으로 구성했다도180. 절단기와 펜치를 사용해 제작하는 이러한 의상은 겉모습이 우선이었고 편안한 착용감은 뒷전이었다. 나체라는 인상을 주기 위해 살색의 보디 스타킹 위에 의상을 입었다. 라반의 의상은 1960년대 말 컬트적인 지위를 획득했으며, 페기 모핏과 도녜일 루나가 모델로 기용되었다.

1950년대 말에서 1960년대 초까지 이탈리아의 쿠튀리에들은 세련된 컬렉션을 발표해 세계적인 위상을 확고히 했다. 여성복은 밝은 '지중해 색상'과 강렬한 형태로 특징지을 수 있었다. 로마에서는 로베르토 카푸치가 강렬하고 극적인 의상을 조각적인 이미지로 형상화해 스케치북에 가득 채웠는데, 그 후로 이 분야에서 30년간 재능을 발휘했다. 1958-1959년 시즌 컬렉션에서 카푸치는 주로 박스 형태로 디자인했으며, 그 가능성에 매료되어 모자와 커다란 단추에도 기하학적 형태를 반복해서 보여주었다. 이 사각형 실루엣이 형태는 카로사(Carosa, Princess Giovanna Caracciolo)와 알베르토 파비아니에게 영향을 주었으며, 이 디자인을 좋아했던 기자들이 박스, 혹은 "종이 가방(paper bag)" 라인이라고 이름 붙였다도181.

런던에 본사를 둔 텍스타일 업체 지카 애셔(Zika Ascher)는 이탈리아 쿠튀리에들에게 1950, 1960년대 테일러링에 이상적인 네온 색상의 모헤어(mohair)와 사치스런 셰닐(chenille)을 공급했다.

1950년대 초 파리에서 무역업을 하던 알베르토 파비아니는 로마에서 오랜 전통을 가진 가업인 의상제조업을 물려받았다. 1970년대에 문을 닫을 때까지 파비아니는 클래식한 의상으로 알려졌지만 실은 평범하지 않았으며, 창의적인 재단으로 호평 받았다. 결혼 후 1960년대 초반 그는 아내이자 동료 디자이너 시모네타(비스콘티〔Visconti〕)와 함께 파리에서 지냈다. 시모네타의 디자인은 항상 강렬했으며 대담하게 입어야 했다. 물방울이나 누에고치 형태의 특별한 이브닝 드레스를 만들기 위해 사치스럽고 눈에 띄는 옷감을 이용했다. 타운웨어로는 세련된 테일러드 수트와 코트를 만들었는데, 모든 의상에 커다란 칼라나 뒤에 나부끼는 패널 등 독특한 디자인을 선보여 군중들 사이에서 튀게 했다.

에밀리오 푸치의 화려한 색상에 휘감기는 듯한 무늬가 프린트된 실크는 사이키델릭한 1960년대에 새로 인정을 받으면서, 파리에도 의상점을 열었다. 세련된 매력과 푸치의 것임을 단번에 알아차릴 수 있는 그 독특함을 좋아했던 마릴린 먼로, 엘리자베스 테일러, 로런 바콜 같은 영화배우를 비롯한 미국인들에게 푸치의 편안하고 가벼운 레저웨어는 특히 인기 있었다. 푸치는 블라우스, 스카프와 날씬하게 보이게 하는 작은 드레스에 매 시즌 새로운 아이디어를 반영해 발표했다. 1960년대에는 몸에 딱 달라붙는 신축성 있는 나일론과 실크로 만든 원피스 보디수트 〈캡슐라 *capsulas*〉를 선보이기 시작했는데, 이것은 1980년대 라이크라 레오타드(leotard, 19세기 프랑스의 곡예사 레오타르의 이름을 딴 것으로, 무용수나 곡예사들이 착용하는 상의와 하의가 이어져 몸에 착 달라붙는 의복*)와 운동복의 원형이라 할 수 있다 도182. 푸치의 유연한 프린트 실크저지 소재는 1960년대 말 컬렉션의 길게 나부끼는 케이프와 하렘 팬츠(harem pants, 발목 부분을 끈으로 묶게 된 통이 넓은 여성용 바지*) 스타일에 잘 어울렸다.

1950년대 중반에서 1960년대 초까지 이탈리아는 남성복을 주도했다. 이탈리아의 테일러링은 최첨단 스타일이었으며, 나폴리와 밀라노는 남성 패션의 중심이었다. 로마는 유명한 테일러링 학교 아카데미아 데이 사르토리(Accademia dei Sartori), 최고의 테일러

181 기하학적 형태의 가능성에 매료된 로베르토 카푸치는 "종이 가방", 혹은 박스 라인의 가능성을 실험했으며, 그 결과 네모로 재단된 의상을 만들었다. 1958년에는 사각형 코트의 모서리를 부드럽게 하기 위해 애셔 사의 모헤어를 사용했으며, 사각형의 케이프, 거대한 사각형 단추와 리본이 달린 입방체 모양의 모자에서도 사각형을 시도했다.

링 회사 브리오니(Brioni), 도메니코 카라체니(Domenico Caraceni), 두에티(Duetti), 토르나토(Tomato) 등이 본거지를 두고 있었기 때문에 남성 패션의 중심이 되었다. '딱 떨어지는' 슈트, 베스파 모터스쿠터와 커피 바 등 이탈리아의 현대 문화를 세계의 관객들에게 보여준 〈아름다운 인생 *La Dolce Vita*〉(1960) 같은 영화의 본산지이기도 했다. 이 시기 유행한 이탈리아 슈트는 일반적으로 표면이 부드러운 소모사로 만들었으며, 처진 어깨의 짧은 재킷, 주름과 커프스가 없는 좁은 일자 바지로 구성되었다. 이 슈트는 평범한 셔츠와 좁은 타이, 그리고 '윙클피커스(winkle-pickers, 끝이 뾰족한 구두나 부츠. 흔히 이탈리안 커트의 신을 가리키는 영국 속어*)' 나 로퍼와 함께 착용했다도183 . 미국과 나머지 유럽 국가에서도 깔끔한 이탈리안 룩이 패션 리더들 사이에 유행했다. 영국에서 이 룩을 유행시킨 주역은 런던의 사업가 존 스티븐(John Stephen)이었는데, 그는 자신의 첫 남성복 부티크에 이탈리아풍의 젊고 매력적인 의상들을 들여놓았다.

스티븐의 의상들은 1958년 즈음 런던에서 모던 재즈에 심취해 자신들을 모더니스트라고 부르던 젊은 남녀에게 특히 인기가 있었다. 유럽 문화 중 특히 프랑스 영화에 심취했던 그들은 옷에 집착했는데, 아주 깔끔한 테일러링과 완벽한 차림새를 지향하는 등 취향이 까다로웠다. 1960년 무렵 그들은 더 이상 도시에만 국한되지 않았으며, 이름은 축약해서 "모즈(Mod)"라고 불렸다. 가장 패셔너블하고 명확한 태도를 취하는 모즈는 "얼굴(faces)"로 알려졌으며, 더 후(The who) 같은 모즈 팝 그룹을 지지했다도184.

외모에 대한 남성들의 관심이 증가하면서 남성복과 남성용 화장품 판매가 획기적으로 중대했다. 테일러링 박람회는 활기가 넘치

182 에밀리오 푸치의 첫 번째 디자인은 스키복이었으며, 스포츠웨어의 역학은 그의 다음 컬렉션에 나타났다. 그의 날씬한 1960년대 긴소매 보디수트는 여러 면에서 시대를 앞섰으며, 푸치 프린트로 만든 부츠, 모자를 함께 매치시킨 슈트는 매력적일 뿐만 아니라 아주 활동적이었다.

183 윙클피커스 신발은 1950년대에 인기 있었으며, 그 인기는 1960년대 초까지 지속되었다. 윙클피커스는 때때로 "모즈" 의상에도 등장했다.

고 관람객이 매우 많은 행사였다. 1964년 영국의 테일러링 체인 헵워스는 '현대 생활에서 남성 패션의 중요성'을 인식하고 왕립미술학교에 신설된 남성 패션디자인 과정을 지원했다. 이듬해 카너비거리(Carnaby Street)의 상인들은 "볼러를 반대하는 단체(the ban the bowler brigade)"라는 단체를 결성해 기성 스타일에 대해 재치 있는 공격을 가했다. 이것은 막 성장하기 시작한 값싼 기성복과 배타적인 고급 기성복 사이의 긴장감을 보여주는 사례였다. 모즈 세대의 메카인 카너비 거리와 보수의 상징인 새빌 로의 의복 전쟁은 1966년 〈두 거리 이야기 A Tale of Two Streets〉라는 TV 프로그램에 의해 전형화되었는데, 이 프로그램은 남성 패션의 극단적인 양상을 보여주는 두 거리를 통해 세계의 패션 현상을 진단했다.

미국은 카너비 거리 현상 등 유럽의 발전에 민감하게 반응했으며, 1956년부터 "아이비리그 룩이 컨티넨털 룩에게 밀려날 것인가?"라는 의문이 제기되었다. 사실은 두 가지 스타일이 모두 공존했다. 아이비리그 스타일은 새롭게 만들어졌으며, 이탈리아 슈트는 키가 더 크고 근육질인 미국 남성의 체형에 맞게 변형되었다. 1960년대 초 미국 패션계는 보수적인 경향이었고, 여전히 브룩스 브라더스(Brooks Brothers)의 슈트가 근무시간용으로 가장 안전한 선택이었다. 반면 레저웨어는 아주 화려했다. 원색 프린트의 헐렁한 스포츠 셔츠가 여전히 인기 있었으며, 1960년대 중반에 나타난 화려한 체크무늬의 스포츠 재킷, 바지, 버뮤다 반바지와 스포츠웨어(특히 골프웨어)에서 미국인들의 플래드(plaid, 격자무늬. 색깔 있는 줄무늬를 마름모꼴이나 직사각형이 되게 번갈아 엇갈리게 한 실과 염색 혹은 염색된 타래실로 짠 체크무늬 직물*)에 대한 선호 경향을 보여주었다. 1960년대 후반으로 가면서 '공작새 혁명(peacock revolution)'이 점차로 자리를 잡으면서 미국인들은 허리선이 들어가고 넓은 라펠이 있는 재킷, 끝이 뭉툭한 흰색 칼라가 달린 꽃무늬 셔츠, 타이트해진 로웨이스트 바지를 자유롭게 입기 시작했다.

이 기간에 피에르 카르댕과 하디 에이미스가 세계 남성복계에 큰 영향을 미쳤다. 1959년 에이미스는 헵워스 사(社)를 위해 전형적인 남성복 컬렉션을 디자인하기 시작해 그 후로 20여 년간 헵워스 내셔널 체인의 디자인을 맡았다. 에이미스도 인정하듯 자신의 명성이 슈트에 '세미쿠튀르의 위상'을 부여하면서 소비자에게 엄청난 호소력을 발휘했다. 해외에서도 관심이 쏟아지면서 뉴욕에 판매점이 있고 남성복 공장과 남성복점 체인을 소유한 미국 의류회사 게네스코(Genesco)와 디자인 계약을 맺었다. 전통적인 테일러링과 새로운 감각을 결합한 너무 튀지 않는 그의 의상이 온건한 젊은 이들을 사로잡았다. 반면 피에르 카르댕은 비순응주의의 챔피언이었다. 1959년 첫 남성복 컬렉션을 소개했으며, 자신이 의상의 모델을 하곤 했다. 1959년 『자르댕 데 모드 *Jardin des modes*』지의 인터뷰에서 우아하면서도 편안함을 살리고 전통적인 의상의 경직성을 거부하는 새로운 댄디즘을 제안했다. 칼라가 없는 둥근 목선의

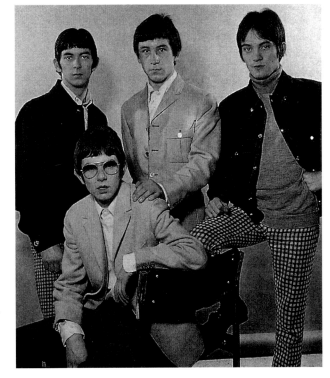

184 모즈 팝뮤직 그룹 스몰페이시스 (The Small Faces)는 1965년에 결성되어 1966년부터 1967년까지 수많은 히트곡을 냈다. '작은 얼굴들'이라고 불린 이유는 멤버들이 모두 작기 때문이다. 그들은 모즈가 탄생시킨 깔끔한 룩의 전형을 보여준다. 팬들은 그들의 음악뿐만 아니라 혁신적인 의상을 동경했다. 리드 싱어이며 기타리스트인 스티브 매리엇(오른쪽 끝)이 그룹을 이끌었다. 이 사진에서 그는 통이 좁은 대담한 체크무늬 바지와 폴로넥 스웨터, 그리고 앞을 단추로 여미는 재킷을 입고 있다. 이 그룹의 앞머리를 드리운 헤어스타일은 머리 윗부분을 거꾸로 빗어 세운 것이다.

재킷은 일반적인 패션으로 자리 잡진 못했으나, 남성복의 해방에 지대한 공헌을 했다 도185 . 카르댕의 디자인은 라이선스 계약에 의해 급속하게 전파되었다. 인도 여행을 다녀온 후에는 네루 수트(Nehru suit)를 소개했는데, 그의 파리 부티크 아담(Adam)의 판매원들이 이 슈트를 입었다. 스탠드칼라가 달린 긴 라인의 싱글브레스트 인도 전통 의상에 기반을 둔 이 재킷을 입은 유행의 선도자들이 곧 도시 전역에 나타났다.

카르댕의 우주복 스타일의 남성복 역시 여성복처럼 대중들이 소화하기엔 너무나 전위적이었지만, 소매가 없고 측면에 지퍼가 달린 저킨(jerkin, 소매가 없는 짧은 남자용 조끼 같은 상의. 풀오버 형식으로 된 것도 있고, 주로 가죽 제품이 많다*), 셔츠와 타이를 대신하는 터틀넥 스웨터와 앞코가 네모난 두툼한 부츠 등 1960년대 중반의 몇몇 의상은 패션의 주류가 되었다. 『테일러 앤드 커터』지는 1967년 3월호에서 카르댕의 미래지향적인 '내일 모레(day after tomorrow)' 디자인의 영향을 받은 급진적인 동료 디자이너 톰 길비(Tom Gilbey)와 루벤 토레스(Ruben Torres) 등이 뛰어난 기술과 고급 재료를 사용해 근대성과 기능성을 결합했다고 보도했다. 카르댕이 영국 텔레비전 연속극 〈복수자 The Avenger〉에서 존 스티드 역을 맡은 패트릭 맥니를 위해 의상을 디자인했을 때(의상의 제작은 영국에서 했다), 영국의 시티수트와 전원용 옷에 프랑스적인 세련미를 가미했다. 이 스타일이 대단한 성공을 거두자 영국의 제조업체들은 원본에 바탕을 둔 소매용 컬렉션을 생산했다.

머지 팝 그룹 비틀스는 함부르크 시절의 가죽 재킷과 티셔츠를 버리고 새로운 남성복 트렌드를 따라 스마트 룩을 입기 시작했다. 최고 판매량을 기록한 〈러브 미 두 Love Me Do〉 앨범을 발표했던 1962년에는 에드워드 시대 스타일의 빳빳한 면 셔츠, 둥근 목선의 짧은 박스형 재킷과 커프스 없이 아래로 가면서 점점 통이 좁아지는 바지로 구성된 카르댕 스타일의 모즈 룩을 입었다. 그들의 테일러 두기 밀링스(Dougie Millings)는 영국에서 인기를 끈 다른 40개 그룹의 무대의상도 디자인했다. 머지 룩은 앞머리를 이마 위로 드리운 단정한 헤어스타일에서부터 쿠반 힐의 첼시 부츠(chelsea boots)까지 젊은이들의 외모에 막대한 영향을 미쳤다 도186 .

1960년대 초에는 파리 오트쿠튀르의 아성에 도전하게 될 새로

185 피에르 카르댕은 절대적인 것으로 간주되었던 라펠이나 커프스 같은 구태의연한 디테일들을 없앤 현대적인 슈트를 제시했다. 1950년대 후반부터 1960년대 초반까지 칼라가 없이 높고 둥근 목선의 싱글브레스트 재킷을 날씬한 바지와 함께 입는 혁신적인 디자인을 선보였다.

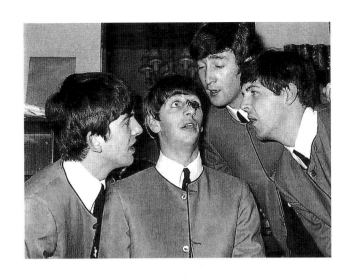

운 영국 패션 디자이너 세대가 등장했다. 주로 국립미술학교의 패션, 텍스타일 학과에서 교육을 받고 적극적인 스승들로부터 격려를 받은 이 신진 디자이너들은 전통에 도전하는 신선함을 보여주었다. 메리 퀀트(Mary Quant)가 선봉에 섰다. 1955년 남편 알렉산더 플렁켓 그린(Alexander Plunket Greene)과 비즈니스 매니저 아키 맥네어(Archie McNair)와 공동으로 첼시의 킹스 로드에 첫 번째 가게 바자(Bazaar)를 열었다. 젊은 고객들을 즐겁게 해줄 옷을 팔고자 했지만, 구할 수 있는 옷들(숙녀다운 장갑, 모자, 액세서리와 함께 정교하고 타이트한 허리선에 종아리 길이의 의상)이 나이 들어 보이는 데 실망한 퀀트는 직접 디자인을 시작했다. 그의 의상은 즉시 성공을 거두었으며, 생산량을 늘려야 했다. 1956-1957년 퀀트의 디자인은 약간 플레어지는 시프트 형태와 튜블러 형태에 기반한 단순하고 편안한 의상이었다. 허리선을 낮게 하고 수평 밴드를 사용하거나 활동을 자유롭게 하기 위해 단에 삼각형의 주름을 넣었으며, 액세서리는 최대한 자제했다. 핵심은 스커트 길이가 아주 짧아졌다는 것이었다.

퀀트의 자서전 『퀀트 바이 퀀트 *Quant by Quant*』(1966)는 성공을 거둔 1960년대 초반 시절의 고된 작업과 흥분, 기쁨을 기록하고 있다. 그는 검소한 영국 클래식에서 패션 요소를 취해 극적으로 재해석했다. 전통적인 회색 플란넬 슈트는 파이 껍질처럼 끝을 프릴로 장식한 니커보커즈와 소매 없는 짧은 시프트 드레스로 변형되

186 비틀스가 문화에 미친 영향은 대단했으며, 그들의 초기 모습도 후에 보인 히피 룩처럼 수많은 젊은이들에게 영향을 미쳤다. 1963년 런던 팔라디움 공연을 위해 모즈 스타일의 높은 칼라가 달린 셔츠 위에 칼라 없는 재킷과 통이 좁은 바지로 구성된 날씬한 슈트를 입고 있다. 그들을 상징하는 딱정벌레가 링고 스타의 코 위에 앉아 있는 모습을 보고 있는 무대 뒤 비틀스의 모습이다. 윤기가 흐르는 대야 모양의 헤어스타일에서 쿠반 힐의 부츠까지 그들의 모든 옷차림이 모방되었다. 그들을 추종하는 수많은 10대 팬들을 만족시키기 위해 전설적인 4명의 초상으로 장식한 옷들이 만들어졌다.

187, 188 메리 퀀트의 《진저 그룹》의
상은 성공적이었으며, 그 의상을
입었다는 것만으로도 패션의
선구자임을 의미했다. 1967년 줄무늬가
있는 대담한 울 저지 미니 드레스는
미식축구복의 영향을 받았다(왼쪽).
《걷고 있는 퀀트》라는 신발 컬렉션을
1967년 8월 착수하면서 퀀트는 토털
패션을 시도했다. PVC로 만든 깔끔한
앵클부츠는 안감으로 밝은 색상의
면 저지 천을 사용해 땀을 흡수하도록
하고 색상에 변화도 주었다.

었다. 도시 신사들이 입던 좁은 줄무늬 모직 슈트는 멜빵이 달린 피
나포어로 변형되었다. 토털 룩을 위해 액세서리와 속옷까지 망라한
퀀트의 컬렉션은 패션의 최첨단이었으며, 1962년 미국의 거대 체
인 스토어 제이씨 페니(J.C. Penny)와 유리한 조건으로 계약을 맺
었다. 1963년에는 《진저 그룹 Ginger Group》 라인이 대량생산에 들
어갔다. 퀀트는 평범하지 않은 것에서 아이디어를 얻어 재빨리 변
화하는 룩으로 다시 만들어냈다. 그는 새로운 소재들을 즐겨 사용

했는데, PVC로 밝은 색상의 맥(mac, mackintoch, 헐렁한 방수 코트로 황갈색이나 짙은 녹색 인도산 고무 천으로 만듦*)을 만들었고, 인조 섬유 트리셀(Tricel)을 홍보하기 위해 미니스커트의 짐슬립(gymslips, 소매가 없고 무릎까지 오는 여학생 교복*)을 만들었다. 크림플렌(Crimplene, 주름이 잘 안가는 합성 섬유. 상표명*)의 가능성을 시험하기도 했으며, 쿠르텔(Courtelle)의 새로운 네 겹 실을 이용해 미니 드레스를 만들어 소박한 니트 패턴을 유행시키기도 했다. 퀸트는

189, 190 매주 토요일 10대들의 놀이터로 묘사되던 카너비 거리는 최신 의상을 자랑하면서 부티크를 찾아다니고, 새로운 아이디어를 서로에게서 찾는 젊은이들로 붐볐다. 앞서가기 위해서는 매주 새로운 옷을 사야만 했다. 워런(Warren) 형제와 데이비드 골드(David Gold)가 연 상점 로드 존은 '일생 동안 입을 수 있는 옷이 아니라', 날씬하고 젊은 체형을 돋보게 하는 화려한 색상의 옷을 팔았다(왼쪽). 1960년대 중반 카너비 거리는 관광 명소로써 버킹엄 궁전과 견줄 정도였다. 남성복 상점과 함께 작고 친근하며 재미있는 상품을 파는 여성복 상점이 '유행에 민감한 소녀들'을 위해 저렴한 옷을 팔았다. 해리 폭스(Harry Fox) 소유의 레이디 제인은 자그마한 미니스커트에서 바지 슈트까지 새로운 것을 갈망하는 젊은 여성들에게 빨리 변화하는 스타일을 팔았다(오른쪽).

성실한 영국 기성세대를 연상케 하는 고루하고 격식을 차리는 것들을 모두 거부하고, 입기 편하고 계층을 초월한 재미있는 옷을 만들었다. 〈영국 은행 *Bank of England*〉(굵은 줄무늬 튜닉), 〈위장 폭탄 *Booby Traps*〉(브라), 《걷고 있는 퀀트 *Quant Afoot*》(부츠 컬렉션) 등 의상에 붙인 제목들이 경쾌하고 재기 있는 그의 태도를 보여준다도187, 188.

1966년 4월 15일 잡지 『타임』은 표지에 "런던, 흔들리는 도시"라는 문구를 달아 크게 보도했으며, 정확한 것인지는 모르겠지만 그 표현이 반향을 일으켰다. 이 기사는 런던이 젊음의 매력을 열망하고 있다고 전했다. 1960년대 중반 영국의 10대들에게는 주로 팝 음악 등의 오락과 옷, 화장품에 쓸 돈이 있었다. 런던에서 젊은이들이 어울려 다니고, 주급으로 적당한 가격의 기성복을 구입할 수 있는 장소가 소호의 카너비 거리였다. 앞서 언급한 존 스티븐은 이 거리를 세계의 젊은이들이 어울리는 장소로 만드는데 큰 공헌을 했다. 1957년 자신의 사업을 시작하기 전에는 주로 게이와 예술가 고객을 상대로 매우 야한 옷과 세련된 레저웨어를 팔던 카너비 거리의 남성복 가게 빈스(Vince)에서 얼마간 일한 적이 있었다.

영리한 사업가였던 스티븐은 전통적인 양복점과 여러 가게들이 10대들이 원하는 의상을 제공하지 못한다는 사실을 파악했다.

10대 시장을 겨냥해 벨벳, 스웨이드, 가죽, 새틴, 코듀로이와 모헤어 같은 촉감이 독특한 소재를 사용해 몸에 꼭 붙는 대담한 색상의 실험적인 옷을 만들어 팔았다. 스티븐의 의상이 대단히 인기를 끌면서 1960년대 초에는 카너비 거리 상점의 1/3을 그가 소유할 정도였다. 상점의 상품 속에서 옷을 입고 있는 여성과 벗고 있는 여성을 쇼윈도에 진열한 여성복 부티크 레이디 제인(Lady Jane)과 쌍을 이루어 남성복 상점 로드 존(Lord John)이 1966년 문을 열었다 도 189, 190 .

남녀를 위한 부티크는 1960년대 번성했으며, 재빨리 상품을 교체하면서 최신 패드에 대한 욕구를 만족시켰다. 타깃이 되는 고객 또래의 젊은이들이 가게를 소유하거나 운영하는 일이 자주 있었다. 그들은 최신 유행 제품을 단기간 내에 팔았으며, 점원들은 구매를 강요하지 않고 가게를 마음껏 구경할 수 있도록 환영했다. 서커스장 같이 화려한 색상으로 장식한 이 상점들은 매력적인 쇼윈도와

191 바버라 홀라니키는 1964년 켄싱턴의 애빙던 가에 첫 의상점 비바를 열었다. 짙은 남색 벽과 검은색 램프 갓, 그리고 굽은 나무로 만든 옷걸이에 걸린 옷은 격식에서 벗어난 비바 고유의 변덕스런 분위기를 살려주었다. TV 프로그램 〈준비완료〉에 캐시 맥거원이 비바의 의상을 입고 출연하자 수많은 사람들이 비바로 몰려들었으며, 그 중에는 서니(Sonny), 셰어(Cher), 줄리 크리스티(Julie Christie), 실러 블랙(Cilla Black) 등도 있었다.

신기한 인테리어, 그리고 끊임없이 흘러나오는 팝 음악으로 고객들을 유혹했다.

젊은이들이 원하는 바로 그 스타일이면서도 상대적으로 저렴한 옷들이 제프 뱅크스의 옷(Jeff Banks's Clobber), 리 벤더의 버스 정류장(Lee Bender's Bus Stop) 같은 작은 부티크들을 채웠다. 그러나 그 중에서도 특히 붐비고 시끄러운 바버라 훌라니키(Barbara Hulanicki)의 부티크 비바(Biba)는 인기 명소였다. 훌라니키는 1년 전 시작한 우편주문판매 사업의 성공에 힘입어 1964년 비바를 열었다도191. 비바의 아르데코풍의 복고적인 인테리어, 공용 탈의실, 일반 옷걸이 대신 굽은 나무로 만든 옷걸이와 취한 듯한 분위기는 전설적이었다. 이러한 분위기와 조화를 이루는 비바의 의상과 진흙

192 10대들의 잡지 『페티코트』의 1968년 4월 27일 표지. 발을 안쪽으로 향하는 어린아이 같은 포즈를 취해 이 시기의 베이비돌 룩을 표현했다. 모델은 감바(Gamba)에서 만든 밝은 빨간색의 끈 달린 신발, 메리 퀀트의 두꺼운 타이츠, 베레모와 함께 매컬의 '그루비패턴(groovie pattern)'으로 만든 흰색 재킷과 스커트를 입고 있다.

193 1965년 베시 존슨의 비치는 플라스틱 슬립 미니 드레스. 수많은 존슨의 '엉뚱한' 옷들처럼 이 의상도 즐거움을 주거나 놀라게 할 의도를 담고 있었으므로, 그 존재는 한계가 있었다. 이 옷에는 여러 가지 형태의 밝은 색 조각들을 붙였는데, 이 조각들은 착용자가 원하는 곳 어디에나 붙일 수 있도록 되어 있다.

색의 화장품은 진열되자마자 날개 돋친 듯 팔려나갔으며 많은 이윤을 남겼다. 좀더 비싼 기성복 브랜드로는 진 뮤어(Jean Muir), 존 베이츠(John Bates), 폴 앤드 터핀(Foale & Tuffin)이 있었다. 존 베이츠는 1960년 텔레비전 연속극 〈복수자〉의 배우 다이애나 리그의 사계절 의상을 담당해 유명해졌으며, 폴 앤드 터핀은 1961년 브랜드를 시작해 1965년 카너비 거리에서 좀 떨어진 곳에 부티크를 열었다. 새로운 패션 잡지 중에서 "새로운 젊은 여성"이란 부제를 붙인 『페티코트 Petticoat』도 192 와 "젊고 발랄하고 앞서가는" 잡지라고 광고했던 『허니 Honey』가 최신 패션을 젊은 독자들에게 알려주었다. 『선데이 타임스』는 1962년 처음으로 데이비드 베일리(David Baily)가 찍은 메리 퀀트의 회색 플란넬 시프트를 입은 모델 진 슈림턴(Jean Shrimpton)의 사진을 표지로 장식한 컬러판을 발행했다.

런던의 발전에 영향을 받아 파리의 젊은 모드 창조자(créateurs

de mode) 그룹도 오트쿠튀르와 백화점 의상의 격차를 줄인 활기찬 디자인의 의상을 파는 부티크를 열었다. 비틀스의 후렴을 따라 예예(yé-yé) 디자이너로 알려진 이들은 프랑스의 세련미에 젊은 스타일링을 가미했다. 1960년대 초 에마뉘엘르 칸(Emanuelle Khanh)은 그의 상징이 된 늘어진 칼라와 깊이 파인 목선, 그리고 단순한 라인으로 구성된 연한 색상의 크레이프 드레스와 슈트를 유행시켰다. 자클린(Jacqueline)과 엘리 자코브송(Elie Jacobson)은 새로운 디자이너의 옷을 판매하는 부티크 도로테 비(Dorothée Bis)로 유행을 선도했는데, 1965년에는 자클린이 믹스앤드매치(mix-and-match) 단품과 특이한 니트 의상에 중점을 둔 그의 첫 의상을 선보였다.

미국의 베이비붐 세대는 성인기로 접어들고 있었으며, 눈에 띄는 '날 좀 보세요(Look at me)' 패션에 대한 그들의 욕구는 대도시에 생겨난 부티크들에 의해 충족되었다. 뉴욕에는 첨단 패션을 취급하는 상점들이 생겨났는데, 1965년 패션 사업가 폴 영(Paul Young)이 패러퍼네일리어(Paraphernalia)를 열어 패션을 주도했다. 뉴욕의 메리 퀀트라 할 수 있는 베시 존슨(Betsey Johnson)이 1965년 패러퍼네일리어에 합류했다. 존슨은 영국의 『세븐틴 *Seventeen*』지처럼 10대 소녀들을 겨냥한 잡지 『마드무아젤 *Madmoiselle*』에서 일을 시작했다. 패러퍼네일리어에서 존슨은 저렴하고 재미있는 옷가지들로 활기에 넘치는 상점의 명성을 더했는데, 그 가운데 물에 젖으면 실제로 싹이 트는 본드 섬유 드레스를 비롯 다양한 폐품을 부착한 옷들에 "스로우어웨이스(throwaways)"라고 이름을 붙였다. 비치는 플라스틱 드레스, 종이 드레스, 은색 오토바이용 의상과 빛이 나는 디스코 의상이 과시적인 욕망을 만족시켜 주었다도193. '공장(Factory)'으로 알려진 앤디 워홀(Andy Warhol) 그룹의 일원이기도 한 호리호리한 백금발의 '슈퍼스타' 에디 세지윅(Edie Sedgwick)은 존슨의 모델이 되어 가장 멋진 디자인을 입었다.

유럽, 특히 런던과 비교할 때 항상 보수적이고 기능적인 의상이 선호되던 미국에서는 눈에 띄게 특이한 패션을 즐겨 입는 대담한 사람들이 상대적으로 적었다. 이것은 미국이 세계의 트렌드에 영향을 받지 않아서가 아니었다. 몇몇 패션 선구자들은 1957년 파리의 살롱에서 수입한 허리선이 없는 슈미즈 드레스를 입었으며, 미국의 최고 디자이너들은 키가 크고 날씬한 미국인의 체형에 맞도록 우아하게 라인을 변형했다. 마릴린 먼로도 굴곡 있는 몸매를 자루 모양의 색 드레스 속에 감추었다. 과도기적인 엠파이어 라인은 프랑스에서 트라페즈 라인이 들어오자 미국에서 완전히 사라졌다. 트라페즈 라인은 재클린 케네디(Jacqueline Kennedy)가 특히 좋아했던 라인이다. 1960년 재클린 케네디는 미국의 영부인이 되면서 즉시 세계 패션계의 리더로 부상했다. 그는 훌륭한 외모와 세련된 취향을 지녔으며, 사진을 잘 받았다. 그는 지위에 어울리는 다양하고 인상적인 의상을 소화해냈으며, 세계의 언론은 기꺼이 의상의 가격을 추측하는 기사를 실었다. 3년간 재클린은 미국의 베스트 드레서 명단에 올랐으며, 장식 없이 깔끔한 단색 의상을 유행시켰다. 파리 디자이너를 선호하는 취향이 국민들의 반감을 사자, 그는 자국의 디자이너를 후원하기 시작했다. 올레크 카시니(Oleg Cassini)는 재클린 케네디의 개인 디자이너로 활약했으며, 미국제 옷을 만들면서도 프랑스적인 느낌을 살려 재클린의 까다로운 요구를 충족시켰다 도194 . 재클린은 레저 활동이나 영부인으로서 참석하는 공식행사에 각각 어떤 옷이 가장 적합한지 등 패션에 대해 잘 알고 있었다. 그의 외모를 둘러싼 언론 보도가 패션 산업에 활력을 불어넣었으며 많은 유행을 가져왔다. 그 중에는 소매 없는 A라인 드레스, 필박스 모자와 두툼한 선글라스 등이 있었다. 부풀린 헤어스타일에서 굽이 낮은 코트 슈즈까지 완벽한 유선형의 '재키 룩(Jackie Look)'은 수없이 모방되었다. 재클린 케네디의 영향은 남편이 암살된 후 조문 기간에 잠시 수그러들었다가 1964년 여름 다시 회복되었다.

미국의 젊고 부유한 사교계 여성들은 재클린 케네디의 세련된 단순함을 흉내냈으며, 뉴욕에는 삭스 피프스 애버뉴, 버그도프 굿먼, 본윗 텔러(Bonwit Teller), 헨리 벤델 같은 기성복에서부터 노먼 노렐, 올레크 카시니, 벤 주커먼(Ben Zuckerman)과 엘리자베스 아덴의 오스카 드 라 렌타(Osca de la Renta)의 맞춤복까지 선택할 여지가 많았다. 이 고객들은 또한 재클린 케네디가 고객이었던 셰니농(Chez Ninon)과 오르바흐(Ohrbach)에서 만든 파리 의상의 모방품을 사기도 했다. 1962년 미국 패션디자인의 홍보를 위해 결성된 미국 패션디자이너 협회(Council of Fashion Designers of

America)가 미국에서 패션 산업의 중요성을 부각시켰다.

미국 디자이너들은 착용이 편하면서도 스타일이 좋은 옷을 잘 만들었는데, 1960년대에는 경륜을 지닌 두 디자이너의 의상이 주목받았다. 보니 캐신과 제프리 빈(Geoffrey Beene), 이 두 디자이너는 성격은 매우 달랐지만 디자인에 있어 실용적이면서도 창의적인 접근 방법을 취한다는 공통점이 있었다. 캐신은 1940년대에는 20세기 폭스 사(社)의 영화의상 디자이너로 활동했고 그 후에는 1953년 자신의 회사를 설립하기 전까지 스포츠웨어 회사 애들러 앤드 애들러(Adler & Adler)에서 디자인을 했다. 1960년대에는 특이한 네크라인이나 후드가 달린 편안한 울 스웨터와 함께 착용할 수 있는 모직, 면, 가죽 등으로 만든 단품을 계속 발표했다. 캐신의 디자인 중 많은 것이 시대를 앞서갔다. 특히 유선형 후드가 달린 드레스와 케이프는 1970년대가 되어서야 각광받기 시작했다.

의상조합에서 일을 익힌 제프리 빈은 1962년 자신의 회사를 시작하기 전까지 틸 트레이너(Teal Traina) 등의 여러 기성복 회사에서 일했다. 활동에 편하고 자유를 줄 수 있는 옷을 만드는 것이 그의 목표였다. 하이웨이스트 리틀걸 드레스와 후에 유행한 리본으로 장식한 긴 에스닉 룩 등 최신 유행을 받아들이기는 했으나, 모더니스트였던 빈이 가장 좋아했던 것은 솔기와 디테일을 최소화한 울 저지로 만든 가볍고 단순한 드레스였다. 1970년대에는 고가의 기성복 컬렉션에 값이 저렴한 라인을 추가했는데 그 중에는 "빈 백(Beene Bag)"이라는 재미있는 이름을 가진 라인도 있었다.

1967년 『뉴욕 타임스 *New York Times*』의 기자 머릴린 벤더는 미국 패션의 풍요로움에 대해 다음과 같이 썼다. "미국 디자이너들은 각기 다른 고객들을 위해 다양함을 보여주었다." 머릴린 벤더는 로스앤젤레스에서 주로 활동하는 제임스 갈라노스(James Galanos)와 루디 게른라이히(Rudi Gernreich)를 1960년대 미국 스타일의 극단적인 두 양상을 대표하는 중요한 디자이너로 꼽았다. 뉴욕의 해티 카네기, 할리우드의 장 루이(Jean Louis)와 파리의 로베르 피게 문하에서 일했던 갈라노스는 1951년 로스앤젤레스에서 갈라노스 오리지널(Galanos Originals)을 시작했다. 그는 부티 나고 거만해 보이는 모델(그가 가장 좋아하는 모델은 팻 존스였다)을 기용해 자신의 의상을 더욱 우아하고 세련되게 연출했다. 정확하게

194 1962년 런던 순방 때 군중들에게 인사하고 있는 재클린 케네디. 그가 입은 자홍색의 모직 테일러드 드레스와 재킷은 올레크 카시니의 디자인으로, 약간 플레어지는 드레스와 칼라가 없는 목선에 7부 소매와 하나의 단추로 여미는 깔끔한 재킷으로 구성되었다. 깨끗한 흰 장갑이 의상을 완성했다.

재단된 테일러드 데이웨어와 화려한 시폰 이브닝 드레스(그는 가는 주름을 잡은 시폰 이브닝 드레스에 뛰어났다) 때문에 부유층 고객이 많았다. 고객 중에는 찰스 레블론(Charles Revlon, 레블론 회장의 부인), 베시 블루밍데일(Betsy Bloomingdale)과 낸시 레이건(Nancy Reagan)이 있었는데, 낸시 레이건은 1967년 로널드 레이건(Ronald Reagan)이 캘리포니아 주지사로 취임했을 때 취임 무도회에서 갈라노스의 드레스를 입었다.

오스트리아 태생인 루디 게른라이히의 디자인은 완전히 달랐다. 미술을 공부하고 10년 동안 현대 무용가로 활동한 그는 몸에 꼭 맞는 저지 수영복을 시작으로 디자이너가 되었는데, 1964년에는 그의 모델 페기 모핏이 상체를 노출시킨 수영복을 입으면서 세계적인 명성을 얻었다도197. 1960년대 중반 피부색으로 만들어 거의 입지 않은 듯 절묘한 '노브라(No-Bra)' 브라는 품질을 광고하는 카드와 함께 신기한 플라스틱 지갑에 포장해서 판매되었으며, 1960년대 중반 누드룩 속옷의 유행을 가져왔다. 게른라이히는 플라스틱과 합성 섬유를 즐겨 사용했으며, 자주 밝은 색 문양의 저지 니트에 투명하거나 색상이 있는 비닐 조각을 장식 효과로 넣었다. 그는 패션이란 값이 비싸지 않아야 한다고 생각했으며, 강렬한 인상을 주면서도 착용하기 쉬운 옷을 원하는 젊고 대담한 고객을 목표로 했다. 무용가로서의 배경 때문에 게른라이히는 몸에 잘 맞고, 건강한 인체, 그리고 활동을 편하게 하는 단순한 선을 가진 의상의 장점에 대해 남다른 지식이 있었다. 그는 1969년 잠시 패션계에서 떠났다가 1970년대 유니섹스 트렌드에 지대한 공헌을 하면서 돌아왔다. 그는 남녀 모두 입을 수 있는 긴 카프탄, 점프수트(jumpsuit)와 단이 넓게 퍼지는 바지(bell-bottom pants)를 소개했다.

격식을 벗어나 옷을 입게 되면서 이젠 액세서리도 더 이상 세트로 필요하지 않았다. 모자 산업은 판매의 급감으로 어려움을 겪게 되었으나, 애스컷 경마대회, 롱샹 경기, 왕실의 가든파티, 결혼식 같은 전통적인 공식 행사와 인조 모피의 '베이비' 보닛(bonnet, 뒤에서부터 머리 전체를 싸듯이 가리고 얼굴과 이마만 드러낸 모자, 주로 턱밑에서 끈으로 맴*)과 PVC 방수모 같이 짧게 반짝하는 유행이 모자 산업을 유지케 했다. 1964년 즈음에는 굽이 높고 끝이 뾰족한 불편한 신발은 시대에 뒤떨어졌고, 앞코가 네모이며 굽이 낮고 넓은 신발이 유행했다. 영국에서는 레인이 여러 가지 색상의 광택 나는 가죽 소재로 앞코가 넓고 버클이 달린 아주 현대적인 신발을 선보였다. 런던의 아넬로 앤드 데이비드(Anello & Davide)의 독특한 댄스용, 극장용 신발과 부츠가 트렌드로 여겨졌다. 프랑스의 로제 비비에와 샤를 주르당(Charles Jourdin)은 비싼 가죽 소재와 장식으로 만든 독특한 신발로 유명했다도195, 196. 쿠레주는 굽이 없는 흰색 부츠를 유행시켰으며, 이 스타일은 대량생산 업체에 의해 널리 모방되었다.

대세를 따르기 위해서 젊은이들은 변화의 대열에 동참할 수밖에 없었다. 영국의 〈준비완료 Ready Steady Go〉, 〈최고 인기 팝 Top of the Pops〉, 그리고 프랑스의 〈친구여 안녕 Salut les coupains〉과 〈디스코라마 Discorama〉 같은 TV 대중음악 프로그램뿐만 아니라 1965년 개봉한 두 편의 영화 〈기교 The Knack〉와 〈달링 Darling〉이 젊은이들을 열광하게 했다. 할리우드 영화배우들의 영향력이 감소하자, 10대들은 대중 음악가, 스포츠 영웅, 디스크자키, 패션 사진가와 모델 등을 우상화하였다. 패션 사진에 새로운 활력을 불어넣었던 데이비드 베일리, 후에 스노든 백작이 된 앤터니 암스트롱-존스(Antony Armstrong-Jones)와 테런스 도노번(Terence Donovan) 같은 유명 사진가들과 젊은 모델들이 미의 이상을 제시했다. 그들의 활동은 데이비드 헤밍스와 톱 모델 베루츠카가 출연한 미켈란젤로 안토니오니의 영화 〈폭발 Blow-Up〉(1966)에서 영화화되었다. 남자 주인공은 고급 잡지에 모델로 자주 등장하던 진 슈림턴("The Shrimp")의 사진을 찍었던 데이비드 베일리를 모델로 했다. 커다란 눈에 길고 헝클어진 머리와 육감적인 입술, 그리고 긴 다리를 가진 슈림턴은 1960년대의 다양한 스타일을 완벽하게 소화해낸 카멜레온 같은 모델이었다도198. 모즈 패션에 이상적인 모델은 레슬리 혼비("Twiggy"로 불림)였는데, 혼비의 소녀 같은 몸매와 옆 가르마를 탄 소년 같은 헤어스타일, 요정 같은 분위기가 10대 잡지에서 인기를 끌면서 1966년에는 '올해의 얼굴'로 선정되었다도199. "트위그(The Twig)"는 1960년대 평범하지 않은 외모를 가진 모델로서 속눈썹을 진하게 칠해 커다란 눈을 더 커 보이게 했던 페넬로페 "트리(The Tree)"와 짝을 이루었다.

진한 검은색 눈 화장은 1960년대 패션에 필수적이었다. 대비를

195, 196 20세기 가장 혁신적인 신발 디자이너 로제 비비에는
많은 파리 쿠튀리에들의 컬렉션을 위해 공동으로 작업했다.
그는 환상적인 이브닝 슈즈로 유명했다. 새틴과 튤로 만든
1963년 디자인으로 진주 스팽글로 장식했으며,
'콤마 힐(comma heel)'로 되어 있다(맨 위).
앞코가 약간 둥글고 리전시 힐(Regency heel)이 달린
녹색 브로케이드 신발. 1963-1964년(아래).

197 허벅지까지 올라오는 시레 부츠를 신고 위협적인 색상의
가리개를 쓴 메기 모핏은 1965년 루디 게른라이히의 단순한
원피스 수영복을 입고 있다.

주기 위해 입술과 피부는 창백하게 표현했다. 1966년 메리 퀀트는
대담한 색상의 립스틱과 아이섀도를 도입했다(갈라 제품). 또한 자
신의 눈썹에 맞추어 잘라 쓸 수 있도록 긴 조각으로 된 인조 속눈썹
을 소개했다. 인조 속눈썹은 "눈썹을 돌려 줘" 같이 재치 있는 광고
와 퀀트의 유명한 데이지 로고를 새긴 은색과 검은색 포장으로 홍

보했다. 1960년대 초 헤어스타일은 끈적끈적한 로션과 스프레이로 모양을 고정시켰던 격식을 차린 성숙한 스타일로부터 발랄한 벌집 (beehive) 스타일, 포니테일과 개구쟁이 소년 같은 스타일로 바뀌었다. 이 스타일은 비달 사순(Vidal Sassoon)이 낸시 콴(Nancy Kwan)에게 처음으로 각진 기하학적 단발을 도입하자 1963년 즈음 갑자기 수그러들었다. 항상 시대를 앞서갔던 메리 퀸트는 사순에게 자신의 검은 머리를 자르도록 했는데 한쪽 눈 위로 쏟아져 내리는 비대칭의 매력적인 스타일이 유행을 선도했다도200. 깔끔한 기하학적 형태의 헤어스타일을 할 수 없는 사람들은 최신 유행의 단발 가발을 썼다. 남자들은 머리를 길게 기르고 수염과 구레나룻 턱수염을 기르기도 했다.

텍스타일 산업은 인조 섬유, 혼방과 독특한 끝처리 방법을 연

200 비달 사순은 1960년대 초반 정확하게 자른 단발로 젊은이들의 헤어스타일에 혁명을 일으켰다. 1963년 "낸시 콴(Nancy Kwan)"이라고 하는 모델미가 드러나고 앞쪽으로 머리가 쏟아져 내려 턱 부근까지 오는 아주 짧은 커트는 그의 가장 유명한 스타일 중의 하나이다. 이 사진에서는 1964년 고안한 유명한 기하학적인 "파이브포인트 컷(Five-Point Cut)"을 메리 퀀트에게 해주고 있다.

198 모델 진 슈림턴이 1965년 멜버른 경마대회에 깔끔한 더블브레스트 테일러드 수트와 후광처럼 생긴 브레턴(breton) 모자를 쓴 우아한 차림으로 등장했다. 슈림턴은 전날에도 오를롱을 홍보하기 위해 경마장에 나타났는데, 소매 없는 흰색 미니 드레스에 스타킹을 신지 않고 모자와 장갑도 없는 차림으로 나타나 혹평을 받았다.

199 레너드 블룸버그(Leonard Bloomberg)를 위해 팸 프로터(Pam Procter)와 폴 뱁(Paul Babb)이 공동으로 디자인한 의상을 입고 있는 트위기는 1967년 패션 사업에 뛰어들었다. 이 사진의 긴 뾰족한 칼라가 달린 셔츠 드레스와 캣수트, 점프수트, 반바지, 퀼트와 '베이비돌' 드레스로 이루어졌던 컬렉션은 대체로 소녀 취향으로 10대 시장을 겨냥했다.

구하고 개발시켰다. 새로운 상품에 대한 생산, 상표, 마케팅의 경쟁이 세계적으로 치열해졌다. 과학자들은 견고하며 구김이 가지 않고 편안하면서도 관리가 쉽고, 세탁해서 다림질 없이 바로 입을 수 있는 소재를 가정에 공급하는 것을 목표로 했다. 모든 미국 남성들이 세탁해서 다림질 없이 곧바로 입을 수 있는 슈트를 적어도 한 벌씩은 가졌다고 추정되었다.

1960년대 중반 2~3년 동안 의료용 작업복으로 전환된 '본드 섬유(bonded fibre [paper])'의 가능성을 시도했으며 종이 드레스와 팬티는 일회용품의 상징이 되었다. 1966년 새로 출시하는 냅킨을 홍보하기 위한 광고 전략으로 스콧 제지회사(Scott Paper Co.)는 고객들에게 종이 옷을 제공했다. 이 회사에는 주문이 쇄도했다. 패션의 절정기에 미국의 유명 종이 옷 제조사인 마스 제조회사(Mars Manufacturing Corporation)는 내화성이 있고 방수가 되는 '새로운 기적의 섬유' 케이셀(Kaycel)로 "쓰레기통 부티크(Waste Basket Boutique)"라는 레이블을 붙인 옷을 만들었다. '일회용'이라고 홍보했지만 사실 이 소재는 3번 정도 세탁이 가능했으며 다림질도 할 수 있었다. 런던의 진취적인 회사 디스포(Dispo)는 사이키델릭한 무늬를 프린트한 종이 의상을 판매했다.

무수한 인조 섬유 제조업체가 생겨나자 수백 가지의 섬유, 직물과 제조업체에 대한 설명과 안내를 실은 책이 나왔다. 밴론(Ban-Lon), 드랠론(Dralon), 아크릴란(Acrilan)과 오를롱(Orlon) 등 상품명은 짧고 알아차리기 쉽게 지었다. 폴리에스테르계(系) 직물 테릴렌(Terylene)은 남성의 기성복 테일러링 분야에서 중요한 역할을 했다. 합성 사(絲)를 생산하는 주요 업체로는 미국의 듀폰, 영국의

201 일회용 '종이' 옷에 대한 인기는
1966년에서 1968년까지 짧은 기간
지속되었다. 1966년 스콧 제지회사가
홍보 전략의 일환으로 종이 드레스를
1달러 25센트에 팔았다. 6개월도 채
안되어 50만개의 드레스가 팔려나갔다.
재미있기는 하지만 제작비용이 일반
의상보다 결코 적지 않다는 것을
제조사들은 깨달았다. 찢어진 종이를
배경으로 활동적인 포즈를 취한 모델이
인기 있는 열차 판매원 모자와 단순한
줄무늬 종이 티셔츠 미니 드레스
(종이로는 복잡한 구성이 불가능했다)를
입고 있다.

커톨즈(Courtaulds), ICI가 있다. 메리 퀸트, 피에르 카르댕, 랑뱅 등의 최고 디자이너들은 최신 합성 소재를 홍보하고 그 위상을 높일 수 있는 특별 컬렉션 개최에 대한 계약을 체결했다. 고급 시장을 공략했지만 합성 섬유는 여전히 주로 값싸고 대중적인 옷을 만드는 소재에 머물렀다. 합성 섬유는 속옷과 스포츠웨어의 발전에 가장 큰 영향을 미쳤다. 새로운 고무(특히 1959년 라이크라)와 탄력성이 있는 가볍고 질긴 옷감의 도입으로 속옷 업체는 관리하기 쉬운 옷을 생산할 수 있게 되었다. 미니스커트 밑에 스타킹 대신 장식용 타이츠를 신게 되자 서스펜더 벨트는 이제 필요 없게 되었다. 신축성이 있는 장식적인 망사 팬티거들이 브라와 짝을 이루었으며, 철사가 든 브라 속치마가 인기를 끌었다. 스타킹 제조업체는 망사, 레이스 패턴과 두꺼운 스타킹을 출시했다. 길이가 더 짧아진 스커트 밑에 젊은이들은 메리 퀸트가 디자인해 1965년 처음 출시된 밝은 색상의 스타킹과 타이츠를 신었다.

앞으로 오게 될 스타일의 주요 변화는 긴 맥시코트가 미니스커트 위에 착용된 1960년대 중반 싹트기 시작했다. 영화 〈닥터 지바고 Dr. Zhivago〉(1965)는 군복의 느낌을 살린 긴 플레어 오버코트의 유행에 영향을 미쳤다. 2년 후 갱스터 영화 〈보니와 클라이드 Bonnie and Clyde〉가 1930년대 스타일의 길고 유동적이며 날씬한 라인과 종아리 길이로의 변화를 재촉했다. 텍스타일 업체들은 부드럽고 유연한 소재에 대한 수요 때문에 짧고 빳빳한 삼각형 형태를 만들었던 단색 소재가 쓸모 없게 되면서 경제적, 기술적 문제에 직면하게 되었다.

7장 ___ 1968-1975
절충주의와 자연주의

젊은이들이 패션을 주도하게 되면서 패션은 점차 다양화되었고, 1970년대 중반 무렵에는 클래식하고 착용이 간편한 의상과 환상적인 의상의 두 가지 스타일로 대별할 수 있게 되었다. 여성복에서 중요한 두 가지 특징은 다음과 같다. 미디와 맥시의 길고 날씬한 라인이 경직된 삼각형 실루엣의 미니를 대체하게 되었으며, 여성들은 점차로 바지에 의존하게 되었다. 이 시기에도 스타일에 대한 남성들의 관심은 지속되었다.

파리는 여전히 패션계의 중심으로 남아 있었으며, 밀라노와 뉴욕이 패션계에서 힘을 키워나갔다. 전세계의 산업이 1973년 유가 70% 인상의 여파로 인플레이션과 경제 위기에 맞닥뜨리게 되면서, 잠시이긴 했지만 영국 제조업체들은 손해를 감수하면서 주 3일 근무제를 실시했다(실업을 줄이기 위해 고용자를 해고하지 않고 주 3일 근무제를 채택했는데, 이는 제조업체로서는 손해였다*). 그해 베트남 전쟁이 종료되었으나 인종 폭동, 미국과 유럽에서 학생들의 시위, 그리고 전세계에서 테러리스트의 공격이 증대하는 등 폭력과 갈등은 계속되었다. 1970년대의 '무엇이든 가능한' 분위기 속에서 새로운 것을 찾고자 한 디자이너들에게는 이러한 암울한 사건도 영감으로 작용했다. 그들은 또한 카우보이에서부터 젖 짜는 소녀의 옷까지 여러 직업 의상에서 따온 스타일뿐만 아니라 1930, 1940년대의 급속히 변화하는 스타일에서 영감을 얻은 레트로 하이패션을 시도했다. 그러나 이제 패션은 디자이너가 주도하는 것이 아니라 대체로 개인적인 선택의 문제가 되었다. 사실 미니는 만인에게 유행된 최후의 패션이었다.

1960년대 말에서 1970년대 초에 출현한 여성해방 운동가들은 유행에 반대하는 태도를 취했다. 그럼에도 불구하고 베티 프리던의 『여성의 신비 Feminine Mistique』(1963), 1970년에는 저메인 그리어의 『여성 내시 Female Eunuch』, 케이트 밀렛의 『성의 정치학

202 이브 생 로랑은 남성복 테일러링 기법을 응용해 여성을 위한 남성적인 바지 슈트를 만들었다. 1970년대 중반의 이 슈트는 진회색 모직으로 만들었으며, 광택나는 회색 마로케인 크레이프 감으로 만든 블라우스를 함께 입었다. 패드를 댄 어깨는 측면에서는 날카롭게 보였고, 플레어진 바지는 플랫폼 신발을 덮고 거의 땅까지 내려온다. 빗어 넘긴 짧은 머리, 옆주머니에 넣은 손, 그리고 담배를 쥐고 있는 모습이 특히 양성적인 느낌을 준다. 헬무트 뉴턴 사진.

203 아래: 1968년 전통적인 턱시도를 과감하게 받아들인 이브 생 로랑은 바지 대신 앞에 단추 가리개가 있는 테일러드 버뮤다 반바지에 여성스런 리본을 단 비치는 쉬폰 소재의 도발적인 블라우스를 매치하고 그 위에 새틴 라펠이 있는 전통적인 재킷을 입혔다.

204 맞은편: 1979년 뮤지컬 영화 〈헤어〉의 한 장면으로 1960년대 말 히피의 의상과 태도를 정확하게 묘사했다. 앤 로스(Ann Roth)가 의상을 담당했다. 의상은 독특한 데님, 프린지 달린 저킨스와 부츠 등과 함께 장식적인 앤티크와 민속적인 소품을 함께 착용해 흐트러진 옷차림을 했으며, 머리는 흑인의 머리 모양인 아프로 헤어스타일을 하거나 길고 찰랑거리는 스타일을 하고 있다.

Sexual Politics』 같은 자유주의 문학이 패션에 관심이 많고 사회적인 의식을 가진 젊은 여성들에게 많은 영향을 주었다. 리틀걸 룩은 좀더 성숙한 스타일로 바뀌었다. 반권위주의자와 저항주의자들은 전형적인 히피 의상을 입었고 일부 페미니스트들은 보일러수트를 즐겨 입었다. 1968년에는 "록을 사랑하는 아메리칸 종족의 뮤지컬"이라고 광고한 〈헤어 *Hair*〉의 공연이 있었다. 이 뮤지컬은 반항적인 젊은이의 상징인 긴 머리를 찬양했을 뿐만 아니라 섹스와 마약에 대해 자유로 태도를 취하는 히피 운동을 세상에 알렸다. 이 뮤지컬의 반권위주의적 태도와 반전 감정은 시끄러운 소리와 사이키델릭한 조명으로 효과를 배가했다도204. 히피 문화는 도시 산업의 가치를 거부하며 자연을 사랑하고 자연으로 돌아갈 것을 주장했다. 대지로 돌아가자는 이러한 정신이 생태 운동의 성장을 촉진했으며, 미국과 영국에서 수공예 전통을 부활하는 계기가 되었다. 아플리케, 크로셰, 니트 의상이 기성복에 많이 나타났으며, 쿠튀르 컬렉션에도 등장했다. 사회가 점점 다문화적으로 되어가면서 디자이너들 또한 비서구권 의상에서 영감을 구했다. 1970년 점보제트기가 개발되면서 가능해진 패키지 여행과 저렴한 비행기 여행으로 이국적인 경치와 풍습, 그리고 의상을 쉽게 접할 수 있었다. 이 모든 것들이 디자이너에게 풍부한 영감의 원천이 되었다. 건강 유지 문화와 때를 같이 해 자연 미용상품과 건강식품이 화학적으로 제조한 상품에 대한 바람직한 대안으로 떠올랐다.

1968년, 73세의 발렌시아가는 파리 의상실을 문 닫고 오트쿠튀르의 종말을 선언했다. 1971년 샤넬의 죽음이 쿠튀르의 쇠퇴에 또 다른 원인을 제공했다. 주문 생산하는 쿠튀르 의상을 입는 상류층 고객은 3천 명 가량으로 줄었다. 그럼에도 불구하고 오트쿠튀르는 오늘날의 환경에 맞도록 변화를 꾀할 수 있는 재정적, 정치적, 창의적인 역량을 갖고 있었다. 연 2회 열리는 컬렉션 전통은 계속되었으며, 쿠튀르 쇼는 프레타포르테 컬렉션이라는 대형 시장을 예고하는 장으로 활용되었다. 이 시기 파리의 주요 의상실들은 절충주의적인 경향이 증가하는 환경 속에서 자신들의 주도권을 위협하는 것들과 타협해야 하는 어려움을 겪었다. 패션 기자들에게 최고의 찬사를 받던 이브 생 로랑은 여전히 선두를 지켰다. 그는 페전트 의상, 민족 의상, 직업 의상, 역사적 의상, 영화의상, 의식용 의상 등

205 이브 생 로랑은 파리의
하이패션에 전통적인 사파리 수트를
도입했다(1968).

다양한 원천에서 끊임없이 신선한 아이디어를 구했다. 무대의상을
통해 컬렉션을 풍성하게 했으며, 과장된 의상으로부터 요소를 선택
해서 눈에 띄면서도 실용적인 일상복으로 재해석하는데 뛰어난 자
질을 보였다 도 205 . 뛰어난 수완을 가진 사업가 피에르 베르제와의
동업은 계속되었으며, 1970년대 초에는 20개 이상의 YSL 기성복
부티크가 전세계에서 운영되었다. 빠르게 확장되는 사업과 바쁜 사
교 생활이 이브 생 로랑의 건강을 위협했지만 그의 컬렉션은 여전
히 뉴스의 헤드라인을 장식했다. 그의 주변에는 그가 아끼는 모델
룰루 드 라 팔레즈, 프랑스 영화배우 카트린 드뇌브, 앤디 워홀, 루
돌프 누레예프(Rudolf Nureuev), 팔로마 피카소(Paloma Picasso)
등 명사들이 있었다. 1968-1969년의 속이 비치는 의상처럼 도발성
과 선정성을 의도한 스타일도 많았지만, 우아하고 클래식한 의상과
함께 연출했다 도 203 . 이브 생 로랑은 끝없이 창의성을 발휘해
1980, 1990년대 다른 디자이너들이 따라올 수 있는 길을 열어놓았
다. 1969년에는 클로드 랄란(Claude Lalanne)의 인체 조각을 도입
했는데, 거기에서 토르소 모양을 본떠 크레이프조젯(crepe-

georgette) 이브닝 드레스 위에 반짝이는 검투사 갑옷처럼 입혔다. 청년 문화에 관심을 갖고 여기에 발맞추려했던 생 로랑이지만 짧게 유행하는 트렌드나 패드의 영향을 받지 않았으며 오히려 파리의 매력을 더했다. 유럽과 미국에서 수공예적인 패치워크가 다시 나타났을 때 이브 생 로랑은 이 기술을 고급 시장에 도입해 세련된 패치워크 이브닝웨어와 값비싼 실크와 새틴으로 만든 패치워크 웨딩드레스를 선보였다. 또 이와 다른 차원에서 염색을 하지 않은 소박한 칼리코(calico)와 프린트 면직물로 여러 층으로 된 작업복과 집시 스타일을 만들기도 했다.

1940년대 패션에 대한 이브 생 로랑의 열정은 전시 의상의 특징을 과장한 1971년 컬렉션에 나타났다. 밝은 녹색으로 염색한 넓은 어깨의 여우털 코트는 커다란 터번과 쾌활한 느낌의 플랫폼 신발과 함께 매치했다. 뛰어난 장식 감각의 소유자이며 색채주의자로서 생 로랑은 색의 농담과 텍스처를 자유자재로 다룬 디자인을 선보였다. 이 기간 내내 새로운 디자인을 첨가하면서 자신의 레퍼토리에 충실했다. 바지 슈트는 데이웨어와 이브닝웨어에 여러 가지

206 뛰어난 독창성을 보인 피에르 카르댕은 미니에서 미디, 그리고 맥시로의 스커트 길이의 변화에 대한 딜레마를 넓은 '프린지'가 달린 긴 스커트를 힙 길이의 날씬한 보디스에 부착함으로써 해결했다. 1970년에 제작된 이 이중직 저지 드레스의 넓은 '프린지' 끝에는 둥근 원반이 달려 있다. 모델은 두 가지 길이를 하나로 결합한 이 디자인의 장점을 보여주기 위해 돌고 있다.

207 카르댕은 1970년대의 부드러운 라인에 적합하도록 고급 울과 앙고라 저지로 만든 밀착되는 스웨터 상의와 긴 개더스커트를 결합한 케이프 형태의 유동적인 드레스를 시리즈로 만들어냈다. 이 앙상블과 잘 매치되는 머리에 쓴 밀착되는 모자에도 카르댕의 전형적인 스타일이 배어 있다.

형태로 나타났으며 도202 , 하나로 된 점프수트를 저지로 만들었고, 1971년에는 여성을 위한 줄무늬 슈트를 소개했다.

이브 생 로랑의 라이벌인 피에르 카르댕은 라이선스에 의해 사업을 다각화하는 등 영역을 확장했으며, 부동산을 사들이고 쿠튀르를 자신의 명성을 위한 거점으로 삼았다. 카르댕은 미니 드레스 위에 맥시코트를 착용해 두 길이가 가진 장점 모두를 살릴 수 있는 방법을 시도한 최초의 디자이너였다. 길이 변화에 대해 끝에 방울이나 둥근 조각이 달린 좁은 패널의 프린지로 구성된 긴 스커트를 제안하는 등 도발적인 해결책을 내놓았다. 착용자가 움직였을 때, 모빌 같은 패널이 벌어지면서 다리를 드러냈다 도206 . 검은색이나 흰색 보디수트의 어깨에 둥근 천 조각을 연결한 이브닝 드레스도 발표했다. 단색의 두꺼운 저지 니트를 사용해 기하학적 형태의 튜닉, 드레스, 그리고 바지 슈트를 만들었다. 1971년 처커 부츠(chukka boots, 두 쌍의 끈구멍이 있고 복사뼈까지 덮이는 신*) 위에 착용한 트임이 있는 바지는 단이 둥근 형태였으며, 높은 초커 칼라의 드레스 단은 들쑥날쑥한 형태였다. 카르댕은 당시 인기 있던 에스닉 룩과 역

208, 209 디자이너들은 젊은이들을 위해 재미있고 경쾌한 의상을 만들었다. 1972년 소니아 리키엘은 자신의 유명한 스트라이프 무늬를 이용해 타이트한 스웨터 위에 날씬한 카디건을 디자인했으며(왼쪽), 앞여밈이 만나는 독특한 촉감의 짧은 카디건은 허리에 두툼한 벨트를 매게 되어 있다(오른쪽). 이마까지 내려쓴 니트 모자는 조화로 장식했다. 겐조는 이와 유사한 경쾌한 분위기의 의상을 1971년 가을/겨울 의상에 선보였는데(맞은편), 부풀린 소매의 짧은 코트는 어릿광대 스타일로, 깃털로 장식한 축 늘어진 커다란 모자와 폴로넥, 그리고 판토마임에 등장할 듯한 줄무늬 타이츠와 함께 매치했다. 모델들은 당시 많은 사람들의 발목을 다치게 했던 높은 굽의 플랫폼 창을 댄 뮬(mule)을 신고 있다.

사 의상을 다루지 않고, 완벽한 재단과 최고급 소재를 강조하면서 테일러링의 전통을 충실히 지켰다. 1970년대에는 특히 앙고라 저지에 관심을 갖게 되면서 당시 유행하던 부드러운 소재 쪽으로 기울었다. 그는 밝은 색 저지로 만든 시프트 드레스와 여러 줄의 후프가 받치는 스커트를 시도하기도 했다. 이 의상들은 날씬한 모델이 입었을 때는 매력적으로 보였지만, 일반인이 착용하기에 난해해 상업적으로 성공하지 못했다. 1970년대 중엽 카르댕은 부드러운 저지 니트에 주름을 잡은 세련된 점프수트와 독특한 드레스를 선보였는데, 이 스타일은 루프가 달린 뒤 패널과 유동적인 케이프가 조화를 이루면서 흐르는 듯한 선을 연출했다도207 . 1977년에는 오트쿠튀르와 프레타포르테의 중간 단계인 프레타쿠튀르(prêt-à-couture)를 착수했다.

고급 살롱과는 달리 파리의 기성복 제조업체들이 점점 더 중요한 세력으로 성장했다. 유명 쿠튀리에들과 차별화되는 새로운 디자이너들이 자신의 브랜드로 젊은 스타일을 펼쳐 나갔다. 소니아 리

키엘(Sonia Rykiel)은 1968년 부티크를 열었다. 철학적 지식을 가진 진지한 디자이너였던 그는 착용이 쉽고 다양한 용도로 활용할 수 있으며 몸을 감싸는 아름다운 선을 가진 의상을 만들고자 했다. 거추장스런 장식을 거부하고, 고급 모와 면 저지를 이용해 클래식한 느낌의 단품을 즐겨 만들었다. 여성을 위해 디자인하는 여성 디자이너로서 패션에 대한 그의 태도와 접근하는 감각은 진 뮤어와 비견된다. 이 두 디자이너의 견해는 앤티패션에 가까웠다. 왜냐하면 그들은 의상이란 계절에 따라 변하는 것이 아니라 오랫동안 지속되어야 한다고 믿었기 때문이다. 소니아 리키엘의 빛바랜 듯한 색상은 그의 특기인 줄무늬에 의해 살아났다도208 . 그는 의상에서 검은색을 중심으로 여기에 어두운 회색, 브라운, 진흙 파란색, 붉은 진흙색을 추가했으며, 여름옷에는 빛바랜 흰색과 살구색을 사용했다. 때때로 밝은 빨강색과 파란색을 활기 있게 사용했다. 리키엘은 동료 디자이너들로부터 존경받았으며, 1973년에는 프레타포르테와 모드의 창조자를 위한 의상조합(Chambre Syndicale du Prêt-à-Porter des Couturiers et des Créateurs de Mode)의 부회장으로 선출되었다.

독일 태생의 칼 라거펠트(Karl Lagerfeld)는 1963년부터 클로에(Chloé)의 디자인 팀에서 일했으며, 1970년대 초반 그의 상상력이 주목받기 시작했다. 그의 디자인은 의상조합에서 받은 훈련, 발맹 의상실에서의 경력, 미술과 복식의 역사에 대한 해박한 지식과 유머 감각 등 많은 요소로부터 왔다. 라거펠트는 오트쿠튀르가 지루하고 비싸며, 대량생산한 옷들은 천박하고 싸구려라고 생각하는 젊은 고객들의 욕구를 충족시키기 위해서는 활기를 띠기 시작한 프레타포르테가 매우 중요하다는 것을 깨달았다. 그는 대담한 디자인과 밝은 색상의 옷감으로 1970년대 초반 인기를 누렸다. 복고 경향을 반영하면서 1930, 1940년대 스타일을 재미있게 패러디한 의상을 만들었는데, 1971년에는 검은색 실크 바탕 위에 원색의 아르데코 풍 그래픽을 채택하면서 뉴스거리가 되었다.

1960년대 중반부터 파리에서 컬렉션을 발표하면서 하나에 모리(Hanae Mori)는 일본 패션계의 선구자가 되었다. 모리는 일본 텍스타일과 디자인 모티프를 사용해 우아하고 클래식한 컬렉션을 선보였으며, 그의 뒤를 따르는 디자이너들에게 일본 의상의 재단과

210 간사이 야마모토는 자신의 의상을 입은 사람들이 행복감을 느끼고 활기를 되찾기를 원했으며, 가장 극적인 의상은 가부키 의상을 연상시켰다. 이 사진은 1971년에 디자인한 의상으로, 하나로 된 독특한 니트 보디수트의 보디스 부분에는 혀를 내민 그래픽적인 얼굴이 있으며, 발코니 의자에 사용하던 스트라이프 무늬 타이츠로 이 대담한 룩을 완성했다(왼쪽). 거대한 꽃문양 아플리케 때문에 퀼트 바지 슈트의 장식이 다소 가려워졌다(오른쪽). 거대한 플랫폼 창의 부츠는 엘튼 존 (Elton John)이나 아바(Abba) 같은 팝 스타들의 무대 신발과 유사하다.

현대적인 동서 미학의 결합을 보여주었다. 겐조 다카다(Kenzo Takada), 간사이 야마모토(Kansai Yamamoto)와 이세이 미야케 (Issey Miyake)는 밝은 패턴의 소재와 텍스처가 있는 직조로 헐렁한 레이어드 스타일을 만들었으며, 서구 패션에 혁신적으로 새로운 룩을 소개했다.

겐조 다카다는 일본 열풍을 일으킨 디자이너 중 한 사람으로 1965년 파리에 진출했다. 1970년경 자신의 브랜드 정글 JAP(Jungle JAP)를 시작했다. 그는 도쿄 분카패션대학에서 공부하면서 생산 방법에 대한 체계적인 지식을 얻었다. 부조화스러운 색상과 패턴을 사용해 비형식적으로 헐렁하게 재단한 여러 겹의 디자인은 민속 의상과 텍스타일로부터 영감을 얻었으며, 일본 전통 직물과 의식용 의상, 그리고 작업복에 대한 해박한 지식을 보여주었다 도209.

역시 분카패션대학의 졸업생인 간사이 야마모토는 1971년 자신의 브랜드를 시작했다. 선명한 색상의 극적인 의상이 강렬한 그래픽적 호소력을 지녔고, 겐조처럼 일본 전통 의상을 참고했다. 무대의상과 군복의 느낌을 살리면서도 현실적인 그의 의상은 강렬한 형태와 볼륨감으로 대담한 의상과 이국취미(異國趣味)의 출발점이 되었고, 유럽과 미국에서 추종자들을 사로잡았다. 뉴욕 메트로폴리탄 박물관의 리처드 마틴은 간사이 야마모토의 의상이 서구의 대중적인 감각과 형식을 중시하는 일본의 전통을 결합한 것이라고 지적했다. 광택 나는 새틴과 가죽에 조형적인 아플리케를 한, 과장된 형태를 발전시킨 1970년대 컬렉션은 특히 각광 받았다 도210 .

이세이 미야케는 1964년 도쿄 다마 대학 그래픽 디자인과를 졸업한 후 기 라로슈(Guy Laroche), 지방시, 제프리 빈에서 일했다. 1970년 도쿄에 미야케 디자인스튜디오를 열었으며, 이듬해 이세이 미야케 사(社)를 설립했다. 처음에는 뉴욕에서 활동했으나 1973년부터 파리에서 컬렉션을 열었다. 많은 디자인이 일본 전통 기모노의 볼륨감과 직선 재단, 그리고 작업복의 기능성과 사무라이 갑옷에서 영감을 얻었다.

1970년대 중반 무렵 이탈리아 패션 산업은 번성했으며, 뛰어난 사업과 제조 기술로 파리에 위협적인 존재가 되었다. 이탈리아 패션의 중심지가 되고자 하는 로마, 피렌체, 그리고 후발주자인 밀라노의 경쟁은 치열했으나, 비행기 연결편, 대형 호텔과 대형 상점에서 유리한 입지를 지닌 밀라노가 승리했다. 이탈리아는 고급 실크와 리넨, 모직, 그리고 세계적으로 유명한 가죽이 자국에서 생산된다는 이점을 가지고 있었으므로, 패션은 이러한 소재들을 보여주는 진열장 역할을 했다. 옷감 공장과 프린트 제조업체는 디자이너들의 컬렉션만을 위한 옷감과 프린트를 생산해주었다. 이 번영기 동안 발렌티노(Valentino)와 밀라 쉰(Mila Schön) 등의 기성 디자이너들 대열에 1980년대 이탈리아 패션을 주도하게 될 신성 조르조 아르마니(Georgio Armani)와 자니 베르사체(Gianni Versache)가 합세했다. 1975년 이탈리아의 국제패션상공회의소가 밀라노에서 최초로 기성복 행사를 개최했으며, 이후 밀라노의 패션위크는 전세계 바이어들과 기자들의 정기 행사로 자리 잡았다.

이탈리아의 디자이너들은 자국의 오랜 수공예 전통에 신선한 감각을 더해 세계 패션계에 소개했다. 1973년 니트웨어 디자이너 로시타(Rosita)와 오타비오 미소니(Ottavio Missoni)는 기계 편물에서 혁신을 보인 공로로 니먼 마커스 패션상을 수상했다. 무지개 색상의 줄무늬와 독특한 텍스처의 실, 그리고 불꽃 디자인에서부터 연속적인 산형문(山形文)까지 독특한 패턴을 도입하면서 니트웨어를 예술적 조형으로 끌어올렸다도211, 212 . 다른 많은 이탈리아 업체들처럼 미소니도 미소니 가(家) 전가족의 재능을 활용했다. 펜디(Fendi) 역시 설립자의 다섯 딸과 가족들이 협동해 가죽과 모피를 생산했다. 1925년 로마에서 소규모 가죽 제품 부티크로 시작한 펜디 사(社)는 1962년까지는 사적인 고객에게 상품을 팔다가 그해부터 사업을 확장해 쿠튀르와 기성복에 공급하기 위해 풍부한 상상력을 발휘한 가죽 제품과 모피 컬렉션을 개최했다. 1960년대 초 펜디는 패션 디자이너 칼 라거펠트에게 고급 모피 라인의 디자인을 맡기는 혁신적인 시도를 단행했다. 라거펠트는 고급 모피의 전통을 깨고 다람쥐, 두더지, 흰 족제비털을 사용했으며 비정통적이고 새로운 방식으로 재단과 염색을 했다. 또한 다용도의 착용과 가벼움을 위해 일반적으로 사용하던 안감과 심지를 넣지 않았다.

육감적인 의상은 이탈리아 디자인의 중요한 특성이었다. 발렌티노는 이 분야의 권위자로 인정을 받았다. 파리에서 공부하고 장 데세와 기 라로슈에서 일했던 발렌티노는 1959년 로마에 작업실을 열었으며, 1968년 환상적인 흰색 컬렉션으로 세계적인 명성을 얻었다. 1960, 1970년대 내내 기발하고 세련된 디자인을 발표하여 재클린 오나시스, 엘리자베스 테일러, 이란의 왕비 등의 명사들을 사로잡았다. 1969년 첫 기성복 부티크를 연 후 유럽 전체와 미국, 그리고 일본에까지 급속도로 사업을 확장했다. 특히 미국 고객들은 그의 부드러운 테일러링과 화려한 이브닝 드레스에 매료되었다.

다른 스타일로 작업하던 이탈리아 디자이너 두 명도 편안함과 스타일을 결합시킨 디자인으로 성공을 거두었다. 1972년, 라우라 비아조티(Laura Biagiotti)는 첫 컬렉션을 열었으며, 캐시미어 회사를 합병한 후 사이즈 문제가 거의 발생하지 않는 실용적이고 손질이 간편한 캐시미어 니트 드레스를 생산하기 시작했다. 또한 착용

211, 212 변덕이 심한 날씨에 적합한 미소니의 니트 의상. 왼쪽은 1972-1973년 가을/겨울 디자인으로, 쌀쌀한 날씨를 위한 울 소재의 믹스앤드매치 앙상블이다. 주름 스커트나 플레어 바지 중 선택할 수 있었으며, 여러 겹 겹쳐 입으면 줄무늬의 장식 효과를 배가하면서 보온 효과도 얻을 수 있었다. 1968년 여름 검은색과 화려한 색상의 줄무늬로 된, 착용하기 편한 헐렁하고 가벼운 니트 드레스는 통풍이 잘되어 신체를 시원하게 해주는 삼각형의 패널로 만들었다(맞은편).

213 1970년대 초반 긴 길이와 짧은 길이를 함께 시도하면서 다리는 아주 중요해졌다. 1971년 봄/여름 발렌티노는 차분한 점무늬 크레이프로 만든 하이넥 블라우스와 점잖은 것과는 거리가 먼 반바지로 이루어진 흑백 앙상블을 디자인했다. 앞이 트인 긴 스커트는 정중한 룩을 요할 때는 닫을 수 있게 만들었다.

이 간편한 클래식 단품으로 구성된 간절기 의상을 선보였다. 1968년 크리치아(Krizia)의 창립자인 마리우차 만델리는 초기 스커트와 드레스 컬렉션에 니트웨어 디자인을 추가했다. 동물 모티프로 장식한 스웨터는 상당히 인기가 많아서 매 시즌 새로운 '동물원 (zoo)' 패션을 선보였다. 크리치아는 이탈리아의 수녀원에서 전통적으로 사용하던 주름 기법에서 영감을 얻은 주름 이브닝웨어에 특히 뛰어났다.

뉴욕은 계속 미국 패션 산업을 주도했으며, 이탈리아 디자이너들처럼 미국 디자이너들도 새로운 자신감을 내보였다. 유명 디자이너들은 세련된 유럽 모드의 의상을 계속 만들었지만, 마침내 아메리칸 스타일을 발전시킬 디자이너들이 이 대열에 합류했다. 1960년대 말의 롱 룩(long look)은 미국에서는 즉시 성공을 거두지 못했다. 여성들은 롱 룩을 촌스럽고 나이 들어 보이고 매력적이지 않다고 거부했다. 이러한 저항을 극복하기 위해 디자이너들은 앞과 옆에 긴 트임선을 넣어 다리를 노출하는 맥시와 미디를 소개했다도213. 1970년 극단적으로 짧은 반바지의 도입은 무릎 위로 올라가는 패션의 마지막 시도가 되었다. 끈이나 앞치마의 가슴 부분을 다는 경우도 있었으며, 낮에 입는 것은 견고한 데님과 가죽, 모직으로 만들었으며, 이브닝용은 벨벳과 새틴으로 만들었는데 주로 대담한 젊은이들이 입었다. 짧은 반바지는 파리의 기성복 컬렉션에서 처음 등장했고, 두껍고 색상이 있는 타이츠와 함께 입었을 때 가장 멋져 보였다. 1971년 짧은 반바지가 스타일이 너무 과하지 않을 경우에는 애스컷의 왕실 전유지에서 착용이 허용되었다는 사실은 드레스 코드가 완화되었음을 입증한다. 『위민스 웨어 데일리』가 "핫 팬츠(hot-pants)"라 명명하면서 유명해졌다도214. 1960년대 설립자의 손자인 존 B. 페어차일드는 이 잡지를 최신 패션 정보와 사교계의 소문, 그리고 뷰티풀 피플(Beautiful People)로 알려진 유행 선도자들의 기사를 다루는 신문으로 탈바꿈시켰다. 패션 사업에 종사하는 사람은 누구나 필히 구독하는 세계적인 패션 신문이 되었다. 1973년 페어차일드는 전면 컬러의 자매지 『더블유 W』를 창간하고, '새로운 것을 만들어내는 사람들'의 라이프스타일과 연관시켜 패션을 다루었다. 런던에서 발행되는 잡지 『노바 Nova』(1965-1975)는 패션과 성(gender)의 관계에 대한 시각을 넓히는데 중요한 역할을 했다. 유능한 편집 팀은 헬무트 뉴턴(Helmute Newton), 데보라 터버빌(Deborah Turbeville), 패리 페치노티 (Farri Peccinotti)의 전위적인 패션 사진과 함께 독창적이면서 매력적인 기사를 실었다.

캐주얼하지만 우아한 단품이 여전히 미국 패션의 핵심이었으며, 1970년대 캘빈 클라인, 제프리 빈, 홀스턴(Roy Halston Frowick) 같은 디자이너들이 새롭게 변화를 주었다. 1962년 패션 인스티튜트 오브 테크놀로지(FIT)를 졸업한 후 클라인은 여러 기성복 회사에서 일했으며, 1968년 자신의 회사를 설립했다. 그는 전문직 여성에게 어울리는 절제되고, 캐주얼하면서도 우아한 클래식 의상으로 이루어진 믹스앤매치 컬렉션을 선보였다. 캐시미어, 스웨이드, 고급 모직 같은 천연 소재를 애용했으며, 흙색과 중간색의 미묘한 매력을 좋아해 브라운을 상징적인 색상으로 선택했다. 클라인의 의상은 곧 전세계에서 인기를 끌었으며, 1970년대 중반 그의 이름은 현대적인 아메리칸 스타일과 동의어가 되었다.

홀스턴의 디자인도 단순하고 클래식하다는 점에서 비슷하다 도216. 홀스턴은 1960년대 후반 의상 디자이너가 되기 위해 `모자 디자이너로서의 명성을 포기했다. 1972년경 기성복과 맞춤 의상을 만들었는데, 그의 의상은 사교계의 각광을 받았다. 그의 고객으로는 재클린 오나시스와 리자 미넬리(Liza Minnelli)가 있었다. 유동적이면서도 부드러운 라인의 의상은 세련되면서도 편안했으며, 데이웨어와 이브닝웨어용으로 바지와 튜닉의 컴비네이션을 완성했다. 복잡한 여밈과 기능성과 관련없는 디테일을 최소화한 몸에 붙는 저지 티셔츠 드레스, 긴 캐시미어 스웨터, 몸을 날씬하게 보이게 하는 실크 카프탄, 랩 스커트와 드레스를 만들었다. 종종 엘사 페레티(Elsa Peretti)의 대담하고 기하학적인 보석 장신구가 홀스턴의 유선형 디자인을 보완하곤 했다.

캘빈 클라인과 홀스턴이 패션 미니멀리스트였던 반면, 랠프 로런(Ralph Lauren)은 전통주의를 재창조했다. 1970년대 초반 영국 지주 계층의 생활과 연관된 의복을 재해석했으며, 여기에 미국 시장을 매료시킬 수 있는 세련미를 첨가했다. 정규 디자인 교육을 받지 않은 로런은 뉴욕의 남성복 전문점 브룩스 브라더스에서 일했고, 1967년 보 브뤼멜 네크웨어(Beau Brummell Neckwear)의

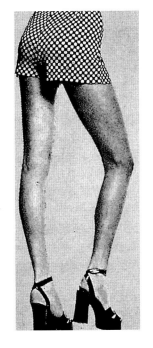

214 유행이 지나가기 전까지 핫팬츠의 길이는 점점 짧아졌다. 수줍은 사람은 입을 수 없었으며, 잘 빠진 몸매가 요구되었다. 1971년 크리치아는 체크무늬 핫팬츠와 1940년대 복고풍의 끈 달린 플랫폼 창 샌들을 매치했다.

계열사로 폴로 패션(Polo Fashions)을 시작하기 전에는 넥타이 세일즈맨으로 경험을 쌓았다. 1968년에는 토털 룩을 만드는 독립된 남성복 회사 폴로 패션을 설립했다. 신사의 고급성, 교외의 느긋한 생활, 그리고 스포츠풍을 연상케 하는 '폴로(Polo)' 라는 단어의 선택은 라이프스타일 전체를 마케팅하는 최초의 시도였다. 1971년에는 여성을 위해 남성복 스타일의 셔츠를 소개했는데, 여기에 폴로 선수 로고를 넣어 디자인을 완성했다. 셔츠의 성공에 힘입어 머리부터 발끝까지의 여성복 컬렉션을 발표했다. 사진, 영화, 잡지에 등장하는 1920, 1930년대 의상을 참고해 의상을 제작하곤 했으므로 그가 1974년 영화 〈위대한 개츠비 *The Great Gatsby*〉의 남성복 디

215 1971년 당시 유행하던 물 빠진 데님을 사용해 만든 플레어 바지와 커프스 소매, 오크 껍질로 만든 단추와 4개의 플랩 주머니가 달린 벨트를 매는 긴 재킷으로 구성된 사파리 수트이다. 몬트리올의 알잭 스포츠웨어(Aljack Sportswear) 제품.

216 1972년 홀스턴 디자인의 인체를 드러내는 세련된 앙상블은 가슴을 많이 노출하는 날씬한 실크 저지 점프수트와 홀스턴의 트레이드마크인 울트라 스웨이드(Ultrasuede)를 사용해 만든 트렌치코트를 결합했다. 모델은 트렌치코트를 어깨에 걸치고 있다. 짙은 선글라스와 높이 치켜든 담배가 단순하지만 우아한 이브닝웨어에 1930년대 스타일의 분위기를 연출하는 데 일조하고 있다.

자이너로 선택된 것은 당연한 결과였다. 3년 후에는 다이앤 키턴 (Diane Keaton)이 〈애니 홀 *Annie Hall*〉에서 아주 큰 셔츠와 바지, 그리고 재킷으로 구성된 랠프 로런의 의상을 입었는데, 때때로 타이, 조끼와 함께 착용하기도 하는 그의 매니시 스타일이 대단한 인기를 끌었다.

랠프 로런이 영국 시골의 귀족에게서 영감을 취한 반면, 미국 『보그』지의 패션 에디터로서 전세계로 여행을 다녔던 메리 맥패든 (Mary McFadden)은 고대 문명과 이국적인 문화의 의상 스타일에 관심을 가졌다. 메리 맥패든은 1973년 컬렉션을 선보이기 시작해 2년간 그의 상징이 된, 영구주름 가공을 한 폴리에스테르 새틴 디자인을 발전시켰다. 포르투니풍의 이브닝웨어를 만들기 위해 주름 소재에 구슬 장식과 정교한 여밈을 함께 사용했다도217 . 이 소재는 여행에 이상적이었다. 구김이 가지 않고, 짐에서 풀자마자 원래의 모양으로 복귀했다. 데이웨어로는 면이나 모 스웨터와 함께 캐주얼하게 입을 수 있으며, 이브닝용으로는 주름이 있거나 자수가 놓인 상의를 걸쳐 더욱 관능적인 매력을 발산할 수 있었다.

스티븐 버로스(Stephen Burrows), 스콧 배리(Scott Barrie), 베시 존슨은 미국 패션계의 익살스럽고 젊은 스타일을 대표했다. 1970년 뉴욕에서 가장 앞서가는 패션을 쇼핑하는 장소는 헨리 벤델 백화점 안에 있는 스티븐 버로스 월드(Stephen Burrows World)였다. 버로스는 FIT에서 공부했으며, 첫 번째 컬렉션은 오토바이족과 자신의 아프리카계 미국 문화에서 영감을 얻었다. 젊은 시장을 목표로 했던 그는 징을 박거나 구멍을 내고 프린지를 단 가죽과 스웨이드 의상으로 유명했으며, 각기 다른 소재를 야한 색상으로 패치워크해 눈에 띄는 의상을 즐겨 만들었다. 또한 인체의 윤곽선을 날씬하게 보이게 하는 유연한 저지 니트로 단순하고 클래식한 스타일의 남성복과 여성복을 만들었다. 강렬하고 때로는 인습타파적인 그의 디자인은 디자인 정신에서 미국 동료 디자이너들보다는 유럽의 젊은 디자이너들에 더 가까웠다. 솔기를 바깥쪽으로 나오게 하고 밝은 색 지그재그 톱 스티치로 솔기를 강조하고, 단추 여밈을 감추는 스냅 단추와 끈을 좋아하는 등 접근 방법이 매우 독특했다.

1960년대 말 블루진은 10대와 20대들에게 보편적인 유니폼이 되었으며, 기자들은 "데님의 바다"라고 탄식했다. 1973년 니먼 마커스 패션상은 "세계 패션에 기여한 가장 위대한 미국인"으로 선정된 레비 스트라우스(Levi Strauss)에게 수여되었다. 전세계의 젊은 이들은 리바이스(Levi), 리(Lee), 랭글러(Wrangler) 어떤 것이든 간에 오른편의 레이블을 자랑하는 것이 매우 중요했으며, 스톤워시(stone-washed), 줄인 것, 탈색, 표백, 혹은 브러시(brushed) 진 등 그 종류 역시 중요했다도215. 진 바지를 잘라서 벌리고 무를 대고 패치워크해서 데님 스커트를 만들었다. 나이 든 사람들은 편안함과 실용성을 위해 진을 선택한 반면, 세련된 뉴요커들은 깨끗이 세탁하고 빳빳하게 주름잡은 진을 디자이너의 테일러드 재킷이나 짙은 청색 블레이저와 함께 입었다. 자수를 놓거나 징을 박기도 하고, 그림을 그리거나 슬래시를 내서 장식 모티프나 이름, 슬로건을 아플리케 하는 등 착용자가 진과 재킷을 자신에 맞게 스스로 변형하면서 데님 아트가 생겨났다. 유니섹스 스타일도 유행했다. 일류 디자이너들은 처음에는 이러한 트렌드와 거리가 멀었으나, 급진적인 디

자이너들은 데님 진을 컬렉션에 도입하기 시작했다. 가장 훌륭한 디자인은 글로리아 밴더빌트(Gloria Vanderbilt)의 흰색 진과 엘리오 피오루치(Elio Fiorucci)의 카키 진, 그리고 랠프 로런의 전통적인 인디고 진 등으로, 모두 레이블을 눈에 띄게 해서 착용했다. 대량생산업체들이 유명 브랜드의 의상을 모방했으며, 허리선이 낮아 힙에 걸치는 힙스터 컷(hipster cut)을 생산했는데 밑단을 퍼지게 하거나 퍼지지 않게 하기도 했다. 위험할 정도로 높고 불편한 플랫폼을 신어 긴 드레스와 플레어가 땅에 닿지 않도록 했는데, 이것이 1970년대 도발적인 패션 아이콘의 하나로 남게 되었다.

플레어는 당시 남성복 유행에서 중요한 요소였다. 젊은이들의 실루엣은 꼭 맞는 상의와 무릎까지 꼭 붙다가 그 아래로 내려가면서 넓게 플레어지는, '제2의 피부'인 가죽이나 진으로 된 바지가 주도했다. 패션은 점차 외향적인 태도로 대담한 색상과 스타일을 착용하는 젊은이들에게 초점을 맞추었다. 특히 캐주얼웨어로 통이 아래로 가면서 넓어지는 벨벳이나 코듀로이 바지와 함께 칼라의 끝이 뾰족한 커다랗고 사이키델릭한 패턴의 셔츠 위에 길이가 짧은 무지개 색상 니트 탱크 탑이나 블루종을 입는 것이 유행했다. 사무직 종사자들은 여전히 격식을 갖춘 드레스 코드를 준수하는 것을 선호해 나이 든 사람들은 여전히 보수적으로 재단된 슈트를 입었지만, 젊은 사무직 종사자들은 허리가 들어간 재킷, 넓은 라펠에 플레어 바지를 입었다. 1970년 이후로 플레어의 유행이 끝나는 1970년대 중반 무렵까지 바지의 단이 점차로 넓어졌다.

팝 음악은 특히 남성복에 중요한 영향을 미쳤다. 팝 음악가의 무대의상에서 따온 아이디어들이 약간만 변경된 채 시내 번화가에 등장했다. 1969년 유행의 리더 믹 재거(Mick Jagger)는 흰색 플레어 바지와 징을 박은 가죽 초커에 프릴이 달린 여성스런 튜닉 상의를 입고 런던의 하이드 공원에서 무료 공연을 했다. 위험할 정도로 높은 플랫폼 신발을 신고 다니던 개리 글리터(Gary Glitter)와 마크 볼런(Marc Bolan) 같은 글램 록(Glam Rock)의 선두주자들은 이전에는 여성의 이브닝웨어에만 사용되던 요소들을 가져다가 루렉스(Lurex)와 새틴, 그리고 시퀸을 단 신축성 있는 직물로 성적 경계가 모호한 의상을 만들었다. 아직도 일부 사람들에게는 충격적이겠지만 양성적인 스타일이 더 이상 금기사항이 아니었다. 마크 볼런은

217 디자이너 메리 맥패든이 1970년대 사진 촬영을 위해 자신의 주름 이브닝 드레스를 입고 있다. 역사적이고 민속적인 의상과 장식에서 영향을 받은 의상으로, 초승달 모양의 목장식과 몸통을 둘로 나눈 긴 나뭇잎 모양 '방패(sheild)'의 수공예 장식을 사용해 끈이 없는 기둥형 흰색 드레스를 만들었다.

짙은 갈색의 곱슬곱슬한 머리를 길게 늘어뜨리고 진한 화장으로 미
모를 강조했다. 데이비드 보위(David Bowie)처럼 그도 무대 액세
서리로 깃털 목도리를 사용했다. 데이비드 보위는 지기 스타더스트
(Ziggy Stardust, 보위의 1972년 앨범 《The Rise and Fall of Ziggy Stardust
and the Spider from the Mars》에 등장하는 인물*)의 모습을 표현하기 위
해 완벽한 분장과 날카로운 헤어스타일에서부터 정교하게 제작한
무대의상과 장신구까지 세심한 치장으로 화려한 성도착적인 모습
을 연출했다도218 . "양성적인 카멜레온"으로 불렸던 그는 팬들을
즐겁게 했으며, 이미지에 빠르고 급진적인 변화를 주면서 1970년
대 스타일에 중요한 영향을 미쳤다.

  미국에서 출현한 반체제적인 스타일이 히피 성향을 지닌 전문
직에 종사하는 젊은이들의 레저웨어와 학생들의 복장을 변화시키

면서 세계적으로 큰 영향을 미쳤다. 많은 사람들이 모인 1969년 우드스톡 팝 페스티벌을 찍은 영화를 통해 칼라가 없는 '할아버지' 셔츠, 무명 혹은 프린트된 인디언 면 드레스, 헤드 밴드와 에스닉 구슬 목걸이 등 많은 앤티패션 의상들이 유럽의 젊은이들에게 알려졌다. 1969년 말 각양각색의 홀치기 염색과 꽃무늬의 옷을 입은 수천 명의 팬들이 밥 딜런 등의 포크, 록 음악을 듣기 위해 와이트 섬에서 열린 페스티벌에 모였다 도219. 그해 데니스 호퍼(Dennis Hopper)와 피터 폰다(Peter Ponder)는 〈이지 라이더 Easy Rider〉라는 영화에서 오토바이를 타는 사회로부터 이탈한 전형적인 히피

219 헐렁한 벨벳 바지와 프린지 달린 헐렁한 상의에 실크 스카프를 두르고 드로스트링 백을 들고 긴 구슬 목걸이를 한 젊은 히피가 1970년 와이트 섬의 팝 페스티벌에서 돌아오고 있다.

220 〈이지 라이더〉의 한 장면으로 미국 국기를 등에 단 가죽 재킷을 입고 캡틴 아메리카로 분한 피터 폰다. 젊은이들 사이에 컬트가 될 정도로 영향력이 매우 컸던 이 영화에는 오토바이로 미국을 횡단하는 반문화적인 두 주인공이 등장한다. 1969년 당시 영화 비평가들은 폰다의 머리길이를 비난했다.

를 연기했다. 폰다는 성조기가 그려진 캡틴 아메리카 룩을 했으며, 호퍼는 진과 프린지가 달린 가죽 재킷에 긴 머리와 늘어진 콧수염을 했는데, 이들의 의상은 미국뿐만 아니라 유럽에도 영향을 미쳤다 도220.

영국의 젊은이들이 전통을 타파하는 의상을 널리 받아들이는 현실은 새빌 로의 유명한 테일러들에게는 심각한 타격을 의미하는 것이었다. 가게 임대비는 많이 상승한 반면 단골 고객은 줄어들었고, 테일러링 견습을 진부하다고 여기게 되면서 숙련된 기술자들이 은퇴하면 대체할 인력을 구할 수 없게 되었다. 토미 너터(Tommy Nutter)가 개업해서 현대적인 스타일링을 뛰어난 구성 기술과 결합하면서 희망이 보이기 시작했다. 1969년 존 레넌(John Lennon)과 오노 요코(Ono Yoko)는 토미 너터에서 흰색 유니섹스 웨딩드레스를 구입했으며, 비앙카 재거(Bianca Jagger)는 우아한 지팡이를 액세서리로 매치시킨 세련된 바지 슈트를 정기적으로 구입했다. 너터는 대담한 소재를 믹스앤드매치하면서 여러 가지 테일러링의 전통을 깼다. 대부분의 슈트에는 자신의 상징인 브레이드로 장식한 아주 넓은 라펠이 달려 있었으며, 전반적으로 스타일이 과장되었다.

브라이언 페리(Brian Ferry)와 그룹 록시 뮤직(Roxy Music)은 주로 앤터니 프라이스(Antony Price)의 의상을 입었는데, 그들은 두 차례 세계대전 사이에 유행한 날씬한 스타일을 다시 부활해 레트로 룩의 유행에 공헌했다. 1970년대 초 석유 파동으로 인한 경기 침체와 대량 실업을 겪던 시기 레트로 스타일의 유행은 벼룩시장과 구호물자, 그리고 중고품 할인판매점에서의 중고의류 구매를 부추겼다.

1970년대 중반 즈음 남성복의 라인에 미묘한 변화가 나타났다. 재킷의 허리선이 없어지고 플레어는 사라져 갔으며, 꽉 조이던 바지는 점차 주름을 잡은 부드러운 선의 헐렁한 스타일로 변화되었다. 이탈리아의 조르조 아르마니가 이러한 변화의 시기에 중요한 역할을 했다. 체인점 라 리나센테(La Rinascente)에서 한동안 일한 후, 아르마니는 처음으로 니노 세루티(Nino Cerruti)에서 〈히트맨 *Hitman*〉을 디자인했으며, 1974년에는 독립해 처음으로 기성복 컬렉션을 발표했다. 1970년대 말 그는 앞으로 유행할 새로운 비구축

룩(unstructured look)을 향한 토대를 마련했다.

　패션 트렌드는 느슨한 실루엣을 향해 가는 추세였지만 날씬하고 잘 다듬어진 신체는 필수적이었다. 미국에서 시작된 피트니스와 헬스클럽 열풍이 급속도로 확산되었다. 날씬하고 건강한 신체가 생산적인 삶을 의미한다는 생각 때문에 이러한 열기가 더해갔다. 건강 관련 비디오, TV 프로그램과 패션 잡지가 이러한 철학을 지원했다. 스포츠와 레저웨어 제조업체들은 스포츠에 필요한 기능성보다는 최신 유행과 관련된 매력을 강조하는 운동복을 재빨리 공급했다. 뛰어난 신축성과 빨리 마르는 특성을 지닌 라이크라가 빛을 발하게 되었다. 다른 섬유와 혼방해서 레깅스와 레오타드를 만들었으며, 댄스 스튜디오와 체육관에서 벗어나 디스코텍과 운동 클럽에서 패션을 보여주는 전형적인 의상이 되었다. 또한 라이크라는 1960년대 말, 1970년대 솔기가 없고 섬세한 속옷을 가능하게 했다. 미국에서 시작된 조깅과 스케이트 열풍으로 인해 트랙수트, 반바지, 보디수트, 레그워머, 땀 흡수용 밴드 등 새로운 종류의 의상이 필요했다. 최고의 운동선수들은 이러한 현상을 지지했을 뿐만 아니라 전문 장비와 의류를 보증하는 협정을 맺었다. 1972년 올림픽에는 경기력을 향상시키는, 몸에 꼭 붙는 수영복이 선보였으며 유사한 스타일이 번화가의 상점에도 등장했다.

　이상적인 미는 운동에서 비롯되었다. 건강미를 뽐내는 모델이 1960년대 후반의 어울리지 않게 천진난만해 보이는 어린 소녀의 이미지를 대체했으며, 제리 홀, 마리 헬빈, 이만의 사진에서 보이는 자신감 넘치는 세련미를 택했다. "검은 것은 아름답다(The Black is Beautiful)"는 슬로건의 흑인해방운동으로 인해 잡지와 패션쇼에서 흑인 모델 수가 증가했다. 그들 중에 베벌리 존슨, 토로의 엘리자베스 공주, 무니어 오로제만이 있었다. 1970년대의 또 다른 역할 모델로는 비앙카 재거, 제인 폰다, 패러 포셋-메이저스, 에인절라 데이비스가 있었다. 화장은 자연스러운 색상으로 엷게 해 비바의 보랏빛 도는 창백한 얼굴을 만들거나, 광대처럼 밝은 색상으로 짙게 칠했다. 흑인의 머리 모양인 아프로 스타일, 길게 땋은 머리의 '캘리포니안 락(Californian lock)'과 라파엘전파풍의 구불구불 굽이치는 머리 등의 헤어스타일이 인기였다.

　런던의 디자이너들은 유연한 소재로 길어진 새로운 라인을 재

221 1960년대 말에 등장한 이 휘날리는 앙상블은 뻣뻣한 소재로 만든 구성적인 짧은 의상에서 벗어난 경향을 보여준다. 1968년 오시 클라크는 실리아 버트웰의 서정적인 문양을 프린트한 하늘하늘한 시폰으로 의상을 만들었다. 허벅지 길이에서 발목 길이로 패션이 전환하던 시기에 바이어스로 재단된 이 의상의 들쑥날쑥한 단은 움직일 때마다 다리가 드러나게 했다.

빨리 발표하기 시작했다. 1970년대 초 진 뮤어, 잰드라 로즈(Zandra Rhodes), 빌 깁(Bill Gibb), 지나 프라티니(Gina Fratini), 폴 앤드 터펀, 오시 클라크(Ossie Clark) 등은 그들의 초기 약속을 실현했다. 진 뮤어를 제외하고 그들은 환상과 낭만에 대한 사랑을 공유했다. 환상과 낭만은 쿠튀르와 상업성에 초점을 맞춘 프랑스와 미국, 그리고 이탈리아의 디자인 교육보다는 격식에 얽매이지 않았던 영국의 예술학교의 자유분방한 분위기에서 온 것 같다.

오시 클라크는 1964년 왕립미술학교를 졸업하고 곧 런던 패션의 "무서운 아이(*enfant terrible*)"로 떠오르면서, 초기 옵아트에서 영향을 받은 디자인으로 즉시 성공을 거두었다. 클라크는 런던의 젊은이들 사이에서 중추 역할을 했으며, 팝 음악가, 화가들과 교제를 즐겼다. 그는 앨리스 폴록(Alice Pollock)의 부티크 쿼럼(Quorum)에서 디자인 경력을 쌓기 시작했고, 그의 의상은 비앙카 재거, 마리안느 페이스풀(Marianne Faithfull), 패티 보이드(Patti Boyd) 같은 명사들의 마음을 사로잡았다. 배 부분과 어깨 위에 구멍을 내거나 솔기를 열어놓아 저속함을 피하면서도 보일 듯 말 듯하게 여성의 신체를 노출시켰다. 1960년대 말에는 자신의 진정한 특기를 발견했는데, 그것은 유연하고 다루기 어려운 모스크레이프(moss-crepe), 새틴, 실크 시폰을 인체 위에서 물결치도록 해 유혹적인 스타일을 만들어내는 것이었다도221 . 텍스타일 프린트 디자이너 실리아 버트웰(Celia Birtwell)과 결혼해 부인의 직물을 최대한 활용했다. 버트웰의 패턴은 유동적인 특성이 있어 그의 디자인 컨셉트와 딱 맞아 떨어졌다. 제조업체 래들리(Radley)가 클라크에게 의뢰한 디자인은 검은색과 흰색뿐만 아니라 부드러운 파스텔 색상

222 1970년 잰드라 로즈의 코트를 평면으로 찍은 사진. "셰브론 숄(Chevron Shawl)"이라 부르는, 무늬를 프린트한 퀼팅 양면 코트로 프린트의 무늬에 따라 재단해 코트 끝자락이 톱니바퀴 모양이다. 민속 의상 사진이 실린 맥스 틸크(Max Tilk)의 책이 이 코트의 재단에 영향을 주었으며, 장식적인 스크린 프린트는 태슬이 달린 빅토리아 시대의 숄에서 따왔다. 이 독특한 코트는 그가 가장 아끼는 옷으로, 목이 긴 비바 부츠 안에 헐렁한 바지를 넣고 이 코트를 즐겨 입었다.

의 모스크레이프로 대량생산되었다.

서정성은 잰드라 로즈 디자인의 핵심이기도 했다. 1964년 왕립 미술학교의 텍스타일 프린트 과정을 졸업하고 프리랜서 디자이너로 잠시 일한 뒤 1969년 자신의 첫 단독 컬렉션을 개최하기 전까지 의상 디자이너 실비아 에이턴(Sylvia Ayton)과 동업했다. 비범하고 뛰어난 재능의 소유자 로즈는 자신이 개발한 독특한 프린트로 특별한 행사용 드레스를 만들었으며, 이 디자인이 즉시 미국과 영국의 바이어들에게 인기를 끌었다. 1969년에는 거대한 서큘러 스커트가 달린 이브닝 드레스와 코트를 선보였다. 실크 시폰과 펠트 소재로 만든 이 거대한 스커트는 18, 19세기 뜨개질과 자수 스티치에서 영감을 얻은 멋진 스크린 프린트를 위한 바탕 역할을 했다. 후속 컬렉션은 역사적인 의상과 텍스타일의 연구를 통해 얻은 주제와 전세계를 여행하면서 스케치해 놓은 자료로부터 나왔다. 로즈는 자료를 활용하는데 있어 결코 독창성 없는 모방은 하지 않았다. 이러한 자료들이 그의 디자인을 위한 도약대로 작용했다. 서정적인 특성 때문에 로즈는 자신의 작품을 '나비'에 비유했다. 1970년과 1976년 사이의 컬렉션 〈우크라이나와 셰브론 숄 *Ukraine and Chevron Shawl* 〉도 222 , 〈뉴욕과 인디안 깃털 *New York and Indian Feathers*〉, 〈파리, 프릴 그리고 버튼 플라워 *Paris, Frills and Button Flowers*〉, 〈일본과 사랑스런 백합 *Japan and Lovely Lilies*〉, 〈멕시코, 솜브레로와 부채 *Mexico, Sombreros and Fans*〉는 풍부한 이미지와 장소에서 고무된 것이다. 프린트 패턴이 의상을 좌우하는 중요한 요소였으며, 구성과 장식 디테일은 프린트의 특성을 살리기 위해 디자인되었다. 톱날 모양과 때때로 고드름 같이 연장된 들쑥날쑥한 단에는 구슬이나 진짜 깃털로 장식했으며, 솔기는 일부러 옷의 겉으로 드러나도록 했고, 솔기 끝은 핑킹 가위로 자르거나 양상추 모양의 프릴로 처리했다. 실크와 저지 드레스는 손으로 말아 끝처리하거나 자주 광택 있는 새틴 파이핑이나 패널, 혹은 띠를 달기도 했다. 아플리케와 퀼팅, 그리고 좁은 주름(knife pleating) 같이 품이 많이 드는 기술이 로즈의 수공예적 특성을 강조했다. 낭만적인 분위기 때문에 그의 의상은 1973년 앤 공주의 약혼식 사진을 비롯한 상류사회의 초상화를 위한 수요가 많았다.

스코틀랜드에서 태어난 빌 깁은 세인트마틴스 미술학교에서

공부했다. 화가이며 니트 제작자인 캐피 파싯(Kaffe Fassett)과 함께 소용돌이치는 타탄과 니트로 구성된 믹스앤드매치 패턴으로 영향력 있는 디자인 기법을 소개했으며, 이 디자인은 1970년 『보그』지로부터 올해의 디자이너 상을 받았다. 이듬해 자신의 레이블을 시작했으며 하일랜드 의상뿐만 아니라 민속 의상, 중세와 르네상스 의상에서 영향을 받은 과장된 컬렉션을 선보였다. 대비 효과와 장식적인 트리밍을 활용한 직물로 뛰어난 디자인을 했는데, 이것은 극적인 의상을 필요로 하는 대중매체에 출연하는 사람들에게 인기 있었다. 1971년 트위기는 영화 〈남자친구 The Boyfriend〉의 시사회를 위해 의상을 주문했다. 넓은 스커트의 이브닝 드레스와 웨딩드레스에는 파이핑을 사용한 솔기와 브레이드 리본 같은 전형적인 깁의 터치가 가해졌으며, 그의 의상에는 자수, 작은 에나멜 단추, 버클의 형태로 자신의 이름 빌을 의미하는 'B' 자를 넣곤 했다. 그는 낭만적이고 환상적인 의상에 뛰어난 재능을 보였으나, 스코틀랜드 트위드와 타탄으로 만든 킬트에 기본을 둔 긴 플래드 스커트 같은 실용적인 일상복도 디자인했다. 특히 그의 니트웨어 앙상블은 겨울에는 두꺼운 모로 만들고 여름에는 가벼운 부클레(bouclé)로 만들어 성공을 거뒀다. 니트웨어는 한 벌이 최대 10개까지 구성된 경우도 있었다. 그는 1970년대 중반에 해러즈 백화점에 빌 깁 코너와 본드 스트리트에 의상점을 내고 전성기를 누렸다.

그와 반대로 진 뮤어는 과거 스타일에 대한 향수를 자극하는 의상을 피했다. 뮤어는 정식 디자인 교육을 받지 않았지만 1966년 자신의 레이블을 시작하기 전 리버티, 자크마, 예거 그리고 기성복 제조업체 제인 앤드 제인(Jane & Jane)에서 일했다. 그는 재빨리 자신의 스타일을 찾았으며 여기에서 거의 벗어나지 않았다. 브루턴 스트리트의 의상점에서 팔린 그의 의상은 품위가 있었을 뿐만 아니라 매력적이고 세련되고 절제된 디자인이었다. 그의 유선형 의상은 여성적인 우아함과 상식적인 요소를 결합해 상류사회의 전문직 여성에게 이상적이었다. 착용이 간편하고 편안했으며 보통 크고 실용적인 주머니가 달려 있었다. 문양이 없는 매끈한 저지, 울 크레이프와 유연한 스웨이드, 그리고 미묘한 색상으로 염색한 가죽은 뮤어를 상징하는 소재가 되었다. 그의 강점과 통일성은 단순성과 절제에서 비롯했다. 장식은 수제 단추와 젊은 수공예인에게 의뢰해 만

223 1974년 우아한 기둥형으로 된 유키의 이브닝 드레스. 부드러운 저지에 작은 주름을 잡았는데 높은 칼라에서 몸을 감싸고 발까지 드레이프가 진다. 여러 개의 패널로 재단하는 일반적인 테일러링과 달리 유키는 한 장의 천의 고스란히 사용하는 기술을 개발했다. 그는 일일이 마네킹에 핀을 꽂아 작은 주름을 고정시키면서 드레스를 구성했다.

225 1970년대 초 로라 애슐리 의상점은 비싸지 않은 면 의상을 사려는 젊은 여성들로 붐볐다. 수요가 많아 옷을 매장에 빽곡히 걸었으며, 무늬 없는 흰색 드레스와 블라우스가 상당히 넓은 공간을 차지했다. 향수를 자극하는 애슐리 의상은 19세기 말, 20세기 초의 나이트 드레스와 속옷에서 출발했고, 부드러운 면과 거친 면을 사용했으며 때로는 기계 레이스로 장식했다. 이 회사는 광고에 순수한 이미지의 젊은 여성을 기용했으며 전원생활의 분위기를 내기 위해 보통 시골을 배경으로 사용했다.

224 1960년대 말에는 맥시코트가 유행했다. 바버라 훌라니키는 남성복을 여성복의 영역으로 도입했는데, 군복의 더블브레스트 코트에서 영향을 받은 디자인이 가장 잘 팔렸다. 비바의 젊은 고객에게 맞추어 맥시코트의 허리를 좁게 하고 땅까지 플레어지게 했으며 아주 커다란 둥근 라펠을 달았 다. 울 코트는 비바의 색상으로 매킨토시(mackintosh) 염색을 했는데 공군의 진흙 파란색이 가장 인기 있었다.

든 버클, 핀턱과 톱 스티치로 강조했다.

유키(Yuki Torimaru) 역시 순수함을 특징으로 했다. 일본에서 출생해 유럽에 오기 전까지는 텍스타일 기술자로 일했으며, 런던 패션 대학에서 공부하고 하트넬과 카르댕 등 여러 유명 의상실에서 경력을 쌓았다. 1972년 런던에서 자신의 레이블을 시작했으며, 유려하게 드레이프진 저지 의상으로 곧 세계적인 명성을 얻었다. 서구에서 활동하던 다른 일본 디자이너들과 달리 유키의 디자인은 항상 인체에 밀착되었다. 그는 인체 위에 직접 드레이핑을 했는데 저지를 부드럽게 주름잡아 고리를 만든 홀터넥에서부터 육감적으로 인체를 따라 흘러내리도록 했다도223. 수공예적인 특성과 키가 작은 여성이나 큰 여성 모두에게 어울리는 의상이라는 점 때문에 찬사를 받았다. 듀폰 사의 세탁이 가능한 폴리아미드 사(絲) 키아나(Qiana) 저지로 만든 유동적인 '그리스풍' 드레스는 시대를 초월

239

한 우아함을 보여주었는데, 1970년대의 주류 스타일과는 거리가
멀었다.

1970년대 초 젊은 고객들은 런던의 부티크 미스터 프리덤(Mr
Freedom), 비바, 로라 애슐리(Laura Ashley)에서 적당한 가격대의
유행 스타일을 선택할 수 있었다. 석유 파동으로 가라앉은 브라운
과 베이지색이 유행하기 전까지 2년 동안 토미 로버츠(Tommy
Roberts)는 의상점 미스터 프리덤을 미국 스포츠웨어, 만화 그리고
글램 록에서 영향을 받은 밝은 색상의 재기 넘치는 옷으로 채웠다.
켄싱턴 번화가에 거대한 비바 상점의 개점은 '흔들리는 1960년대
의 런던'을 위한 마지막 몸부림이었다. "비바" 상표는 1960년대 말
더욱 유명해졌으며, 1973년에는 바버라 홀라니키와 스티븐 피츠-
사이먼(Stephen Fitz-Simon)이 데리 앤드 톰스(Derry & Toms) 백
화점 전체를 인수해서 식료품과 인테리어 장식뿐만 아니라 온 가족
의 패션과 액세서리까지 비바의 라이프스타일을 일괄로 판매했다.
1930년대 건물을 아르누보와 아르데코풍으로 장식하고 할리우드
의 매력을 덧붙여 새로 단장했다. 비바를 하나의 컬트로 만들었던
의상은 최초의 비바 부티크에서 했던 것처럼 어두운 조명 속에서
굽은 나무로 만든 코트 걸이에 진열되었다. 바버라 홀라니키와 그
팀에 의해 디자인된 스타일은 인체에 딱 붙고 대개 발목 길이였으
며, 진흙 푸른색, 자두색과 핑크 같은 전형적인 비바 색상으로 만들
었다도224. 어두운 비바 화장법은 여전히 인기 있었으며 널리 모방
되었다. 그러나 대형 비바 매장은 2년 동안만 운영되었다. 재고관
리 문제는 별도로 하더라도 사러오기보다는 훔치거나 그냥 구경하
러 오는 많은 사람들 때문에 어려움을 겪었다. 어쨌든 재정적인 어
려움으로 1975년 문을 닫았다.

비바의 퇴폐적인 룩과는 반대로 로라 애슐리는 순수함과 전원
생활을 연상시키는 면 프린트 드레스를 만들었다도225. 1953년 설
립된 이 회사는 1960년대 말에 처음으로 의류를 판매했다. 신선한
나뭇가지가 프린트된 면으로 만든 티어드 드레스와 스커트는 탁
한 도시의 거리를 곧 휩쓸고 다녔으며, 전원 유토피아에 대한 동
경을 만족시켜 주었다. 로라 애슐리는 수요에 대응하기 위해 전세
계에 체인점을 열었다. 로라 애슐리는 땅에 끌리는 드레스와 몸에
맞는 피나포어, 플라운스, 러플, 퍼프 소매와 높은 목선 등 빅토리

아, 에드워드 시대를 상기시키는 디자인을 선보였다. 짙은 색으로 염색하거나 역사적인 직물에서 취한 작은 문양으로 프린트한 비싸지 않은 면과 코듀로이로 의상을 만들었다. 로라 애슐리의 룩은 1970년대 말 유행이 끝나기까지 15년간 지속되었다. 1970년대 말 전원 유토피아를 향한 도피주의는 한마디로 "펑크(Punk)"라는 용어로 요약되는 폭력과 무정부주의의 어두운 이미지에 자리를 내주었다.

1970년대 중반에서 후반까지를 일반적으로 경제적 침체기, 정치적
동요기, 사회적 분열기라고 한다면, 적어도 1987년 주식시장이 붕
괴되기 전까지 1980년대는 많은 사람들에게 낙관과 번영의 시기였
다. 두 시기가 상반되는 만큼이나 패션도 뚜렷한 차이를 보였다. 전
기는 여러 면에서 문화적 보수주의가 지배적이었다. 오래된 것과
전통적인 것이 모두 긍정적으로 받아들여졌던 과거에 대한 향수가
만연한 시기였다. 현재에 대한 각성과 현대적 혁신에 대한 불신이
대다수의 세계 컬렉션에도 반영되어 '안전한' 클래식이나 레트로
스타일로 나타났다. 역으로 이 시기는 펑크족의 등장을 포함한 급
진적인 문화 변혁을 촉진하는 자극제를 제공하기도 했다.

　　1976년 여름 런던에서 출현한 펑크는 초기에는 젊은 실업자와
학생들 사이에서 나타났다. 그들 중 많은 사람들이 런던의 미술학
교 출신으로 첼시의 킹스 로드에 있는 비비언 웨스트우드(Vivienne
Westwood)와 맬컴 맥라렌(Malcolm McLaren)의 유명한 부티크 주
변에 몰려들었다. 당시 "세디셔너리스(Seditionaries, 치안방해*)"로
알려진 이 부티크는 이전에는 다른 성격을 띠고 있었다. 1971년에
는 "렛 잇 록(Let it Rock)"이라는 이름으로 테디 보이에서 영감을
얻은 의상을 판매했고, 1972년 "살기에는 너무 젊고, 죽기에는 너
무 이르다(Too Young to Live, Too Fast to Die)"라는 이름으로 주
트 수트와 로커의 가죽 재킷에 기본을 둔 디자인을 선보였으며,
1974년에는 "섹스(SEX)"라는 이름으로 물신숭배적인 가죽과 고무
본디지 스타일(bondage style)을 내놓았다 도226.

　　펑크의 정체성은 펑크족 자신의 스타일링과 웨스트우드, 맥라
렌의 디자인, 그리고 맥라렌의 펑크 밴드인 섹스 피스톨스(The Sex
Pistols)의 결성과 매니지먼트 등 다양한 요소에 의해 형성되었다.
펑크는 주로 영국과 연관된 것으로 알려졌지만, 같은 시기 뉴욕의
클럽과 미국 음악계의 이기 팝(Iggy Pop), 루 리드(Lou Reed) 같은

226　1976년 비비언 웨스트우드와
맬컴 맥라렌이 디자인한 세디셔너리스의
밴드 의상으로, 검은색 면 새틴으로
만들었다. 군대의 전투복과
오토바이족들의 용품을 판매하는
벨스태프(Belstaff), 그리고
섹스(SEX)에서 판매되는 페티시
의상에서 요소를 따온 이 의상은 성적인
경계를 허물고 있다. '다리를 구속하는
(hobble)' 끈, 떼었다 붙였다 할 수 있는
검은색 타올천으로 된 '범플랩(bumflap,
허리에 두르는 로인클로스를 모방했다)',
D자형의 금속링, 스프링, 그리고
지퍼를 달았다(사타구니 밑에도 달려
있다). 탈색한 짧고 끝이 뾰족뾰족한
머리 모양을 한 모델이 투박한 작업용
부츠를 신고 무대 위를 활보하며
전통적인 여성미에 도전하고 있다.

242

가수와 텔레비전(Television), 뉴욕 돌스(New York Dolls) 같은 밴드 사이에서 유사한 운동이 나타나고 있었다.

펑크는 무정부주의적이고 허무주의적인 스타일로 고의적인 충격을 의도했다. 일반적으로 유토피아를 꿈꾸던 히피들이 입던 다양한 색상의 자연주의적인 의상과는 반대로 펑크족 의상은 검은색 일색이었으며 의도적으로 위협적인 차림을 했다. 옷은 집에서 만들거나 중고품 가게와 잉여 군수품 판매점에서 구입했으며 찢는 등 단정치 못하게 겹쳐 입었다. 남녀 모두 타이트한 검은색 바지와 모헤어 스웨터, 그리고 페인트로 칠하거나 체인과 쇠징으로 장식한 독특한 가죽 재킷을 입었고, 닥터 마틴(Doctor Marten) 부츠를 신었다. 여성 펑크족은 미니스커트에 검은색 그물망 스타킹에 스틸레토 힐을 신기도 했으며, 남녀 모두 무릎과 무릎을 끈으로 연결해 구속하는 본디지 바지(bondage trousers)와 무거운 크레이프 창의 신발을 신었다. 재킷과 티셔츠에는 나치의 상징 등 외설적이거나 거부감을 불러일으키는 문구나 이미지를 넣었다. 물 빠진 면, 반짝이는 합성 소재와 함께 물신숭배적인 가죽, 고무, PVC는 펑크가 가장 선호하는 소재였다. 체인, 지퍼, 안전핀과 면도날로 의복을 장식했다. '세디셔너리스'에서는 펑크 스타일의 기성복을 많이 판매했는데 그 가게의 고객은 대부분 부유한 펑크족들이었다.

헤어스타일과 화장, 장신구 또한 펑크 룩에 중요한 역할을 했다. 머리는 모히칸 스파이크(Mohican spikes) 스타일을 위해 밝은색으로 염색하고 면도를 했으며, 젤을 발랐다. 화장은 안색을 창백하게 하고 눈두덩과 입술을 검게 칠했으며, 여러 개의 귀걸이를 착용하는 것이 유행했는데, 극단적인 펑크족은 뺨과 코를 뚫기도 했다. 펑크 룩에 대해 대중들은 처음에는 혼돈과 두려움을 느꼈지만 1970년대 말이 되면서 이 스타일이 상업화, 고급화의 길을 걸으면서 마침내 대중 패션과 하이패션에도 침투했다. 1977년 잰드라 로즈는 슬래시와 안전핀, 고리, 그리고 번쩍이는 금속으로 장식한 레이온 저지 드레스가 포함된 《개념적인 멋 Conceptual Chic》 컬렉션을 발표했다도227. 궁극적으로 펑크 룩은 영국 패션에 활기를 주었으며, 혁신적인 젊은 스타일의 발생지로서 런던의 명성을 회복시켰다. 이것은 또한 남성들의 전형적인 스타일과 오랫동안 유지되어

227 1977년 잰드라 로즈의
《개념적인 멋》 이브닝 드레스.
전통과 펑크의 미학을 병치한
잰드라 로즈는 전통적인 실크 상의와
찢어진 저지 드레스를 안전핀으로
연결했다. 엘리트 패션으로 만들어진
이 의상은 스커트에 구멍을
내 다리가 섹시하게 노출되게 했으며,
지그재그 스티치로 정교하게
마무리했다. 완벽하게 차린 모델은 올이
풀리지 않는 스타킹과 전통적인 끈 달린
스틸레토 샌들을 신고 있다. 클리브
애로스미스(Clive Arrowsmith) 사진.

온 이상적 여성미에 대한 도전이었다.

하이패션 분야에서는 1970년대 말 뚜렷한 세 가지 경향이 나타
났다. 미국은 클래식 데이웨어와 스포티한 레저웨어에 뛰어났으며,
유럽은 매력적인 동화 같은 이브닝웨어와 함께 이국적이고 목가적
이며 복고적인 스타일의 현실도피적 모드에서 앞서갔다. 파리에서
는 일본 디자이너들이 몸을 감싸는 헐렁하고 비구축적인 의상과 레
이어링을 특징으로 하는 컬렉션을 선보였다.

디자이너들은 머리에서 발끝까지의 토털 패션을 추구했지만

228 모스키노의 패션쇼에는 관객들을 놀라게 하는 극적인 이벤트가 있었으며, 때로는 패션의 희생양과 패션 산업을 조롱하기도 했다. 1986–1987년 가을/겨울에는 반짝이는 커다란 시그너처 벨트와 커다란 스테트슨 (stetson) 카우보이 모자로 검은색 재킷에 활력을 주었다.

229 1980년대 중반의 전형적인 깔끔한 슈트는 야망 있는 여성 중역의 능력과 적극성을 표현했다. 회의실에서 이 의상은 남성용 시티슈트에 해당했다. 잘록한 허리와 짧은 스커트가 아름다운 몸매를 드러내는 반면, 패드를 넣은 커다란 어깨는 자신감을 표현했다. 선글라스와 뒤로 깨끗이 빗어 넘긴 단발머리로 파워 룩을 완성했다.

전문점에서 구입한 오리지널 에스닉 의상이나 옛날 의상과 함께 하이패션을 함께 코디하는 개성적인 스타일이 유행하기도 했다. 점점 더 늘어나는 저렴한 에스닉 부티크와 중고 옷가게는 경제적으로 여유가 많지 않은 소비자들에게 다양한 스타일의 가능성을 제공했다.

그러나 1980년대에는 돈과 이미지에 집착하는 시대상을 반영하듯 고가의 과시적인 패션을 지향하는 경향이 나타났다. 자신의 부를 고가의 디자이너 의상과 액세서리로 나타내려 했으며, 로고가 넘쳐났다. 전면에 로고를 새긴 루이 뷔통(Louis Vuitton) 가방과 백, 모스키노(Moschino)의 커다란 벨트 버클과 단추, 샤넬의 장신구과 핸드백 등의 액세서리가 매우 큰 인기를 끌었다도228. 필로팩스 다이어리와 몽블랑 펜, 그리고 롤렉스 시계는 신분의 상징으로 간주되었다. 금융이 중요한 뉴스거리가 되면서 언론은 젊은 남녀 주식

중개인의 높은 연봉과 라이프스타일을 다루었다. 스타일의 권위자 피터 요크(Peter York)는 1980년대 이러한 경쟁적인 종족을 지칭하는 "여피(Yuppie: young, urban professional의 약자)"라는 신조어를 만들어냈다. 디자이너 남성복에 대한 수요가 증가했으며, 1980년 티에리 뮈글레(Thierry Mugler)와 1983년 겐조 같은 일류 디자이너들은 컬렉션에 남성복을 추가했다. 또한 남성 패션을 전문적으로 다루는 언론도 증가했다. 1980년대에는 어느 때보다도 많은 여성들이 사회에 진출했으며, 커다란 어깨의 파워 수트(power suit)가 여성을 보호하고 권위를 상징하게 되었다 도229.

1980년경 런던에는 관습적인 의복에 구속받지 않는 자유로운 고객들에게 즐겁고 도전적인 패션을 제공하는 디자이너들이 출현했고, 클럽 문화와 스트리트 패션, 그리고 디자이너 패션의 경계를 허무는 『페이스 The Face』, 『아이디 i-D』도230 같은 새로운 유형의 잡지가 출간되면서 런던은 다시 한번 클럽과 젊은 스타일의 중심지로 부상했다. 1981년 비비언 웨스트우드와 맬컴 맥라렌은 의상점 이름을 "세상의 끝(World's end)"으로 바꾸고 비대칭의 티셔츠, 해적 셔츠, 브리치스와 헐렁하고 납작한 부츠로 구성된 아주 영향력

230 『아이디』의 1986년 9월호 표지. 『아이디』는 『보그』 지의 아트디렉터였던 테리 존스가 기획, 편집, 발행했다. 1980년 8월 발간 당시부터 진보적인 사진작가, 저널리스트, 그래픽 아티스트, 디자이너와 스타일리스트의 관심을 끌었으며, 혁신적으로 거리의 평범한 보통 사람들의 사진을 실기도 했다. 배리 레이트건 사진.

231 1982-1983년 가을/겨울 비비언 웨스트우드의 《버팔로》 컬렉션. 트렌드에 큰 영향을 미쳤던 《버팔로》 컬렉션 중에서도 가장 주목을 받은 의상이다. 스웨트셔츠 위에 입은 브라운 색상의 새틴 브라는 넓고 층이 있는 스커트, 그리고 레깅스와 함께 매치했다.

232 1983-1984년 가을/겨울 비비언 웨스트우드의 《마녀》 컬렉션. 뉴욕의 거리에서 영향을 받은 이 컬렉션에는 키스 헤링의 그래피티 모티프로 장식한 스웨트셔츠와 가죽 의상이 등장했다.

233 1985-1986년 가을/겨울 존 갈리아노 디자인. 신을 달래기 위해서 벌였다는 로마의 게임 루디(Ludi)에서 딴 《루디 게임 Ludic Game》 컬렉션은 갈리아노의 첫 쇼였다. 바지나 스커트로도 입을 수 있는 재킷과 그의 트레이드 마크가 된 완벽한 원형으로 재단한 의상을 선보였다.

있는 《해적 Pirate》 컬렉션을 내놓았다. 이것은 하위문화 팬들뿐만 아니라 하이패션 바이어들의 관심을 끌었으며, 애덤 앤트(Adam Ant), 데이비드 보위, 보이 조지(Boy George) 같은 팝스타들이 새로운 로맨틱 아이덴터티를 표현하는 밑거름이 되었다.

웨스트우드는 1982-1983년 가을/겨울 《버팔로 Buffalo》 컬렉션에서 스웨트셔츠 위에 커다란 새틴 브라를 착용하게 했다. 이것은 '속옷의 겉옷화'라는 트렌드의 본보기가 되면서 세계 패션계에 지대한 영향을 미치게 되었다도231. 1982년 웨스트우드와 맥라렌은 두 번째 가게 "진흙에 대한 향수(Nostalgia of Mud)"를 열었다. 이듬해 이 상점을 닫게 되면서 두 사람의 동업은 끝났다. 1983년 3월부터 웨스트우드는 파리에서 패션쇼를 했는데, 스트리트 스타일보다는 쿠튀르에 더 가까워지기 시작했다. 그는 자주 역사적인 스타일을 현대적으로 재해석해 냈다.

　　1983년 존 갈리아노(John Galliano)는 런던 세인트마틴스 미술학교를 졸업했다. 많은 찬사를 받았던 졸업 작품 〈레 쟁크루아야블(믿을 수 없는 것들) *Les Incroyables*〉이 런던 최고의 의상점 브라운스(Browns)에 팔렸다. 이듬해 갈리아노는 《아프가니스탄은 서양의 이상을 거부한다 *Afghanistan Repudiates Western Ideals*》라는 제목으로 자신의 이름을 건 컬렉션을 개최했다. 이 컬렉션은 동양의 소재와 스타일링을 서양의 테일러링과 결합한 것이었다. 1980년대 내내 역사적인 의상, 특히 20세기 초반의 스타일과 복잡한 재단, 그리고 소재에 대한 기교를 살린 우아하면서도 인습타파적인 디자인을 주로 선보이며 갈채를 받았다도233. 또 다른 세인트마틴스 미술학교의 졸업생 리파트 오즈벡(Rifat Ozbek) 역시 고국 터키의 의상과 무용복, 그리고 런던의 클럽 문화에서 영감을 얻은 디자인으로 세계적인 명성을 얻었다.

　　많은 런던의 컬렉션은 텍스타일이 주도했고, 특히 프린트와 니트웨어가 강세였다. 스콧 크롤라(Scott Crolla)는 남성복 컬렉션에 장식적인 꽃과 여러 가지 문양의 프린트를 사용했고, 비비언 웨스트우드는 뉴욕의 그래피티 미술가 키스 해링(Keith Haring)의 그래픽 디자인을 1983-1984년 가을/겨울 컬렉션 《마녀 *Witches*》에 이용했다도232. 베티 잭슨(Betty Jackson)은 더 클로스(The Cloth)의 유능한 팀니 파울러(Timney Fowler)와 브라이언 볼저(Brian Bolger)를 기용해 편안하고 스타일이 살아 있는 의상을 위한 현대적인 프린트를 발표했으며, 잉글리시 이센트릭스(English Eccentrics)는 경쾌하고 절충적인 프린트로 명성을 얻었다. 보디 맵(Body Map)은 모험적인 즐기는 젊은이들을 위해 무채색과 타는 듯이 붉은 색상의 니트로 만든 러플 달린 원통형 의상을 내놓았다. 에디나 로네(Edina Ronay)와 메리언 폴(Marion Foale)은 향수를 자극하는 레트로 디자인 니트를 만들었으며, 조셉 트리콧(Joseph Tricot)의 디자인 디렉터 마틴 키드먼(Martin Kidman)은 아기천사와 꽃으로 장식한 헐렁한 스웨터 등 영향력 있는 옷을 만들어냈다도234.

이렇듯 활기가 넘치는 트렌드에서 액세서리는 중요한 역할을 했다. 라인을 길게 뽑은 엠마 호프(Emma Hope)의 조각적인 신발

234 맞은편: 1986년 봄/여름 조제프를 위한 마틴 키드먼의 의상. 마이센(Meissen) 자기 접시의 아기천사 모티프에서 영감을 얻은 손뜨개와 자수 장식의 카디건. 수석 디자이너 마이클 로버츠(Michael Roberts)는 천상의 테마를 이용해 모델에게 흰 옷(치마를 입은 남성의 모습이 뉴스의 헤드라인을 장식했다)을 입히고, 머리에 날개를 달아 타락한 성가대 소년 룩을 연출했다. 그는 끈을 묶지 않은 닥터 마틴의 검은색 가죽 부츠로 천사의 모습을 중화시켰다.

235, 236 캐서린 햄닛은 1984–1985년 가을/겨울 컬렉션에서 모자와 목도리로 정치성을 띤 심각한 디자인뿐만 아니라 경쾌하고 위트 넘치는 디자인을 할 수 있다는 것을 보여주었다(맞은편 위). 같은 컬렉션에서 구겨진 면과 실크 천을 표어가 담긴 티셔츠와 함께 연출했다. 앞쪽의 모델은 "전세계에서 핵을 즉각 추방하라(WORLDWIDE NUCLEAR BAN NOW)"라고 쓰여진 의상을 입고 있다. 티셔츠 판매로 얻은 수익금은 햄닛의 자선사업 단체인 투마로 사(社)로 보냈다(오른쪽).

이 정장의 유행 경향과 맞아 떨어졌다. 캐나다 태생의 패트릭 콕스(Patrick Cox)는 보디 맵, 비비언 웨스트우드, 존 갈리아노를 위해 혁신적인 신발 디자인으로 경력을 시작했다. 섬세하게 제작한 마놀로 블라닉(Manolo Blahnik)의 우아한 신발은 세계 시장에서 판매되었다. 스티븐 존스(Stephen Jones)는 수공예적인 기술과 아방가르드하며 때때로 재치 넘치는 미학으로 최고의 모자 디자이너로 부상했으며, 커스틴 우드워드(Kirsten Woodward)는 칼 라거펠트가 주문한 샤넬의 제품 디자인에 초현실주의적인 기법을 이용했다.

많은 영국 디자이너들이 환상과 도피주의적인 경향을 보인 반면, 당면한 문제에 적극적으로 대처하는 디자이너도 있었다. 캐서린 햄닛(Katharine Hamnett)은 1983-1984년 가을/겨울 컬렉션《삶을 선택하라 *Choose Life*》에서 세계 평화와 환경 문제를 도입했다 도235,236. 이 컬렉션은 "58%는 멸망을 원치 않는다(58% Don't Want Pershing)" 같은 슬로건이 장식된 티셔츠를 선보였다. 마거릿 대처 수상을 만나는 자리에서 이 디자인을 입어 더욱 유명해졌다. 물빨래가 가능한 구김이 있는 면으로 만든 세련된 스타일의 보디수트와 작업복은 같은 시기에 만든 육감적인 의상만큼이나 영향력이 있었다. 조지나 고들리(Georgina Godley) 역시 기존의 이상적인 여성미에 도전하는 의상을 만들면서 정치적인 태도를 보였다. 1986년 그의《럼프 앤드 범프 *Lump and Bump*》컬렉션에는 배와 엉덩이에 패딩을 댄 조형적인 속옷이 포함되어 있었다.

1980년대 뛰어난 활약을 보인 남성복 디자이너로는 노팅엄 출신의 폴 스미스(Paul Smith)를 꼽을 수 있다. 그가 디자인한 대담한 색상과 독특한 패턴의 의상은 클래식하고 입기에도 편안했다. 1970년 고향에 첫 의상점을 열었으며, 1979년에는 런던의 코벤트가든으로 이전했다. 1980년대 말에는 전세계에 의상점을 갖게 되었다. 그의 디자인은 브리티시 룩의 정수를 보여주었고, 지금도 그 스타일을 유지하고 있다. 마거릿 하우얼(Margaret Howell) 역시 브리티시 스타일에 매료되었으며, 학생들의 스포츠웨어와 컨트리웨어 등 전형적인 영국 의상을 해석한 여성복을 발표했다.

1980년대 영국 패션은 예상치 못했던 곳, 즉 영국 왕실로부터 활기를 되찾았다. 1980년 키가 크고 어눌한 19세의 유치원 보조교

사 다이애나 스펜서(Diana Spencer)가 햇살 때문에 프린트 스커트 속의 긴 다리가 드러나는 사진이 전세계에 공개되었을 때, 그가 1980, 1990년대 가장 위력적인 패션의 우상이자 영국 고급 패션의 수호자가 되리라고 생각한 사람은 아무도 없었다도237. 1981년 찰스 왕세자와 결혼하기 전 다이애나는 "슬론 레인저(Sloane Ranger)"라는 스타일에 가까웠다. 1975년 피터 요크가 만든 이 용어는 런던 서부 슬론 스트리트 주변에 살던 젊은 여성, 특히 귀족 가문의 젊은 여성들의 외모를 묘사하기 위해 사용되었다. 이들은 타운웨어로 목에 프릴이 달린 블라우스와 옅은 색의 타이츠에 긴 스커트, 그리고 품질이 좋은 스웨터나 카디건과 목에 맨 스카프, 그리고 패딩 재킷 같은 실용적인 단품을 선호했으며, 모든 의상을 슬론의 트레이드마크인 한 줄로 된 진주 목걸이로 마무리했다.

왕실에서 다이애나는 왕세자비라는 지위 때문에 급진적인 의상이 허용되지 않았으나 완벽하게 차린 그의 스타일이 대중에게 호소력이 있었다. 1981년 약혼 사진에서 입고 있는 귀부인 티가 나는 정숙한 파란색 기성복 슈트는 상체를 깊이 판 끈이 없는 검정색 이브닝 드레스를 입은 모습이 공개되자 즉시 잊혀졌다도238. 이 드레스의 디자이너 엘리자베스와 데이비드 이매누엘(Elizabeth and David Emanuel)은 다이애나를 위해 극적으로 넓은 스커트, 긴 트레인, 타이트한 보디스로 구성된 로맨틱한 웨딩드레스를 만들기도 했다. 이 드레스의 모조품은 1주일도 안되어 판매에 들어갔으며, 결혼 무렵 '레이디 디(Lady Di)' 룩이 텔레비전과 신문을 통해 전세계로 퍼져나갔다. 그 후로 16년간 벨빌 사순(Bellville Sassoon)과 캐롤라인 찰스(Caroline Charles), 그리고 애러벨러 폴런(Arabella Pollen) 등 많은 디자이너들에게 왕실의 방문이나 행사용 의상을 주문하면서, 다이애나는 영국 패션 산업을 대표하는 인물로서 주류 패션에 막대한 영향을 미쳤다.

대부분의 왕실 행사에는 엄격한 규칙에 따라 모자를 착용해야 했기 때문에 모자 디자이너들은 다이애나 왕세자비 덕택에 이윤을 얻을 수 있었다. 다이애나 왕세자비의 모자는 유명 디자이너들에게 제작하게 했는데 특히 존 보이드(John Boyd)와 그레이엄 스미스(Graham Smith)가 주로 담당했다. 다이애나는 1980년대 초반에는 작고 달라붙는 스타일을 즐겨 착용했으나, 점점 더 자신감이 붙으면서 넓은 챙이 달린 극적인 디자인을 착용하기 시작했다. 더해 가는 자신감과 세련되어진 취향은 몸에 밀착되는 이브닝 드레스와 밝은 색상의 유선형 슈트에도 반영되었다. 한쪽 어깨가 드러난 몸에 붙는 시스 드레스는 브루스 올드필드(Bruce Oldfield)와 하치 앤드 캐서린 워커(Hachi & Catherine Walker)가 제작한 것이며 도239, 재스퍼 콘런(Jasper Conran)은 권위적인 테일러드 슈트를 만들어주었다.

영국 패션계는 디자이너들의 다양한 재능을 격려했지만, 국내 패션 산업은 신인 디자이너들이 컬렉션을 착수하고 마케팅을 하는 데 도움을 주는 하위구조를 갖추지 못했으므로 그 결과 상업적으로

237 키가 크고 어눌한 19세의 유치원 보조교사 다이애나 스펜서가 1980년 두 아이를 돌보고 있는 사진. 프린트가 있는 평범한 스커트에 햇살이 비치고 있다. 다이애나는 당시 전형적인 "슬론 레인저"였다.

238 슬론 레인저에서 탈피한 다이애나 스펜서는 1981년 3월 찰스 왕세자와의 공식적인 약혼식에 이매뉴얼이 디자인한 대담한 검은색 태피터 드레스를 입고 등장해 주목을 끌었다. 러플 달린 숄와 한 벌이지만, 아름다운 어깨와 가슴을 드러낸 데콜레테를 숄로 감추지 않고 있다.

239 2년 후 날씬해진 다이애나 왕세자비는 1983년 오스트레일리아를 방문했을 때 런던에서 활동하던 일본 디자이너 하치의 의상을 입었다. 한쪽에만 소매가 달린 구슬 장식의 옅은 크림색 원통형 드레스로 세련되게 변모한 왕세자비의 새로운 모습을 보여준다. 이 의상은 1997년 6월 뉴욕에서 열린 자선 경매에서 판매되었다.

실패하는 경우가 많았다. 쿠튀르 의상조합의 주관하에 진행되므로 개별 고객과 언론뿐만 아니라 세계 패션계로부터 주목을 받을 수 있는 파리에서 쇼를 개최하는 디자이너들도 등장했다.

1980년대 초반에서 중반까지 세계적인 경제 붐으로 인해 고객이 전세계적으로 겨우 2–3천 명 정도에 불과한 오트쿠튀르 산업이 생존할 수 있었다. 오트쿠튀르의 고객 중에서 정기적으로 구입하는 사람은 6–7백 명에 불과했으나 그들의 지출은 상당했다. 파리의 패션 업계는 미국 달러의 강세로 이익을 얻은 부유한 미국인들, 유럽 사치품에 대한 일본 시장의 확대, 아랍의 석유부호 고객들 덕택에 점점 활성화되었다. 당시 파리에서 주도적인 다섯 개의 의상실은 크리스티앙 디오르, 샤넬, 이브 생 로랑, 웅가로, 지방시였다.

쿠튀르 의상의 가격은 일반인의 연간 소득을 웃돌 정도로 고가였지만 실제 이윤은 적었다. 사실 쿠튀르 하우스의 의류 판매는 적자였다. 그러나 막대한 비용을 들여 쿠튀르 컬렉션을 디자인해서 무대에 올리고 홍보했던 것은 이것이 의상 판매에 유리하기 때문이기도 하지만, 그보다는 라이선스를 통해 막대한 이윤을 창출할 수 있기 때문이었다. 대부분의 의상실들은 의상실의 이름을 이용해 위상을 끌어올리고 호감을 불러일으켜 궁극적으로는 상품의 가격을 올리려는 제조업체들과 연계되어 있었다. 이러한 라이선스가 새삼스러운 것은 아니었지만 1980년대 들어 상표가 하나의 유행 현상이 되면서, 라이선스는 유례 없는 규모로 성장했다.

디자이너 향수는 라이선스 제품 중에서도 가장 이윤이 많이 남는 사업이었고 많은 파리 의상실들의 주 수입원이었다. 따라서 막대한 자금을 투자해 향수를 출시하고 광고했다. 일부 디자이너들은 여행 가방, 스타킹, 선글라스 같은 제품에서 품질과 시각적인 통일성을 유지하기 위해 제조업체와 긴밀하게 협조했다. 그러나 디자이너의 이름을 사용하는 권리만을 사들이는 회사들도 꽤 많았다. 미래의 거래를 보장하기 위해 상표의 배타적 독점권을 유지하는 일이 의상실로서는 필수적이었다. 만약 어떤 의상실이 이미지를 실추시켰다고 간주되면 라이선스를 관리하는 조직인 의상조합에서 제명되었다. 샤넬과 에르메스(Hermès)는 사적인 회사로 남아 이름을 빌려주지 않는 몇 안 되는 의상점들이다.

파리와 비교해볼 때 미국과 이탈리아의 하이패션 산업은 상대적으로 역사는 짧지만, 디자이너들은 접근이 좀더 용이한 확장 라인(diffusion line, 디자이너 브랜드의 보급판으로 개발한 브랜드의 상품 라인*)의 상업적 잠재력을 빨리 알아차렸다. 뉴욕에서는 랠프 로런, 캘빈 클라인, 그리고 다나 캐런(Donna Karen)이 일개 패션 디자이너에서 거대한 세계적 유통 조직으로 탈바꿈했다. 이탈리아 최고의 회사 아르마니, 펜디, 발렌티노, 베르사체는 디자이너의 성공을 발판으로 세계적으로 확장 라인을 발전시켰다.

1980년대에는 새로운 세대의 일본 디자이너들이 세계 무대에서 중심적인 역할을 했다. 1981년부터 레이 가와쿠보(Rei Kawakubo)는 콤므 데 가르송(Comme des Garçons[소년처럼])이라는 레이블로 디자인했으며 도240, 요지 야마모토(Yohji Yamamoto)는 파리에서 컬렉션을 개최하기 시작했다 도241. 이미 발판을 마련한 이세이 미야케와 함께 그들은 아방가르드 패션파를 형성했다.

1970년대 미야케는 주로 천연 섬유로 만든 소재와 이카트(ikat) 직조나 목판 날염을 사용했으나 1980년대에 접어들어서는 좀더 현대적인 이상을 제시하고 새로운 혁신적인 소재와 의복 형태를 발전시켰다. 1981-1982년 가을/겨울 컬렉션에는 공기를 넣어 부풀린 폴리우레탄 코팅 폴리에스테르 저지 바지와 지퍼를 단 실리콘 뷔스티에(bustier, 몸에 꼭 끼고 팔 소매와 어깨 끈이 없는 여성 웃옷 또는 브래지어*)를 선보였다. 1982년 봄/여름 컬렉션에는 불규칙한 주름을 잡은 합성 소재를 메탈 사(絲)와 혼방해 해초에서 영감을 받은 튜닉과 스톨을 발표했다. 1984년에는 나일론 패딩 바지를 선보였으며, 1988년 봄/여름에는 마리아 블레이스(Maria Blaisse)와 공동 작업으로 폴리우레탄 폼으로 만든 조형적인 모자를 제작했다. 미야케는 천연 소재도 실험했는데, 돗자리에서 영감을 받아 2중직 실크와 셰틀랜드 울 같이 독특한 직조법과 혼방을 개발했으며, 이 소재로 1984-1985년 가을/겨울 컬렉션에 위에 덧입는 오버베스트를 만들었다. 인체를 가두고 활동을 제한하는 디자인도 했지만, 실용성과 편안함을 결합하는 유기적이고 유동적인 의상으로 널리 알려졌다. 그는 "나는 패셔너블한 미학을 창조하지 않는다", 그리고 "나는 생활에 기본을 둔 스타일을 창조한다"고 말했다.

미야케는 환상적이고 급진적인 디자이너로서 대성공을 거두었다. 그는 1981년 확장 라인 '플랜테이션(Plantation)'을 추가했으며, 1985년에는 클래식한 디자인을 생산하는 '영원한 이세이 미야케(Issey Miyake Permanente)', 그리고 1986년에는 남성복 라인을 추가했다. 그의 의상은 전세계의 박물관과 갤러리에서 전시되었으며, 1986년 이후에는 사진작가 어빙 펜(Irving Penn)과 공동 작업으로 기록되어 세상에 더욱 알려지게 되었다.

1969년 콤므 데 가르송 레이블을 출시하기 전 레이 가와쿠보는 광고계에서 스타일리스트로 일했다. 이러한 경력은 작품과 패션쇼, 그리고 의상점과 홍보물의 시각적 통일성에 대한 세심한 관리로 나타났다. 세 가지 농도의 검은색으로 디자인한다는 그의 말은 유명했다. 일본 작업복에서 영향을 받은 초기 컬렉션은 검은색과 남색 의상을 중심으로 형태에 초점을 맞추었다. 후기 의상은 더욱 급진적이었다. 1983년 3월에는 뚜렷한 선과 형태, 그리고 실루엣이 드러나지 않는, 사각형으로 크게 재단된 코트 드레스 등 파괴적인 컬렉션을 선보였다. 많은 의상이 비대칭으로 재단되었으며, 라펠과 단추, 그리고 소매가 엉뚱한 곳에 놓이고 기형적인 형태의 카울 네크라인(cowl neckline, 앞주름이 자연스럽게 늘어진 형태로 중세의 가톨

240 아래: 1984-1985년 가을/겨울
콤므 데 가르송. 대량생산된 옷감의
경직된 획일성에 도전한 레이 가와쿠보는
자신의 의상실에서 디자인하고
수공예적인 기술이나 최신 테크놀로지를
이용한 독창적인 직물을 만들었다.
넓은 폭의 직조기에서 느슨하게 직조한
독특한 소재를 앞면과 뒷면 모두
보이게 디자인한 커다란 코트이다.

241 맞은편: 1986-1987 가을/겨울
요지 야마모토의 디자인. 야마모토는
국가, 문화, 역사의 개념을 모호하게
함으로써 서양과 일본의 전통을
전복시키고자 했으나, 그의 패션은
그러한 요소들에 의해 형성되고 있다.
1880년대 스타일의 밝은 빨간색 튤
버슬 위에 긴 검은색 브로드클로스
(broadcloth) 코트를 입고 있는 뛰어난
이 앙상블은 닉 나이트의 사진에서
독특한 깃털을 단 새 형상의 실루엣으로
표현되었다.

릭 수도사들이 입던 두건이 달린 수도복에서 연유됨*)과 어울리지 않는 소재들이 결합되었다. 의도된 부조화는 매듭을 짓고, 찢고 잘라낸 천으로 만들어졌으며, 옷감을 구기고 주름을 잡아 독특한 텍스처를 만들었다. 신발은 패딩 슬리퍼나 앞코가 네모난 고무신으로 구성되었다. 컬렉션의 모델들은 누더기 천으로 머리를 매고, 아래 입술을 멍든 것처럼 파랗게 칠하는 외에는 화장을 전혀 안 듯이 보였다. 이러한 도전적인 화장법과 몸을 완전히 감싸는 옷 때문에 가와쿠보의 작품은 페미니즘적인 표현으로 해석되었다. 패션 기자들은 이것을 정치적인 표현으로 보고 "포스트 히로시마 룩(Post Hiroshima Look)"이라고 이름 붙였다. 이에 대해 가와쿠보는 육체보다는 정신으로 남성을 사로잡는 강한 여성을 위해 디자인했다고 대답할 뿐이었다.

가와쿠보처럼 요지 야마모토도 급진적인 사상과 뛰어난 재단 기술로 유명하다. 1970년부터 도쿄에서 맞춤의상 디자이너로 일했고 1972년 초부터 자신의 의상실을 운영했지만 그 역시 파리에서 명성을 얻은 것은 1980년대 초였다. 성적 경계를 모호하게 하는 데 관심이 많았던 야마모토는 지적으로 디자인을 한 순수주의자였다. 대부분의 서양 의상을 특징짓는 평면 구조와는 달리 그의 커다란 의상은 겹쳐지고 드레이프가 지면서 인체를 감싸도록 재단되었다. 야마모토는 깔끔하고 정돈된 획일성을 혐오했다. 그의 우아한 의상은 비대칭의 단과 칼라, 주머니, 그리고 숄 형태를 띤 라펠과 엉뚱한 곳에 넣은 다트를 특징으로 한다. 검은색과 실험적인 텍스타일을 즐겨 사용했다. 1980년대 초반 요지 야마모토와 레이 가와쿠보는 실용적인 하위문화 신발로 알려져 있던 검은색 가죽의 닥터 마틴 신발로 코디했다.

전위적인 일본 디자이너들이 패션의 경계를 허무는 동안, 파리의 유명 의상실들은 클래식한 테일러링과 폭넓은 스커트의 이브닝 가운을 계속 생산했다. 1980년대 초 새로 등장한 프랑스 디자이너들이 파리의 하이패션계에 도전하기 시작했다. 장-폴 고티에(Jean-Paul Gaultier)는 피에르 카르댕과 일했으며, 1976년에는 파투에서 첫 컬렉션을 선보였다. 곧 파리 패션계의 "무서운 아이"라는 별명을 얻은 고티에는 다다와 1950년대 글래머, 그리고 공작새처럼 화려한 남성복, 런던의 클럽에서 영감을 얻은 포스트모던

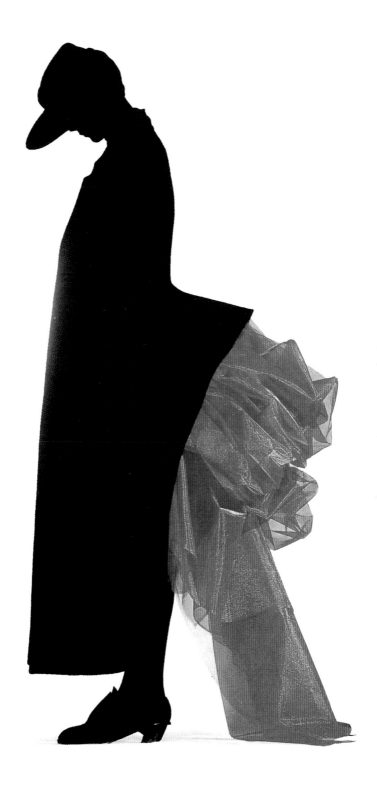

242 1985년 봄/여름 장 폴 고티에의 디자인. 이 컬렉션에서 고티에는 폭넓은 다국적 디자인과 인체를 노출하는 앤드로지너스 디자인을 보여주었다. 여성 모델들은 디자이너의 특징 중 하나인 밴드가 보이는 바스크 스타일의 베레를 착용하고 있다.

디자인을 선보였다. 더 대담한 고객들은 포스트펑크 닥터 마틴 부츠를 신고 레깅스와 발레용 튀튀(tutu) 스커트를 입었다. 클래식하게 테일러링한 의상도 등이 잘려나가 노출되는 등 대담한 디자인을 내놓았다. 고티에의 1985년 봄/여름 남성복 컬렉션에는 언뜻 보기에 스커트처럼 보이는 옷이 있었다. 점잖은 도시용 줄무늬 옷감으로 테일러링한 이 의상은 뉴스의 헤드라인을 장식했는데, 사실은 에이프런이 앞에 달린 바지였다도242. 그럼에도 불구하고 남성 소비자에게는 너무 극단적이라는 평을 들었다. 여성복에서는 여성의 육체를 인위적으로 만드는 고깔 형태의 브라 드레스와 본디지 스타일을 디자인했다. 또한 아주 요염한 코르셋과 브라탑을 남성적인 테일러드 수트와 함께 입혀 강렬하면서도 섹시한 룩을 만들어 냈다. 이 의상은 후에 팝스타 마돈나가 1990년 세계 순회 공연에 입으면서 유명해졌다. 고티에는 인조 가죽, 인조 모피, 나일론, 금속, 고무 등 다양한 합성 섬유를 사용했다. 그는 성적인 금기를 깨는 실험을 했으며, 전통적인 미의 개념에 도전하는 모델을 계속 기용했다.

1980년대 초 무렵 티에리 뮈글레는 미래주의적이고 기술지향적인 이미지를 표현하는 현대성으로 명성을 얻었고 파리 패션계에 활기를 불어넣었다. 그의 하드에지풍 의상은 여성성을 극대화했다 도243 . 반면 아즈딘 알라야(Azzedine Alaïa)는 자연스러운 여성의 곡선을 표현했다. 패션 언론으로부터 "밀착의 왕(the king of cling)"이라는 찬사를 받은 알라야는 신축성 있는 검은색 라이크라와 가죽으로 인체에 밀착되는 드레스와 슈트를 만들었으며, 도발적

243 1983-1984년 가을/겨울 티에리 뮈글레 디자인. 뮈글레의 유혹적이고 선정적인 컬렉션은 1950년대 할리우드의 글래머 여왕과 만화에 나오는 인조인간을 결합했다. 항상 곡선적 형태를 유지하는 뮈글레는 넓은 어깨의 실루엣으로 재단했다. 그는 모든 여성을 여신으로 만들고 싶다고 말했다.

244 1986-1987년 클로드 몽타나의 가을/겨울 컬렉션. 극적인 감각과 강한 실루엣의 현대적인 데이웨어로 알려진 몽타나의 의상을 입고 있는 모델은 테일러링 가죽 바지와 목이 올라오는 스웨터, 그리고 허리에 벨트를 매어 허리가 잘록하게 들어간 아주 넓은 어깨의 코트를 착용하고, 굽이 뾰족하고 높은 구두를 신고 있다.

인 솔기와 지퍼를 창조적으로 사용했다. 대담한 무늬를 프린트한 천에 드레이프와 주름을 잡은 에마누엘 웅가로의 육감적인 드레스가 시선을 끌었다. 반면 클로드 몽타나(Claude Montana)는 군복에서 영향을 받은 가죽 코트 등 넓은 어깨의 강한 인상을 주는 의상을 발표했다 도244 . 이브 생 로랑은 1980년대에도 순수 미술과 비서구권 문화의 이국적인 요소에 경의를 표하는 컬렉션으로 패션계에서 여전히 주도적인 역할을 했으며, 유명한 '스모킹' 턱시도 수트를 변형한 디자인 등 멋진 테일러링 의상을 보여주었다 도245 .

1983년 칼 라거펠트를 디자인 고문으로 영입하면서 샤넬 의상실은 창립자의 사망 후 12년간 지속된 진부한 이미지를 떨쳐버

245 이브 생 로랑의 디자인은 글래머로 통했으며, 1980년대 후반 그는 두드러진 어깨의 장식적인 재킷과 아주 짧은 스커트로 된 유혹적인 슈트를 선보였다. 1988년 이 앙상블은 눈길을 끄는 꽃과 잎의 문양이 있는, 몸에 꼭 맞는 재킷과 문양이 없는 스커트로 되어 있다. 하이힐 코트 슈즈, 장갑, 꽃으로 장식한 보터 모자 등의 액세서리로 세련된 룩을 완벽하게 마무리했다.

릴 수 있었다. 처음부터 샤넬의 디자인을 현대적인 스타일로 재해석했던 라거펠트는 1980년대 들어 점점 샤넬 스타일에 불손한 느낌을 가미해 나갔다. 그는 고객들의 클래식한 취향을 만족시키는 동시에 유머와 현대성을 불어넣었다도246. 샤넬과 펜디를 위해 디자인했던 라거펠트는 1984년에는 자신의 이름으로 디자인을 시작했다.

크리스티앙 라크루아(Christian Lacroix)의 새로운 쿠튀르 의상실은 피낭시에 아가슈(Financier Agache)의 소유주이자 프랑스의 거대 명품업체인 루이 뷔통 모에 에네시(Louis Vuitton Moët Hennessy〔LMVH〕) 사의 회장인 베르나르 아르노(Bernard

Arnault)의 후원으로 1987년 문을 열었다. 미술사와 박물관학 학위를 갖고 있던 라크루아는 처음에는 패션 스케처로 고용되었으며, 후에 에르메스와 기 폴랭(Guy Paulin)의 보조 디자이너로 일했으며, 1981년부터는 파투의 미술감독 겸 디자이너로 일했다. 그는 1987년 7월 자신의 이름을 건 첫 컬렉션을 선보였고, 1988년 3월에는 기성복 라인을 도입했다. 라크루아는 전통에 따라 호화로운 소재로 정교하게 재단하고 구슬, 태슬, 브레이드, 조화, 레이스, 자수 등으로 의상을 장식했으며, 부자재 산업과 염색, 수공예에 투자하고 지원했다. 그의 화려한 스타일은 프로방스에서 보냈던 유년 시절과 역사적 의상, 그리고 런던의 스트리트 스타일 등 여러 가지 원

248 1986-1987 가을/겨울 샤넬의
오트쿠튀르 의상. 보디스에 자수를 놓은
세련된 긴 이브닝 드레스에 긴 장갑을
이용해 1930년대 샤넬의 디자인을
연상시키고 있다. 복고주의 경향이
지배적이던 1980년대에 격식을 차린
이브닝 행사에 적합한 디자인이었다.

천에서 나온 것이다도247 .

1980년대 초에는 오스트레일리아에서 유능한 디자이너들이
배출되었다. 아델 파머(Adele Palmer), 스티븐 베넷(Stephen
Bennett), 컨트리 로드(Country Road)를 위한 제인 파커(Jane
Parker)의 디자인은 유럽의 트렌드를 반영하고 있었지만 훨씬 더
여유 있는 스타일이었다. 대담하고 화려한 프린트 소재를 사용한
린다 잭슨(Linda Jackson)과 원색의 강렬하고 기하학적인 무늬의
레이어드 니트웨어를 만든 제니 키(Jennie Kee) 등 예술가이자 디
자이너인 이들의 의상 디자인은 전통에 그리 집착하지 않았다. 긴

열대성 여름과 끝없이 펼쳐지는 해변이 있는 오스트레일리아에서는 레저웨어와 스포츠웨어 시장이 중요했다. 뉴사우스웨일스의 스피도(Speedo)는 대담한 색상의 유선형 수영복과 비치웨어, 그리고 운동복으로 세계 시장을 확보했다. 서핑이나 윈드서핑을 즐기는 젊은이들은 옷을 주문해서 입었으며, 비치웨어 트렌드를 만들어냈다. 거친 두더지가죽 바지와 셔츠로 구성된 목동의 옷을 포함해 캥거루하이드 해트(kangaroo-hide hats), 그리고 부츠 등 숲에서 몸을 보호하기 위해 입는 미개척지의 의상들이 도시 패션에도 영향을 미쳤다. 윌리엄스(R.M. Williams)는 "진짜 부시맨의 여행용품점"이라는 슬로건 아래 견고한 작업복을 제작했는데, 그들의 "드리자본(Drizabone)"이라는 기름먹인 가죽 코트는 오지의 기후와 폐허 속에서 견딜 수 있도록 특별히 디자인한 어깨에 두르는 케이프와 함께 런던, 파리, 뉴욕에서는 패션으로 받아들여졌다. 멜버른 컵을 비롯한 국가 행사가 창의적인 모자 부티크를 지원했다.

이탈리아의 패션 붐은 모든 계층에서 지속되었다. 최고의 디자이너들이 밀라노에서 새로운 스타일을 발표하면, 유럽 전역에 기성복 판매를 위해 이탈리아의 제조업체들은 디자이너들과 계약을 체결했는데, 그중에는 파리나 런던에 본사를 둔 디자이너들도 있었다. 패션은 이탈리아 3대 산업 가운데 하나로서 바실레(Basile), 컴플리체(Complice), 막스마라(MaxMara) 같이 견실한 패션 회사는 기성 디자이너들이나 신진 디자이너들(상당수가 영국 미술학교 출신)에게 디자인을 의뢰해서 증가하는 이탈리안 룩에 대한 시장의 수요에 대응했다. 1980년대 중반에 이르자 '알타 모다(alta moda: 하이패션)' 억만장자들 중에도 엄선된 무리가 명사로서 추앙받기도 했다. 이들 중 자니 베르사체와 조르조 아르마니가 선두에 있었는데, 그들은 이탈리아 패션의 두 가지 양상을 대표했다. 아르마니는 클래식하고 절제된 스타일을 디자인했으며, 베르사체는 인체를 드러내는 육감적인 디자인을 시도했다.

아르마니는 니노 세루티에서 남성복 디자인으로 경력을 시작했다. 1975년 첫 단독 컬렉션은 부유한 고객을 위한 우아한 의상이라는 그의 지향점을 보여주었다. 아르마니의 디자인 컨셉트에서 중심이 되는 헐렁한 테일러드 재킷은 심지와 안감을 최대한 없애 부

249 비구축적인 재킷처럼 조르조 아르마니는 부드러운 선의 상하가 따로 된 세퍼레이츠에 최고급 울과 실크를 사용했다. 그는 침착한 색상의 줄무늬, 체크, 섬세한 질감의 직물을 좋아했다. 아르마니 상표는 빅 룩과 여성을 위한 남성적인 시티수트, 그리고 이 사진에 보이는 것처럼 둥근 목선의 단순한 실크 블라우스 위에 입은, 넓은 어깨의 재킷과 품이 넉넉한 굵은 체크의 개더스커트 등 여유 있고 목가적인 분위기의 앙상블을 연상시킨다.

드럽고 여유 있는 형태를 만들어냈다도249 . 자주 모방되는 드레이프가 있는 전형적인 아르마니 재킷은 어깨가 넓고 라펠이 길며, 허리나 허리 바로 아래에서 단추 하나로 여미게 되어 있다도250 . 세루티에서 일하면서 아르마니는 고급 소재에 대한 감각을 익혔다. 그는 텍스처가 독특한 울과 다른 원사로 직조된 혼방을 도입해 남성들이 짙은 회색과 검은색, 그리고 회색 일색으로 이루어진 도시용 슈트에서 벗어나 더 부드러운 브라운과 베이지를 착용할 수 있게 했다. 1980년에 영화 〈아메리칸 지골로 *American Gigolo*〉가 개봉되면서 리처드 기어(Richard Gere)가 아르마니의 매력을 전세계의 관객들에게 알렸다. 아르마니는 광고 트릭을 거부했으며, 변덕스런 10대 시장을 목표로 삼지 않았다. 1981년 출시한 엠포리오 아르마니 아울렛에서 판매하는 값이 좀 저렴한 상품들이 유일하게 젊

250 시티수트에 캐주얼하면서도 우아한 느낌을 가미한 조르조 아르마니는 젊은 중역들에게 인기 있었다. 1987-1988년 가을/겨울 컬렉션인 이 슈트는 도시의 품격을 갖추고 있으며 전통적인 뱅커스 줄무늬 직물을 사용했으나, 아르마니 특유의 길고 넓으며 곧장 내려오는 라펠(1930년대 분위기가 난다)이 편안한 느낌을 준다.

은이들을 대상으로 한 것이었다. 같은 시기에 아르마니 진을 생산했으며, 1년 후에는 아르마니 향수를 생산했다. 슈퍼모델을 내세우는 화려한 쇼의 분위기가 바이어들을 멀어지게 한다고 생각한 아르마니는 1983년에는 쇼 대신 정적인 디스플레이로 컬렉션을 소개하는 모험을 단행했다. 베르사체, 잔프랑코 페레(Gianfranco Ferre)와 함께 아르마니는 1980년대 중반 트렌드를 이끄는 최고의 선도자로서 남녀 공용 리넨 슈트를 유행시켰다.

자니 베르사체는 프리랜서 디자이너로 5년간 일한 후 여동생 도나텔라(Donatella), 남동생 산토(Santo)와 함께 사업을 시작했고, 1978년 첫 컬렉션을 개최했다. 그는 사교계의 인사들과 여배우들

251 1980년대 초 자니 베르사체는 재단을 하지 않고 단지 천을 꼬거나 몸에 둘러 묶는 등 긴 천을 즐겨 사용했다. 이 실험은 1981년 봄/여름 컬렉션 《럭스의 무관심 Nonchalance de Luxe》에서 최고조에 이르렀다. 부드럽게 감싸고 주름잡은 자유로운 형태는 인도와 파키스탄의 전통 의상에서 영향을 받은 반면, 브라운과 그린 색상은 지구와 식물의 천연 색상을 따랐다. 힙에 두른 좁은 스카프와 그 위에 태슬을 단 벨트가 디자인에 통일감을 주고 있다. 가죽, 실크, 면, 금사 같은 소재를 병치한 특징적인 베르사체 스타일이다.

을 사로잡은 섹시하고 현란한 이브닝 드레스로 곧 명성을 얻었으며, 매 시즌 대담하고 과시적인 디자인을 선보였다도251. 이러한 극적이고 때로는 저속하기까지 한 표현으로 인해 1980년대 가죽과 가벼운 모로 만든 중역 스타일 슈트 등 절제된 일상복 디자인이 가려졌다. 베르사체는 테크놀로지에 매료되었으며, 1980년대 초에는 주문 제작한 알루미늄 망사로 인체의 곡선에 밀착되게 드레이프를 잡아 반짝이는 이브닝 가운을 만드는 실험을 했다. 그는 솔기를 붙이는데 레이저의 사용 가능성을 연구했으며 CAD(computer-aided design)로 니트를 생산했다.

미소니는 대표적인 니트웨어를 계속 생산했다. 1970년대 초에

수요가 절정에 달했던 미소니의 디자인이 10년 후에는 클래식으로 인정받았으며, 그들의 연구와 개발은 신진 디자이너들에게 본보기가 되었다.

아르마니와 베르사체가 세련된 사람들을 위해 디자인했다면, 새로 등장한 프랑코 모스키노(Franco Moschino)는 하이패션을 비웃는 의상을 만들기 시작했다. 모스키노는 일러스트레이터로 시작했으며, 1983년 첫 컬렉션을 하기 전까지 이탈리아 의류회사 카데트(Cadette)에서 일했다. 그는 의상에 초현실주의 기법을 사용해 패션 산업의 정체를 폭로하는 뛰어난 재능을 보였다. 그는 패션의 희생양을 웃음거리로 만들었으며, 유명 상표를 비웃었다. 그의 강렬한 광고처럼 그의 익살도 항상 훌륭하게 고안되었으며, 그의 상표를 담고 있는 의상은 고가로 완벽하게 만들어졌다. 사업가였던

252 1983-1984 가을/겨울 미소니 디자인. 패턴, 텍스처, 그리고 무엇보다 색상을 배합하는 디자이너의 뛰어난 솜씨를 보여주는 이 컬렉션의 테마는 〈사냥꾼 인간 man the hunter〉이다. 중부 유럽 민속 의상에서 요소를 취한, 앤드로지너스 스타일에 가까운 커다란 디자인은 여러 겹으로 겹쳐 입어 당시의 유행과 일치한다. 안토니오(Antonio)의 일러스트레이션.

모스키노는 대부분의 의상에 자신의 이름을 넣었다도228 . 신선한 도전 정신으로 "이탈리아 패션의 악동"이라는 별명을 얻었으며, 점잖은 1980년대 패션계에 독특한 디자인을 추가했다.

모스키노의 건방지고 '솔직한' 의상과는 반대로 로메오 지글리(Romeo Gigli)의 디자인은 화려하고 낭만적이었고 역사적인 스타일을 미묘하게 반영했다. 건축가였던 지글리는 1983년 첫 컬렉션을 선보였다. 그의 색상은 유백광부터 깊고 풍부한 색상에 걸쳐 있었으며, 새로운 마무리 기법을 사용한 독특한 텍스처의 합성 소재와 천연 소재를 사용해 육감적인 형태의 의상을 만들었다. 부드러운 선을 대표하는 인물로 간주되는 지글리는 십자 형태로 드레이프를 잡은 비대칭 보디스와 단 쪽으로 내려가면서 좁아지는 누에고치 형태의 스커트로 구성된 하이웨이스트 의상을 보여주었다. 그의 의상은 1970년대 후반부터 등장하기 시작한 하드에지풍의 중역 스타일 룩을 대체할 수 있는 의상으로 젊은 전문직 여성들에게 제시되었다.

경쟁이 치열했던 1980년대 여성복에서 중역 룩에 해당하는 것이 '파워 드레싱(power dressing)' 이었다. 커다란 어깨의 전형적인 1980년대 스타일이 이탈리아와 미국에서 열렬한 환영을 받았다. 재킷은 더블브레스트가 많았으며, 직장에서 바지가 점차로 허용되었지만 스커트 슈트가 여전히 더 안전한 선택으로 간주되었다. 미국의 TV 드라마 〈댈러스 Dallas〉와 〈다이너스티 Dynasty〉는 화장을 짙게 하고 넓은 어깨의 의상을 입은 주도적인 여성을 유행시켰다.

때로는 소박하다는 비난을 받기도 했지만 미국 디자이너들은 점차 그 수가 증가하는 직장 여성들에게 어울리는 적절한 의상을 만드는 데에 자신감을 보였다. 이 디자이너들은 스타일에 변화를 주고 다른 옷과 쉽게 코디해서 입을 수 있는 견고하고 클래식한 의상을 만드는데 뛰어났다. 단품은 필수적이었으며, 실루엣과 스커트 길이, 그리고 소재에 변화를 주고 다양한 의상을 만들었다. 캘빈 클라인은 『더블유』지에서 재킷 3벌, 스웨터 3장, 스커트 2개, 원피스 1벌로 구성한 '직업인의 매력적인 의상' 에 관한 조언을 했는데, "권력과 힘을 가진 여성에게 품격과 스타일을 불어넣기 위해서는 고가의 캐시미어와 실크, 그리고 가죽 소재를 사용해야 한다"고

253 캘빈 클라인은 다용도로 입을 수 있는 클래식한 미니멀리즘을 선호했다. 세련되고 실용적이며 입기에 편한 그의 1980년대 의상들은 고급 소재로 만들었다. 커다란 폴로넥의 스웨터를 바지와 매치했으며, 평범한 캐멀 소재의 코트를 최신 감각의 넓은 어깨의 더블브레스트 코트로 탈바꿈시켜 자신감 넘치는 룩을 완성했다.

254 1970년대 말에서 1980년대까지 랠프 로런은 미국의 프레피 이미지와 영국 귀족의 편안한 룩을 선호했다. 그는 소박한 흰색 블라우스가 주는 효과를 좋아했으며, 이러한 블라우스와 고급 트위드, 울 니트 스웨터를 매치시켰다. 앞에 트임이 없는 페어아일 조끼와 한 벌의 카디건이 의자에 무심한 듯 걸려 있다. 기능적인 주름치마와 '고풍스런' 부츠가 특권층과 명문가의 이미지를 완성한다.

충고했다 도253. 그는 활동에 제한을 주지 않는 편안함과 우아함을 강조했으며, 룩을 완성하기 위해서는 건강한 유선형의 육체와 잘 차려입는 것이 필요하다고 했다. 미국의 한 패션 언론은 극적으로 연출하고 싶다면 일본이나 유럽의 수입품을 구매하라는 기사를 실었다.

랠프 로런과 캘빈 클라인은 자신들을 성공으로 이끌었던 디자인 공식을 고수했다. 항상 선의 순수성을 강조했던 클라인은 매 시즌 재단과 색상, 길이와 비례에서 약간씩 변화를 줄 뿐이었다. 그러나 1983년 봄/여름 컬렉션에서는 유럽적인 분위기를 살리기 위해 늘씬한 미국의 이미지를 포기했다. 간결하게 테일러링한 의상에는 허리가 쏙 들어가고 돌출하는 페플럼이 달았다. 그해 캘빈 클라인은 대성공을 거둔 속옷 라인을 출시했다. 여성용 속옷에도 남성용 속옷처럼 짧은 팬티와 눈에 띄게 상표를 넣은 고무 허리 밴드, 그리고 앞에 덮개가 있는 박서 팬티가 포함되었다. 성적인 암시를 담은 클라인의 남녀 속옷 광고가 논쟁을 불러일으켰으며, 상업적으로 큰 효과를 거두었다.

랠프 로런은 가장 잘 팔리는 영국 귀족 룩에 충실했지만, 그 범위를 미국의 아이비리그와 민속 의상으로 확장했다도254. 특히 뉴 멕시코에서 영감을 얻은 '새로운 서부(New West)' 스타일은 성공을 거두었다. "인디안 보호구역 스타일"로 알려진 이 스타일은 단 아래로 프릴이 달린 하얀 면 패티코트가 보이는 긴 영양가죽 스커트 위에 대담한 문양의 그 '산타페(Santa Fe)' 손뜨개를 입고 위에 벨트를 매는 식이었다. 성공을 표현할 수 있는 의상을 제시하고자 했던 로런은 1986년 뉴욕의 라인랜더 저택에 자리한 본점에 가정과 가족을 위한 스타일 전체를 패키지로 만들어 랠프 로런의 세계와 철학을 창조했다.

뉴욕에서 활동하던 두 여성 디자이너 다나 캐런과 노마 카말리(Norma Kamali)는 1980년대에 명성을 얻었다. 파슨스 디자인 학교에서 공부한 다나 캐런은 앤 클라인(Anne Klein)의 보조 디자이너로 일을 시작했으며, 1974년 앤 클라인이 사망하자 경영권을 인수했다. 디자인 파트너 루이스 데롤리오(Louis Dell'Olio)와 함께 뉴욕 스타일로 명성을 얻었다. 뉴욕 스타일은 사무실에서 이상적이고, 저녁에 입기에도 매력적인 믹스앤드매치 클래식이다. 캐런은 자신의 이름으로 1985년 첫 컬렉션을 내놓았다. 바쁜 직장 여성들이 무엇을 필요로 하는지를 잘 알고 있던 캐런은 실용성과 '대도시의 세련미'를 결합했다. 슈트를 감싸는 헐렁한 코트, 변형이 가능한 스카프 스커트, 말려 올라가지 않는 블라우스 보디수트 등이 대표적이었다. 쇼핑할 시간이 별로 없는 여성들에게 기본적인 검은색과 흰색, 그리고 중간색과 선택 가능한 밝은 색상으로 구성된 의상을 제안했다. "나의 컬렉션은 선택과 유연성을 기본으로 한다"고 말했던 캐런은 초기부터 머리에서 발끝까지의 액세서리를 포함시켰다.

노마 카말리의 디자인은 광대 같은 측면을 지녔으며, 좀더 젊은 감각을 표현했다. FIT를 졸업한 후 1968년 남편과 함께 뉴욕에서 부티크를 열었다. 1977년 이혼 직후 부티크 오엠오(OMO [On My Own])를 열었는데 콘크리트로 만든 인테리어와 독특한 윈도 디스플레이로 주목을 받았다. 이를 기반으로 유명 인사 고객을 사로잡은 외향적인 디자인을 판매했다. 그의 의상은 모험적이었다. 카말리는 뉴욕에서 최초로 핫팬츠를 생산했으며, 새털을 누빈 "침낭(sleeping bag)" 코트로 알려졌다. 1981년에는 존스 어패럴 그룹(Jones Apparel Group)을 위해 검은색, 회색, 핑크색, 강렬한 청색의 무난한 면 플리스 트랙수트를 디자인해 하이패션에 도입했다. 그는 어깨 패드를 넣고 페플럼을 단 커다란 곡선적인 상의와 함께 치어리더의 복장에서 영감을 얻은 짧은 주름의 라라 스커트(rah-

255 페리 엘리스는 레저웨어에 뛰어났는데 종종 재미있고 젊은 감각의 니트를 만들기 위해 대담하고 상징적이며 눈길을 사로잡는 이미지를 이용하곤 했다. 1985년 그는 하트퀸 카드를 이용해 경쾌한 분위기의 민소매 여름 니트를 만들었다. 약간 짧은 듯하고 밑으로 가면서 좁아지는 평범한 바지와 단순한 신발이 강렬한 그래픽 디자인에 관심을 집중시킨다.

256 노마 카말리는 하이패션이지만 실용적이며 활동에 편한 스포츠웨어를 만들었다. 1981년 봄 컬렉션 《땀 Sweats》은 자주 모방되었던 유명한 의상으로, 커다란 어깨 패드를 단 넓은 어깨, 로웨이스트의 작고 귀여운 페플럼 스커트, 그리고 무릎 아래 밴드로 조이는 주름잡은 넓은 바지 등 그의 전형적인 디자인을 보여준다. 흡습성이 좋은 플리스를 안쪽에 댄 면 니트는 스포츠에 종사하는 사람들에게 흔한 것이지만, 카말리는 트랙수트에 새로운 느낌을 가미했다.

rah skirt)나 넓은 가장자리 장식 천을 댄 무릎길이의 승마바지 형태의 레깅스를 매치했다 도256 . 이러한 디자인은 모방하기 쉽고 값도 저렴해 곧 번화가의 상점에서 대량생산된 예쁜 파스텔 색상의 제품이 판매되었는데, 가장 잘 팔렸던 것은 회색이었다. 이 활동적인 의상은 어깨에 자연스럽게 면 상의를 걸쳐 입고, 벨트를 매어 개성적으로 연출했다. 카말리의 레저 라인은 세련된 이브닝 가운과 도발적인 수영복 등 다른 의상들보다 큰 성공을 거두었다.

미국 패션계의 "미스터 팝(Mr Pop)"으로 알려진 페리 엘리스(Perry Alice)의 의상은 카말리처럼 젊은 감각을 지니고 있었다. 엘리스는 영업을 시작으로 패션계에 발을 들여놓았으며 1978년 첫 단독 컬렉션을 열었다. 그의 목표는 젊은 고객에게 호소할 수 있는 대담하고 독특한 디자인이었다. 그는 커다란 재킷과 바지, 그리고 넓은 스커트와 큰 스웨터로 명성을 얻었다. 타이트한 뷔스티에에서 두툼하고 긴 스웨터 드레스까지 니트가 중요한 역할을 했다 도255 . 엘리스는 니트 제품을 판매했으며, 1984년에는 소니아 들로네의 화려한 색상의 기하학적 회화와 디자인에서 영감을 얻은 니트 컬렉션으로 대성공을 거두었다. 그러나 1986년 이른 죽음으로 그의 짧은 경력은 마감되었다.

미국의 유명 디자이너들 외에도 뉴욕과 캘리포니아에는 대기업들이 가지는 재정적인 부담으로부터 자유롭게 활동하면서 전통을 타파하는 컨셉트와 노동집약적인 수공예 기술을 시도하는 소규모로 활동하는 디자이너들이 생겨났다. 뉴욕에서는 마크 제이콥스(Mark Jacobs)와 스티븐 스프라우즈(Stephen Sprouse)가 독창적이고 전통 타파적인 디자이너들의 선봉에 있었다. 캘리포니아는 세계적인 컬렉션 무대는 아니었지만, 샌프란시스코와 로스앤젤레스에는 레저웨어와 스포츠웨어를 특화한 제조업체들이 있어 중요한 의류 산업을 지탱하고 있었다. 제임스 갈라노스 같은 주도적인 하이 패션 디자이너와 에스프리(Esprit) 같은 창의적인 기성복 회사와 더불어 서부의 환경이 한정된 수의 의상과 액세서리를 제작하는 예술가, 공예가들에게 영감을 제공했다. 1970년대에 시작된 입을 수 있는 예술 운동(Wearable art movement)의 연장선상에서 가자보엔(Gazaboen)의 복잡한 다색 신발에서부터 이나 코젤(Ina Kozel)의 방염 실크 기모노에 이르기까지 독특한 의상을 판매했다. 미국 동부가 유럽의 패션 산업과 연계를 형성했다면, 태평양 연안의 캘리포니아는 도쿄/홍콩 문화축을 활용했다. 세계 경제는 1987년 10월 19일 월요일 주식시장의 붕괴로 동요되었다. 이것은 패션계에도 경제적인 침체를 가져왔으며, 패션 디자인에도 중요한 스타일의 변화를 가져왔다.

1990년대 초반의 침체기 동안 1980년대를 특징짓는 과시적 소비에 대한 반동이 생겨났다. '디자이너'라는 단어는 1990년대 건방진 모든 것들을 요약하는 말로 멸시적으로 사용되기 시작했다. 사교 행사는 점점 더 위축되었고, 경제 악화로 인해 지출 가능한 수입이 줄어들면서 하이패션 판매는 감소했다. 걸프 전(戰)으로 인해 아랍 연방 국가들과의 흑자 무역이 중단되었으며, 면세점의 향수 판매 감소가 감소되었다. 1960년대 말의 위기 때처럼 패션 디자인은 환경과 정신적인 것에 대한 관심을 반영하기 시작했고, 많은 디자이너들이 세계 패션 트렌드의 영향을 받지 않는 지역에서 영감을 구했다. 패션계에서는 '진품'이 새로운 통용어가 되었으며, 하위문화 스타일과 에스닉 의상이 패션계에서 큰 영향력을 행사했다.

디자이너들의 패션쇼로부터 주류 패션으로 스타일이 하향 전파된다는 통념이 오랫동안 받아들여졌지만, 수년 동안 그 반대 현상이 뚜렷이 증가했다. '스트리트'의 여파는 이미 1970, 1980년대에 하이패션에 뚜렷이 나타났으나 1990년대 초반 컬렉션은 하위문화와 과거, 그리고 현재를 절충한 스타일로 활기를 더했다. 돌체 앤드 가바나(Dolce & Gabbana)의 히피 스타일, 샤넬을 위한 칼 라거펠트의 B-보이(B-Boy)와 서프(Surf), 리파트 오즈벡의 라스타(Rasta), 캘빈 클라인의 라가(Ragga), 폴 스미스의 테디 보이(Teddy Boys)와 모즈(Mods), 그리고 장-폴 고티에의 혼합된 에스닉-하위문화 혼성 스타일 등이 등장했다도257. 문신, 얼굴과 보디 피어싱 역시 주류 패션의 일부가 되었다.

1990년대 초 펑크와 히피 스타일이 그런지 룩(Grunge look)으로 혼합되었다. 그런지는 색상이 화려하고 단정치 못한 스타일로, 집에서 만들거나 주문 제작했으며, 혹은 중고 의류를 입기도 했는데, 여러 겹을 겹쳐 입고 남녀 모두 투박한 군화를 착용했다. 이 룩

257 장-폴 고티에의 1991년 봄/여름 컬렉션 일러스트레이션. 고티에는 의복의 성 구별에 대한 전통적인 관념에 끊임없이 저항했다. 하위문화 로커와 도시의 테일러링, 그리고 민속 의상에서 영향을 받은 남녀 의상 디자인의 유사성을 주목하라.

Jean Paul
GAULTIER

은 시애틀의 팝 그룹 너바나(Nirvana)와 펄 잼(Pearl Jam)에 그 기원을 두는데, 여러 면에서 1980년대의 '진취적인' 사회에 대한 반동이라 할 수 있다. 그런지 스타일은 특히 미국에서 위세를 떨쳤는데, 애너 수이(Anna Sui)와 마크 제이콥스는 젊은이들을 겨냥해 디자인했으며, 다나 캐런과 랠프 로런은 좀더 클래식하게 반영했다. 자유분방한 아름다움의 본고장인 영국의 스트리트 패션과 패션 업체들은 그런지 스타일을 뉴에이지 방랑자(New Age Traveller) 의상과 혼합했다. 정장이 필요한 라이프스타일을 지녔으며, 중고품

258 무용의상과 고전적인 의상에서
영향을 받은 로메오 지글리의
1989-1990년 가을/겨울을 위한
육감적인 드레스. 인체를 감싸는
비대칭 보디스와 유동적인 스커트로
구성되어 있다.

259 캘빈 클라인의 1993년 봄/여름
의상. 클라인은 1980년대 파워 드레싱과
상반되는 고급 앤티패션 브랜드를
출시했다. 케이트 모스는 헝클어진
머리에 스카프를 하고 화장기 없는
얼굴로 그런지 스타일을 표현했다.
그러나 상업적인 재능이 뛰어난
클라인은 당시 유행하는 비치는
유동적인 소재로 입기 편한
세퍼레이츠를 만들었다.

가게 스타일 의상에 하이패션 가격을 지불하지 않으려는 하이패션
소비자들에게 이러한 스타일은 당연히 성공적이지 못했다.

　　비서구 의상의 전통에 대한 해석은 1990년대 다양한 양상으로
나타났다. 중국과 일본의 전통 의상은 발렌티노, 알렉산더 매퀸
(Alexander McQueen), 존 갈리아노의 재단과 장식에 영향을 주었
다. 베르사체는 사리(sari)를 받아들였으며, 로메오 지글리는 발레
뤼스처럼 동양적인 환상을 창조했으며 도258 , 리파트 오즈벡은 고
향 터키의 드레스를 로맨틱하게 해석했다. 1990년대 중반부터 몇
몇 디자이너들은 긴 셔츠와 발목에 주름을 잡은 바지로 이루어진
샬와르 카미즈(shalwar kameez)라고 하는, 파키스탄의 전통 의상

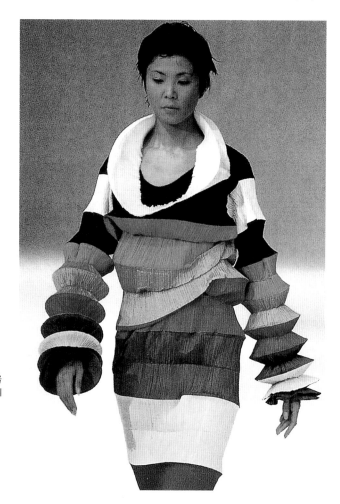

260 이세이 미야케의 1994년
봄/여름 의상. 1993년 소개되어 성공을
거둔 가볍고 기계 세탁이 가능한 구김이
안 가는 폴리에스테르 《플리츠 플리즈
Pleats Please》 라인은 여행에
적합하다. 친숙한 서구 의상의 형태를
띠고 있지만 이 실린더 형태의 의상은
인체를 감싸며 앞뒤의 구별이 없다.
밝은 무지개 색상으로 종이 등(燈)과
종이접기를 연상시킨다.

261 1990년 봄/여름을 위해 리파트 오즈벡이 선보인 전면적으로 흰색으로 이루어진 《뉴에이지 New Age》 컬렉션. 터키취미(Tturquerie)와 클럽, 그리고 스트리트와 스포츠웨어의 영향을 보여준다.

262 1996년 봄/여름 슈린 길드의 의상. 이란 전통 남성복의 재단에서 영향을 받은 디자인으로 고급 영국제 소재를 사용해 에스닉 미니멀 룩을 선보였다. 브라운 색상의 쿠르드족의 전통 바지와 네모난 조끼, 그리고 연한 파란색 면 셔츠로 된 이 의상은 날씨가 궂은 여름날을 위한 모던한 도시용 슈트이다.

을 응용한 의상을 만들었다. 여러 분야의 문화평론가들이 서구에서 독특한 에스닉 의상을 마케팅하는 것은 비서구권 문화를 단지 최신 유행 스타일로 축소하는 행위라고 비평했다. 그러나 몇몇 디자이너들, 특히 이세이 미야케도260, 이란 태생의 슈린 길드(Shrin Guild)도262, 그리고 인도 태생의 디자이너 아샤 사라바이(Asha Sarabhai)는 자신의 문화적 전통이 담긴 의상을 단순함의 미학으로 재해석해서 모방이나 향수를 피하고자 했으며, 결과적으로 여러 측면에서 문화를 초월하는 현대적이고 기능적인 의상을 만들어 냈다.

1990년대 격식에서 벗어나는 분위기에 호응한 많은 남성들이 어깨가 넓고 각진 '파워 수트'를 버리고 비스듬한 어깨에 길고 날씬하며 부드럽고 섬세한 테일러드 의상을 택했다. 언론에서는 이들을 "새로운 남성들(new men)"이라고 부르면서 감각적이고 온화한 모습으로 그렸다. 싱글브레스트 재킷이 대부분이었으며, 격식에 얽매이지 않는 네루 스타일이 유행했다. 영국에서는 패션을 의식하는 젊은이들 사이에서 맞춤 슈트의 수요가 증가하면서 최신 테일러들이 맞춤복 판매에 들어갔다. 반대로 미국에서는 직장에서 '편안한 복장'의 날이 생겨나는 등 일부 회사들이 '편안한 복장' 정책을 채택하면서 산뜻한 캐주얼웨어가 슈트를 대체하게 되었다.

1990년 리파트 오즈벡의 흰색으로 구성한 《뉴에이지 New Age》 컬렉션은 정신적인 자각에 대한 열망을 대변했다도261. 다른 디자이너들은 환경 문제를 다루었다. 캐서린 햄닛은 환경친화적 소재와 제조 과정을 채택했으며, 1992년 헬렌 스토리(Helen Storey)는 하이패션에 재활용을 도입했다. 《두 번째 삶 Second Life》 컬렉션을 위해 스토리는 중고 옷을 주문 제작하고 자신의 절충적인 디자인을 옆에 진열, 판매했다. 천연 섬유와 자연에서 영감을 얻은 텍스타일 디자인은 1990년대에 인기가 있었으며, 텍스타일에 한해 재배가 허용된 아마가 디자이너들에게 새로운 옷감과 실을 공급해주었다. 코르크 창의 버켄스톡(Birkenstock) 샌들, 두툼한 부츠, 가죽 대체 소재로 만든 다양한 스타일 등 편안하고 튼튼한 신발이 에코패션(eco-fashion)에서 중요한 요소가 되었다. 이러한 트렌드를 따라 화장품 산업도 천연 제품과 '식물성' 제품을 개발했다.

지구 문제에 대한 관심과 함께 개인적인 안녕과 안전에 대한 걱정이 생겨났다. 이탈리아의 슈페르가 사(社)는 공해 차단 마스크

가 달리고 산성비 보호 기능이 있으며, 적외선 야간투시 장치가 달린 방탄 의상을 만들었다. 파리에서 활동하는 개념적인 디자이너 루시 오르타(Lucy Orta)는 세계 분쟁과 피폐된 도시 삶을 표현했다. 1992년에 소개된 구호용 의상 중에는 텐트와 침낭으로도 사용할 수 있는 다기능의 생존 의상이 있었다.

1990년대 초부터 압력 단체가 주도하고 유명 인사들이 지지했던 모피반대운동은 많은 디자이너들이 컬렉션에 진짜 가죽을 사용하자 지지 기반을 위협받았다. 인조 모피가 여전히 인기 있었지만 모피를 강력하게 반대하던 사람들은 모피와 유사한 인조 모피 역시 금지해야 한다고 주장했다. 왜냐하면 이러한 인조 모피가 진짜 모피에 대한 욕망을 불러일으키기 때문이었다. 비난에 대응해 모피업계는 합성 모피는 불이 붙기 쉽고 미생물에 분해되지 않으며 진짜 모피처럼 따뜻하지 않다고 지적했다. 물의를 일으키지 않는 현대적인 퀼트와 패딩 외투가 겨울철에 유행했다.

1990년대 초부터 중반까지 기술적 진보와 미래에 대한 관심이 사이버 패션(cyber fashion)을 출현시켰다. 펑크, 공상과학 소설, 가상현실, 〈매드 맥스 *Mad Max*〉(1979, 1981, 1985) 같은 컬트 영화와 새로운 장르인 성인 만화의 등장인물에서 영향을 받았다. 산업적이고 미래지향적인 의상에는 특히 네오프린(neoprene), 폴라 플리스(polar fleece)와 극세사(micro-fibres) 같이 전에는 전혀 사용한 적이 없었던 소재가 사용되었다. 사이버 패션은 고무, PVC, 페티시즘적인 가죽과 전문 스포츠 의상과 신발 등에서 영감을 얻었다. 이러한 소재와 스타일이 주류 패션과 하이패션에도 등장하게 되었다.

1990년대 가장 중요한 패션 현상 중 하나가 활발한 슈퍼모델의 홍보였다. 린다 에번젤리스타, 크리스티 털링턴, 신디 크로퍼드 도264, 클라우디아 시퍼 도263, 나오미 캠벨, 케이트 모스 도259, 스텔라 테넌트와 아너 프레이저의 유명세는 영화배우와 팝스타에 견줄 정도였고, 이들의 유명세로 인해 일반인의 관심이 하이패션에 쏟아졌다. 그러나 1990년대 초부터 중반까지 바싹 마른 모델에 대한 인기가 섭식장애를 불러일으킨다고 해서 패션 산업이 비판의 대상이 되었다. 사진에 등장하는 모델의 깡마른 몸매가 약물 복용을 부추긴다는 비난도 받았다. 1997, 1998년 패션계에 등장한 어린 모

263 1992년 펜디. 모피와 여행 가방으로 알려진 펜디는 1977년 기성복 컬렉션을 시작했으며, 장갑, 타이, 문구류, 진, 가구, 향수와 주니어 라인으로 1980년대에 성장했다. 클라우디아 시퍼가 1950년대 분위기의 세련된 여름용 투피스 앙상블을 입고 있다.

264 1992년 봄/여름 돌체 앤드 가바나 의상을 입은 신디 크로퍼드. 20세기 패션과 순수 미술에 등장한 경향 중 하나가 텍스트의 도입이다. 풍자적인 태도로 유명한 디자이너 돌체와 가바나 듀오는 콜라주 미학을 활용해 디자이너의 이름과 로맨틱한 문구에 대한 물신숭배 패션을 활용했다.

델들은 또 다른 걱정을 불러일으켰다.

20세기 말 패션은 자본집약적인 산업이 아니라 노동집약적 산업으로 남아 있다. 패션 시장의 한 축을 이루는 최고급 쿠튀리에는 가장 정제되고 섬세하면서 시간이 많이 소요되는 수공에 기술을 요한다. CAD, CAM 같은 기술 발전은 주로 대량생산과 대규모의 디자이너 산업에 혜택을 주었다. 그러나 대량 주문도 소규모 제조업체와 외부 노동자들에게 하청 생산되면서, 이들 역시 변덕스럽기로 악명 높은 패션 산업계에 값싸고 유동적인 생산 자원을 공급해주고 있다. 20세기 초 이래 법규가 개선되기는 했지만 경쟁이 심한 패션, 의류 산업은 20세기 말에도 여전히 취약한 노동력 착취에 의해 지탱되고 있다.

침체기의 소비자들은 분별력이 생겼으며, 가격을 불문하고 좋은 품질의 투자가치가 있는 상품이 잘 팔려나갔다. 1990년 쿠튀르 드레스는 스포츠카 정도의 가격이며 테일러드 수트는 콩코드 비행기로 대서양을 횡단하는 운임에 이를 정도이지만, 일부 여성들은 여전히 고급스럽고 유명한 의상을 원했다. 1990년대 초 오트쿠튀르의 고객 수는 어느 때보다도 적은 2천여 명에 불과했다. 그럼에

265 사진작가 피터 린드버그가 촬영한 1996년 조르조 아르마니 남성복 사진. 아르마니는 1980년대의 스타일로부터 편안한 1990년대의 룩으로 전환시켰다. 선글라스를 쓴 모델은 색상과 소재의 텍스처 면에서 미묘한 대비를 이루는 부드럽게 테일러링한 세퍼레이츠를 입고 있다. 너무 튀지 않게 스카프를 매치하고 있다.

266, 267 1994년 봄/여름 돌체 앤드 가바나 남성복. 이 디자이너 듀오는 남성의 여성적인 면과 여성의 남성적인 면을 표현하고 싶다고 말했다. 사롱, 골이 진 흰색 조끼, 리넨 니트웨어와 무늬 있는 리넨을 여러 겹 겹쳐 입은 (턱이 없는 셔츠 위에 조끼를 겹쳐 입은) 이 컬렉션에서 모델은 맨발이나 성서에 나오는 스타일의 샌들을 신고 등장했다. D&G는 답을 찾기 위해 자신의 내부를 성찰하는 영혼의 방랑자로 묘사되는 "새로운 남성들"을 위해 디자인했다.

도 불구하고 유명 인사들이 주요 행사에 특정 디자이너를 홍보하는 의상을 입고 나타남으로써 쿠튀르 산업은 유지되었다.

　　자니 베르사체는 성도착적이고 동성애적인 성향의 패션과 광고 캠페인이 막대한 영향력을 과시하면서, 세계에서 가장 부유하고 멋진 남녀의 의상을 만드는 디자이너로서의 위치를 고수했다. 베르사체는 1997년 7월 마이애미 저택 밖에서 피살되었고, 여동생 도나텔라가 디자인 왕국을 이어받았다. 그보다 3년 전 모스키노가 사망했다. 타계하기 1년 전인 1993년 밀라노에서 열린 회고전 《혼돈의 10년 Ten Years of Chaos》은 재기 발랄한 10년간의 의상을 전시했다 도265. 조르조 아르마니는 절제되고 멋진 디자인으로 명성을 지속했다 도265. 돌체 앤드 가바나는 매혹적이고 섹시한 디자인으로 밀라노 패션에 활력을 불어넣었다. 그들은 하위문화 스타일과 종교 의상뿐만 아니라 남부 이탈리아의 관능적인 로맨스, 그리고 로베르토 로셀리니와 루치노 비스콘티가 감독한 영화의 이미지에서도 영향을 받았다. 1994년 봄/여름 남성복 컬렉션은 힌두교(Hare Krishma)도에게 경의를 표하며 사롱과 함께 흰색 면내의를 선보였다 도266, 267.

268 드리스 반 노텐의 1997년 봄/여름 컬렉션. 1990년대 말 패션은 전세계에서 영감을 구했으며, 아시아 스타일이 반 노텐의 디자인에 영향을 주었다. 쇼에 등장한 여러 인종의 모델은 검소한 재킷, 셔츠, 화려한 장식의 소매 없는 톱, 비치는 소재로 만든 스커트를 입고 있으며, 많은 모델이 바지 위에 스커트를 입고 있는데, 이것은 살와르 카미즈를 연상시킨다.

화려한 색상과 기하학적 문양의 미소니 니트는 1990년대 말 다시 한번 최고의 패션 뉴스가 되었다.

1990년대 초부터 파리에는 안트베르펜 왕립미술학교에서 교육받은 벨기에 출신의 신진 디자이너 등 유능한 디자이너들이 세계 각국에서 몰려들었다. 가장 잘 알려진 사람은 마르탱 마르길라 (Martin Margiela)로, 1984년부터 1987년까지 장-폴 고티에의 보조 디자이너로 일했고 1988년과 1989년 봄/여름 컬렉션을 파리에서 처음으로 개최했다. 마르길라는 단정한 테일러링과 섬세한 끝마무리에 소매가 찢겨져 나간 것처럼 보이는 의상과 말려 올라가는 끝 처리, 솔기와 안감의 노출 등 일부러 흐트러뜨린 룩을 결합했다. 앤 데뮐리미스터(Ann Demeulemeester)는 1992년 파리에 등장하면서

마르길라처럼 단색조를 선호했다. 그의 겹쳐지고 흐르는 듯한 의상은 최고급 소재로 만들었으며, 독특한 텍스처와 오래된 분위기를 낸 것도 있었다. 1986년부터 창의적인 남성복으로 알려진 더크 비켐베르크(Dirk Bikkembergs)는 1995년 겨울 유니섹스 의상 컬렉션을 발표하면서 융통성 있는 디자인을 강조했다. 드리스 반 노텐(Dries van Noten)은 에스닉한 도시 의상을 선보인 남성복과 여성복 컬렉션으로 명성을 얻었다도268.

오스트리아 디자이너 헬무트 랭(Helmut Lang)은 1986년부터 1998년까지 파리에서 여성복쇼를 개최했으며, 1987년부터는 남성

269 1993-1994년 가을/겨울 비비언 웨스트우드의 《앵글로매니아 *Anglomania*》 컬렉션. 무정부주의적인 펑크에서 고급 쿠튀르까지 웨스트우드는 타탄 소재를 광범위하게 이용했으며, 1990년대 수공예적인 전통 소재를 유행시켰다. 린다 에번젤리스타가 대조되는 타탄 셔츠와 타이, 그리고 미니 킬트 폴로네즈 스커트와 함께 타탄 모헤어 재킷을 입고 있다. 마름모 무늬 스타킹과 웨스트우드의 악명 높은 검은색 에나멜 가죽으로 만든 플랫폼 신발이 이 의상을 완성하고 있다.

270 1995-1996년 가을/겨울 알렉산더 매퀸. 관목과 고사리 덤불 속에서 진행된 《하일랜드 약탈》 컬렉션은 비치고 찢겨서 약탈당한 듯 보이는 의상을 선보였으며, 그 중 많은 것이 타탄 소재였다. 이 쇼는 스코틀랜드 개척지에서 영국이 자행한 약탈에 대한 디자이너의 견해를 피력하고 있으나 여성의 겁탈과 관련된 것으로 이해하는 많은 비평가들에 의해 잘못 해석되기도 했다.

271 런던의 보러 과일 시장의 노동자 계층을 배경으로 열렸던 알렉산더 매퀸의 1997년 가을/겨울 컬렉션 《정글이 이곳에 It's a Jungle Out There》은 굽은 양의 뿔로 강조한 인체를 드러내는 가죽 의상을 입은 모델을 동물의 본성을 지닌 무사로 표현했다.

복 컬렉션을 포함시켰다. 스스로 "영향을 안 받은 패션(non-referential fashion)"이라 부르는 그의 의상은 차분하고 우아한 디자인이면서도 아주 현대적이다. 또 다른 모더니스트 질 샌더(Jil Sander)는 1993년 파리에서 세련된 테일러드 의상을 선보이기 전에 이미 독일에서 남성복과 여성복, 안경, 향수와 화장품 사업을 국제적으로 전개하고 있었다.

비비언 웨스트우드는 영국의 의복 전통과 역사적인 스타일을 불손함, 세련미와 결합해 재해석했다 도 269 . 데미쿠튀르(demi-couture)라고 표현되는 그의 최고급 골드 레이블(Gold Label)은 1982년 이래로 파리에서 발표하며 오트쿠튀르 수준에 상당하는 개인별 서비스를 제공하고 있다. 확장 라인인 기성복 레드 레이블(Red Label)은 런던에서 발표하고 있다. 1970년대부터 성공을 거둔 디자인을 좀더 싼값에 제공하는 앵글로매니아(Anglomania) 레이블은 1998년 3월 밀라노에서 소개되었다. 1986년 봄/여름《미니크리놀린 Mini-Crini》컬렉션의 일부로 소개된 유명한 플랫폼 창 신발은 사실상 패션쇼를 조롱하는 것과 다름없었지만 1990년대 신발 패션에서 주요한 역할을 하게 되었다도269.

1990년대 중반부터 전통 있는 의상실들을 활성화하기 위해 신진 디자이너들을 영입한 베르나르 아르노의 현명한 정책과 경제 성장 덕택에 쿠튀르 판매는 증가했다. 1996년 아르노는 존 갈리아노를 지방시의 예술 감독으로 영입해 환상적인 패션으로 새로운 젊은 고객을 사로잡았다. 다음 해 아르노는 이 영국 디자이너의 여성스럽고 로맨틱한 디자인이 디오르 의상실 설립자의 디자인 정신을 이어받은 것임을 알고 갈리아노를 디오르로 옮겼다. 숙고 끝에 아르노는 1990년대 영국 패션의 개척자 알렉산더 매퀸을 지방시의 갈리아노 자리에 임명했다.

자신의 레이블을 설립하기 전 매퀸은 센트럴세인트마틴스 미술디자인 대학에서 공부했으며, 패션 업계에서 로메오 지글리와 고지 다쓰노(Koji Tatsuno)에서 일했으며, 새빌 로의 양복점 앤더슨 앤드 셰퍼드와 기브스 앤드 호크스(Gieves & Hawkes)에서 경력을

272 1998년 봄/여름 클로에. 1960년대 말, 1970년대 초의 유동적인 의상과 세련된 룩을 잘 결합한 클로에의 전성기 의상에 경의를 표한 스텔라 매카트니는 1990년대 말 패션에 오트 보헤미아 분위기를 표현했다. 이 모델은 코르셋 탑 안에 앞을 풀어헤친, 몸에 맞는 셔츠를 입고 타이트한 스커트의 단추를 풀어놓아 도발적인 모습을 연출했다.

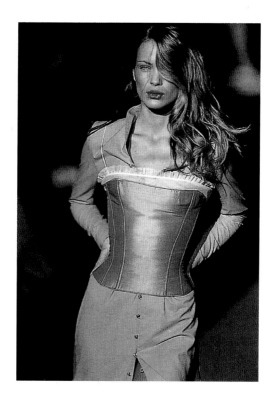

쌓았다. 1993년 2월 매퀸의 첫 상업 컬렉션은 런던의 리츠 호텔에서 정적인 형식으로 진행되었다. 영화 〈택시운전사 *Taxi Driver*〉의 스틸 사진을 새틴 프록 코트와 서큘러 스커트에 프린트했으며, 4피트나 되는 소매가 달린 검은색 시폰 셔츠와 같이 매치했다. 처음부터 매퀸은 그의 뛰어난 테일러링 기술과 독창적이고 때로는 충격적인 패션에 대한 이상을 보여주었다. 18세기 스코틀랜드 하일랜드의 개척에 대해 표현한 1995-1996년 가을/겨울 《하일랜드 약탈 *Highland Rape*》 컬렉션에서는 찢겨진 보디스와 T자로 연결된 체인으로 스커트의 앞뒤를 연결하는 의상을 선보였다도270. 엉덩이가 노출될 정도로 뒤를 깊이 판 '범스터(bumster)' 바지, 대담한 프록 코트, 밀리터리 스타일 코트, 레이스 드레스와 삐죽 나온 초승달 모양으로 어깨를 만든 테일러드 재킷이 그의 가장 강렬하고 여성스런 스타일을 대표한다.

매퀸은 지방시를 위한 첫 오트쿠튀르 컬렉션을 1997년 1월 발표했다. 그리스 신화에서 영향을 받은 이 컬렉션은 시폰으로 된 여신의 드레스와 광택 나는 금색 가죽으로 만든 검투사의 의상을 선보였다도271. 그 후의 컬렉션에는 PVC, 레이스, 가죽으로 만든 몸에 밀착되는 의상과 염색한 뱀가죽으로 만든 긴 길이의 코트가 등장했다. 매퀸은 매 시즌 다섯 개의 컬렉션을 선보이고 있다. 오트쿠튀르, 기성복, 그리고 지방시를 위한 프리컬렉션(pre-collection)과 런던에서 열리는 자신의 남성복과 여성복 레이블이 그것이다. 각 컬렉션마다 독특한 창조성과 기술, 그리고 상업적 매력을 성공적으로 결합하고 있다.

다른 최고 의상실들도 영국의 미술학교에서 교육받은 디자이너를 기용했다. 샤넬 의상실은 런던 왕립미술학교에 재학 중이던 줄리언 맥도널드(Julien MacDonald)를 니트웨어 디자이너로 기용했다. 맥도널드는 졸업 후 자신의 독창적인 얇은 니트 라인을 출시했다. 역시 왕립 미술학교에서 공부한 아일랜드 태생의 모자 디자이너 필립 트리시(Philip Treacy)는 자신의 맞춤 라인과 확장 라인 외에 샤넬과 지방시를 위해 디자인했다. 그의 혁신적이고 멋진 작품들이 1990년대 모자 착용에 활기를 되찾았다. 1997년 클로에 의상실은 세인트마틴스 미술학교를 졸업한 폴 매카트니와 린다 매카트니의 딸 스텔라 매카트니(Stella McCartney)를 새 디자이너로 영입했다. 매카트니의 로맨틱하고 유동적인 디자인은 현대적이면서도, 클로에 의상실 스타일과 완벽하게 조화를 이루었다도272 . 알렉산더 매퀸과 줄리언 맥도널드는 1998년 자신의 브랜드를 출시한 도예가 출신의 다이 리스(Dai Rees)의 조형적이고 현대적이면서 때로는 공격적인 액세서리와 모자를 컬렉션에 등장시켰다. 마이클 커스(Michael Kors)는 셀린(Céline)에서, 나르시소 로드리게스(Narciso Rodriguez)가 로에베(Loewe)에서, 앨버 엘바즈(Alber Elbaz)는 기 라로슈와 1999년부터는 이브 생 로랑에서, 피터 스펠리오풀러스(Peter Speliopoulos)는 세루티에서, 그리고 마크 제이콥스는 루이 뷔통에서 디자인하는 등 미국 디자이너들 역시 파리에서 대단한 활약을 보였다.

273 그랜드 푸바(Grand Puba), 쿨리오(Coolio)와 스눕 도기 스눕 (Snoop Doggy Snoop) 등 인기 래퍼에 대한 후원은 토미 힐피거의 스포츠웨어 홍보에 효과적이었다. 스트리트를 활용해 그의 클래식 디자인을 위한 넓은 시장을 확보했다. 토미 힐피거의 이름을 새겨 넣은 의상을 입고 묵직한 금 장신구를 단 B-보이스가 광고에 등장한 모습이다.

274 1994년 봄/여름 DKNY. 신축성이 있는 편안한 소재로 만든
스포츠웨어 스타일과 트레이닝 신발은 1990년대 모든 가격대에서
인기 있는 레저웨어 품목이었다. 확장 라인 DKNY를 위해 다나 캐런은
미국 야구복을 활용해 옆 패널을 어두운 색상으로 처리하고 자신의
특징인 반월형으로 깊이 파인 목선에 지퍼가 있는 드레스를 만들었다.

275 1992-1993 가을/겨울 아이작 미즈라이. 1987년 자신의 회사를
설립하기 전 미즈라이는 강렬한 형태와 고급 소재, 그리고 클래식한
가죽 재킷에 포켓이면서 스냅이 달린 백이기도 한 시각적인 유머를 지닌
기능적인 디자인으로 명성을 얻었다.

최신 쿠튀르가 많이 알려졌지만 1990년대 중반에는 쿠튀르와는 관련이 적은 기성복 컬렉션의 라이선스가 더 많이 이루어진다. 따라서 1980년대에는 홍보가 많이 되지 않은 저렴한 라인이 패션쇼에 등장했다. 미국 패션 산업은 시장 변화에 재빨리 대응하며 확장 라인과 기존 라인을 상황에 따라 전개하는데 성공적이었다. 랠프 로런은 20개 이상의 의복 라인을 소유했으며, 주로 정장과 레저웨어에 주력했던 DKNY는 격식을 갖춘 정장까지 확대 생산하고 있으며, 캘빈 클라인은 젊고 미니멀한 스포츠 디자인과 향수에 성공하는 동시에 호화로운 패션을 구입하는 왕실의 고객도 보유하고 있다. 토미 힐피거(Tommy Hilfiger)의 깔끔한 스포츠웨어는 도시의 10대 갱들에 의해 앤티패션의 지위를 얻었다도273 . 1994년 힐피거는 테일러드 남성복을 소개했으며, 그후 1996년 토미(Tommy), 1997년 토미 걸(Tommy Girl) 향수를 출시했다.

액세서리는 1990년대 내내 최고의 패션 뉴스로 장식했는데, 특히 가방이 중요해졌다. 오랜 전통의 회사들은 전문 디자이너들을 영입해 이미지를 쇄신했고, 패션 디자이너들은 자신의 브랜드를 출시했다. 가방 디자인은 의상으로 영역을 확장했는데, 특히 1992-1993년 가을/겨울 컬렉션에서 아이작 미즈라히(Isaac Mizrahi)는 스냅 잠금 장치가 달린 백을 가죽 재킷의 앞주머니에 부착해 주목을 받았다도275 . 샤넬은 누빈 백을 벨트에 매달았으며, 존 리치먼드(John Richmond)는 단추달린 포켓이 앞 양쪽에 대칭으로 줄지어 10개 이상 달려 있는 승마복 스타일의 재킷을 발표했다.

이탈리아 디자이너 미우차 프라다(Miuccia Prada)는 1913년 설립되어 가죽 제품으로 알려진 프라다(Prada)를 날씬하고 절제된 의상과 미니멀한 나일론 가방과 룩색으로 전환했다. 프라다는 1990년대 절제된 액세서리로 명성을 얻었다. 미국 패션 디자이너 톰 포드(Tom Ford)는 구치(Gucci)에 현대성을 가미하면서 구치의 인기를 되살렸다. 반면 창의적인 마르탱 마르길라는 에르메스의 디자이너로 영입되었고, 마크 제이콥스는 루이 뷔통의 백과 여행용 가방에 새로운 활기를 불어넣었으며 의복 라인도 도입했다. 아이작 미즈라히, 리처드 타일러(Richard Tyler), 앤 데뮐리미스터와 헬무트 랭은 1998년 자신의 가방 브랜드를 출시해 가방을 패션 유행에 합류시켰다.

276 1996년 룰루 기네스의 〈꽃바구니 *Florist's basket*〉 핸드백. 빨간색 벨벳 장미를 장식하고 검은색 실크 새틴으로 만든 독특하고 세련된 디자인이 특별한 행사용 작은 백을 유행시켰다.

20세기가 진행되면서 여성들의 변화하는 요구를 수용해 핸드
백의 크기가 커졌지만, 1990년대 많은 디자이너들이 특별한 행사
를 위한 작은 백을 만들었다. 이러한 제품을 만들었던 미국 디자이
너 주디스 레이버(Judith Leiber)는 파충류와 타조가죽으로 만든 이
국적인 주간용 백과 모조 다이아몬드인 라인스톤으로 장식한 '미
노디에르(minaudière, 여성용의 금속제 소형 화장품통*)' 스타일의 섬
세한 이브닝 백으로 명성을 얻었다. 이탈리아의 에마누엘레 판타넬
라(Emanuele Pantanella)는 고급 나무를 이용한 세련된 수제 이브
닝 백을 만들었으며, 런던에서 활동하는 룰루 기네스(Lulu
Guinness)는 꽃바구니형 가방을 만들었다도276 .

20세기의 마지막 10년 동안 패션 자체 내의 요소가 부흥을 이
끌었다. 1990년대 초에는 1960년대 말, 1970년대 초 스타일이 영감
으로 작용했으며, 1990년대 중반 무렵에는 1980년대 패션이 부활
하면서 어깨를 강조한 스타일이 절제된 테일러링과 함께 현대적인
매력을 자아냈다. 패션이 다원화되기는 했지만, 국제적인 패션쇼에
서 재단, 색상, 옷감, 장식은 뚜렷한 계절별 트렌드를 보여주었으
며, 언론은 이러한 트렌드를 유행 테마로 보도했다.

1998-1999년 가을/겨울 컬렉션의 핵심적인 스타일은 깔끔하
게 재단한 미니멀한 의상, 중간색 중에서도 특히 회색을 사용한 현
대적이고 조형적인 디자인, 그리고 완전히 대조되는 밝은 색상의
유동적인 보헤미안 스타일이었다. 이 세 가지 스타일 모두 최고급
스웨이드와 가죽, 캐시미어, 진짜와 인조 모피, 이국적인 깃털, 수
제 펠트 울, 그리고 자수를 놓고 구슬을 단 트위드 등 주로 최고급
천연 소재를 강조했다. 특히 캐시미어가 다양한 용도로 많이 사용
되었다. 미국의 다나 캐런은 캐시미어 운동복, 마이클 커스는 긴 카
디건, 그리고 랠프 로런은 G스트링(G-string) 같은 작은 캐시미어
제품을 만들었다. 레이스와 얇은 니트, 여러 겹 겹쳐 입은 오갠자와
시폰 의상도 인기 있었다. 다른 분위기로는 매퀸과 베르사체, 페레
가 잔다르크와 파코 라반의 미래지향적 작품에 경의를 표하는 사슬
갑옷과 메탈 천을 선보였다.

군복과 스포츠웨어를 미니멀하게 해석한 날씬한 디자인이 유행
했다. 퀼팅, 후드, 그리고 지퍼나 벨크로(Velcro, 단추 대신에 쓰는 접착
테이프, 상표명*) 여밈 의상이 장 콜로나(Jean Colonna), 마크 아이젠

277 1996년 봄/여름 줄리언 맥도널드의 이브닝웨어. V 네크 티셔츠와 1930년대의 바이어스 컷 드레스에서 영향을 받은 의상으로, 비스코스와 루렉스(Lurex)를 기계와 손으로 짠 드레스로 반원형 트레인이 달려 있다. 모델은 아너 프레이저.

278 1997년 가을/겨울 클레멘츠 리바이루. 남성용과 여성용 무지개 색상의 가벼운 캐시미어 스웨터로 대담한 다이아몬드, 네모, 줄무늬가 재미있는 의상은 수잔 클레멘츠(Susan Clements)와 이나시오 리바이루(Inacio Ribeiro)의 트레이드마크이다. 이들의 디자인은 여러 가격대로 생산되었다. 영국 번화가의 패션 체인 도로시 퍼킨스(Dorothy Perkins)에 의해 시장을 넓혔다.

(Mark Eisen), 질 샌더, 마르틴 시트봉(Martine Sitbon), 캘빈 클라인, DKNY와 니콜 파리(Nicole Farhi)의 컬렉션에 등장했다 도274. 1950 년대 파리 오트쿠튀르의 세련되고 정제된 테일러링, 특히 발렌시아 가와 자크 파스의 디자인에서 영감을 얻은 마르틴 시트봉, 마크 아이 젠, 스포트막스(Sportmax), 니콜라 게스키에르(Nicolas Ghesquiere) 등은 1950년대의 망토가 달린 어깨와 날씬한 라인을 선보였다.

준야 와타나베(Junya Watanabe), 요지 야마모토 도280, 티에 스이 뉴욕(Tse N.Y.)과 아쓰로 다야마(Atsuro Tayama)는 독특하게 재단된 의상을 만들기 위해 천을 여러 겹으로 겹치거나 교묘하게 다루었다. 이들은 피카소와 브라크의 입체주의 작품, 현대 건축 운 동, 1980년대 초 일본 디자이너들의 종이접기 의상의 형태 등 다양 한 것에서 영감을 얻었다. 입체주의의 영향은 로메오 지글리, 장- 폴 고티에, 마르틴 시트봉, 지방시와 콤므 데 가르송의 생기 넘치는 텍스타일에도 나타났다.

장식적인 패션을 좋아하는 사람들은 자수와 시퀸을 풍부하게 사용한 다양한 가격대의 상품을 구매할 수 있었으며, 가장 화려한 의상은 디오르의 오트쿠튀르 쇼에서 존 갈리아노가 선보였다. 르사

279 눈이 부신 디자인.
1997년 봄/여름을 위한 크리스티앙
디오르의 오트쿠튀르. 1930년대 이브닝
가운의 재단을 연상시키는 의상의
정교한 모티프는 구스타프 클림트와
소니아 들로네의 회화에서 영감을
얻었다.

280 1991-1992년 가을/겨울
요지 야마모토의 디자인. 베르사체,
모스키노, 페레, 야마모토 등의
디자이너는 여성복에서 유행하던 밝은
색과 이국적인 프린트를 남성복
컬렉션에 도입해 대담한 패턴과 팝아트
디자인을 선보였다. 포스트모던한
풍자기법을 이용해 야마모토는 서구식
테일러드 재킷의 뒤에 할리우드
스타일의 아시아 미인의 사진을
프린트해 장식했다.

주는 디오르를 위해 제작에 2,000시간이나 소요되는 가장 비싼 자
수 의상을 제작했다.

　　에트로(Etro), 레이니 코(Lainey Keogh), 마르니(Marni), 클로
에, 줄리언 맥도널드도277, 클레멘츠 리바이루(Clements Ribeiro)
도278, 리파트 오즈벡은 고급스런 보헤미안 스타일의 유행을 주도
했는데, 이 스타일은 라파엘전파 화가들의 회화를 연상케 하는 호
박색, 적갈색, 황록색, 짙은 보라, 금색 등 풍부한 색상의 브로케이
드, 털이 긴 벨벳, 패치워크와 프린지를 단 소재를 사용해 긴 라인
의 레이어드 의상을 선보였다. 패턴은 대담했으며, 일부 디자인은
20세기 초 아르 누보 디자인에서 영감을 받은 것도 있었다.

　　1998년 10월경 패션 언론은 1999년 봄/여름 쇼의 특징이 검소

함이라고 보도했다. 아시아의 경제 위기에 대한 직접적인 여파로 많은 의상실들은 이윤이 감소했다. 홍콩, 일본, 한국의 소비자들이 가격에 대한 분별력이 생겼으며, 전보다는 유럽과 미국 브랜드의 선호도가 줄어들고 점점 발전해 나가는 자국의 하이패션 산업에 대한 자신감을 얻게 되었다. 아시아의 주요 시장을 다시 사로잡기 위해 많은 디자이너들이 착용감, 품질, 가격에 초점을 맞추게 되었다 (아시아와 태평양 연안 국가의 바이어들이 프랑스 고급 상품의 절반을 구매한다고 한다).

이 시기는 오스트레일리아에서 부상하기 시작한 하이패션 산업이 세계로 나아가기에 적합한 시기였다. 세계 패션쇼에 합류해 시드니 패션위크를 개최한 지 4년만인 1998년경 세계의 언론과 바이어들이 오스트레일리아 컬렉션의 여유 있는 우아함에 열광했다. 특히 콜레트 디니건(Collette Dinnigan)이 디자인한 구슬과 자수 장식의 시폰 드레스와 아름다운 핑크와 그린 색상의 사리 스커트, 아키라 이소가와(Akira Isogawa)의 섬세하게 자수 놓은 조젯과 오갠자 시프트 드레스, 사바(Saba)가 디자인한 회색과 카키색의 날씬한 바지와 튜닉 탑, 그리고 좁은 스커트로 구성된 도회적인 날씬한 컬렉션이 갈채를 받았다. 나아가 세계 환율변동 측면에서 오스트레일리아 디자이너들은 해외에서 경쟁력 있는 가격과 고급 패션의 수입 감소에서 유리했다.

이러한 트렌드에도 불구하고 20세기의 마지막 몇 해 동안 파리, 밀라노, 뉴욕, 런던은 세계의 주요 패션 도시로서 군림했으며, 명성을 얻으려는 디자이너들이 계속해서 이주해왔다. 파리가 가장 인기 있었던 장소임에도 불구하고 패션 산업은 더 이상 프랑스인에 의해 좌우되지 않았다. 파리는 세계 각국 디자이너들의 쇼를 주최했을 뿐만 아니라 세계의 뛰어난 디자이너들을 파리의 오랜 전통을 가진 의상실에 기용했다.

1999년에도 여전히 하이패션은 문화적 산물 가운데 하나로 사회경제적, 기술적 발전을 반영했다. 빠른 커뮤니케이션을 가능하게 하는 인터넷은 패션 산업에도 중요했으며, TV 채널처럼 24시간 홈쇼핑 서비스를 제공했다. 대부분 스포츠웨어 산업에서 시작된 혁신적인 텍스타일 개발은 패션의 색상, 텍스처, 구성의 영역을 확장시켰다. 천연 소재와 유리, 금속, 그리고 이산화탄소를 혼합해 가벼운 합성 섬유를 만들었으며, 수영 선수가 물을 가를 때 저항을 줄여 속도를 높이기 위해 고안한 실리콘 마무리 처리와 홀로그래픽 라미네이트(holographic laminates) 등 새로운 코팅 시술이 개발되었다. 세라믹 섬유가 태양열을 이용하는데 사용되었으며, 박테리아 발생을 억제하는 항균 기능과 자정력을 갖춘 향기 나는 극세사가 생산되었다.

사회에서 패션 디자이너의 역할이 전보다 더욱 관심을 끌게 된 데는 패션이 기능적이고 환상적인 상품으로 삶을 윤택하게 해줄 뿐만 아니라 고용을 창출하고 무역을 활성화시키는 잠재력 때문이다. 대중을 위한 변화가의 많은 상점들과 우편주문 판매회사들은 재능 있는 디자이너들이 개성을 발휘하게 하고 그들의 디자인을 홍보하는 것이 사업에 유리하다는 것을 깨달았다. 이렇게 20세기를 마감하면서 세계 최고 디자이너들의 패션은 20세기가 시작했을 때처럼 부유한 소수에게만 국한되지 않고 다양한 사회 계층에게 다가가게 되었다.

참고문헌

일반 패션 서적

Adburgham, Alison, *Shops and Shopping 1800–1914*, Allen & Unwin, London, 1964

____, *View of Fashion*, Allen & Unwin, London, 1966

Arnold, Janet, *A Handbook of Costume*, Macmillan, London, 1973

Barwick, Sandra, *A Century of Style*, Allen & Unwin, London, 1984

Beaton, Cecil, *The Glass of Fashion*, Weidenfeld & Nicolson, London, 1954

____, *Fashion: An Anthology by Cecil Beaton*, 전시회 카탈로그, HMSO, London, 1971

Bertin, Célia, *Paris à la mode*, Victor Gollancz, London, 1956

Birks, Beverley, *Haute Couture 1870–1970*, Asahi Shimbun, Tokyo, 1993

Birnbach, Lisa (ed.), *The Official Preppy Handbook*, Workman Publishing, New York, 1980

Boucher, François, *A History of Costume in the West*, rev. ed., Thames & Hudson, London, 1996

Brady, James, *Superchic*, Little, Brown; Boston, Mass., 1974

Braun–Ronsdorf, Margarete, *Mirror of Fashion: A History of European Costume 1789–1929*, McGraw-Hill, New York and Toronto, 1964

Brogden, Joanna, *Fashion Design*, Studio Vista, London, 1971

Bullis, Douglas, *California Fashion Designers*, Gibbs Smith, Salt Lake City, Utah, 1987

Byrde, Penelope, *A Visual History of Costume: The Twentieth Century*, B.T. Batsford, London, 1986

Carter, Ernestine, *Twentieth Century Fashion. A Scrapbook, 1900 to Today*, Eyre Methuen, London, 1975

____, *The Changing World of Fashion*, Weidenfeld & Nicolson, London, 1977

____, *Magic Names of Fashion*, Weidenfeld & Nicolson, London, 1980

Chillingworth, J. and H. Busby, *Fashion*, Lutterworth Press, Cambridge, 1961

De Marly, Diana, *The History of Couture 1850–1950*, B.T. Batsford, London, 1980

Deslandres, Yvonne and F. Müller, *Histoire de la mode au XXe siècle*, Somogy Editions d'Art, Paris, 1986

Dorner, Jane, *The Changing Shape of Fashion*, Octopus Books, London, 1974

Evans, Caroline and Minna Thornton, *Women and Fashion: A New Look*, Quartet Books, London and New York, 1989

Ewing, Elizabeth, *History of Twentieth Century Fashion*, B.T. Bastford, London, 1974

____, *Women in Uniform*, B.T. Bastford, London, 1975

____, *Fur in Dress*, B.T. Bastford, London, 1981

Fairchild, John, *Chic Savages: The New Rich, the Old Rich and the World They Inhabit*, Simmon & Schusters, New York, 1989

Fairley, Roma, *A Bomb in the Collection: Fashion with the Lid Off*, Clifton Books, Brighton, Sussex, 1969

Fraser, Kennedy, *Scenes from the Fashionable World*, Alfred A. Knopf, New York, 1987

Garland, Madge, *Fashion*, Penguin, Harmondsworth, Middx, 1962

____, *The Changing Form of Fashion*, J. M. Dent, London, 1970

____ and J. Anderson Black, *A History of Fashion*, Orbis Publishing, London, 1975

Giacomoni, Silvia, *The Italian Look Reflected*, Mazzotta, Milan, 1984

Glynn, Prudence, *In Fashion: Dress in the Twentieth Century*, Allen & Unwin, London, 1978

Grumbach, Didier, *Histoires de la mode*, Editions du Seuil, Paris, 1993

Hall, Lee, *Common Threads: A Parade of American Clothing*, Little, Brown; Boston, Mass, 1992

Halliday, Leonard, *The Fashion Makers*, Hodder & Stoughton, London, 1966

Hartman, R., *Birds of Paradise: An Intimate View of the New York Fashion World*, Delta, New York, 1980

Haye, Amy de la, *The Fashion Source Book*, MacDonald Orbis, London, 1988

____ (ed.), *The Cutting Edge: 50 Years of British Fashion: 1947–1997*, Victoria and Albert Museum Publications, London, 1997

Hayward Gallery, *Addressing the Century: 100 Years of Art & Fashion*, 전시회 카탈로그, Hayward Gallery Publishing, London, 1998

Hinchcliffe, Frances and Valerie Mendes, *Ascher–Fabric, Art, Fashion*, Victoria & Albert Museum Publications, London, 1987

Howell, Georgina, *In Vogue: Six Decades of Fashion*, Allen Lane, London, 1975

____, *Sultans of Style: Thirty Years of Fashion and Passion*, Ebury Press, London, 1990

Ironside, Haney, *Fashion as a Career*, Museum Press, London, 1962

Jarnow, A.J. and B. Judelle, *Inside the Fashion Business*, John Wiley & Sons, New York, 1965

Join–Diéterle, Catherine et al., *Robes du soir*, 전시회 카탈로그, Musée de la Mode et du Costume de la Ville de Paris, Palais Galliéra, Paris, 1990

Kidwell, C. and Valerie Steele (eds), *Men and Women: Dressing the Part*, Smithsonian Institution, Washington D.C., 1989

Koren, Leonard, *New Fashion Japan*, Kodansha International, Tokyo, 1984

Lansdell, Avril, *Wedding Fashions, 1860–1980*, Shire Publications, Princes Risborough, Bucks, 1983

Latour, Amy, *King of Fashion*, Weidenfeld & Nicolson, London, 1958

Laver, James, *Style in Costume*, London, 1949

____, *Costume through the Ages*, Thames & Hudson, London, 1964

____ and Amy de la Haye, *Costume and Fashion: A Concise History*, rev. ed., Thames & Hudson, London and New York, 1995

Lee, Sarah Tomerlin, *American Fashion*,

André Deutsch, London, 1975

Links, J.G., *The Book of Fur*, James Barrie, London, 1956

Lynam, Ruth (ed.), *Paris Fashion*, Michael Joseph, London, 1972

McCrum, Elizabeth, *Fabric and Form: Irish Fashion since 1950*, Sutton Publishing, Stroud, Gloucestershire; Ulster Museum, Belfast, 1996

Mansfield, Alan and Phyllis Cunnington, *Handbook of English Costume in the 20th Century, 1900-1950*, Faber and Faber, London, 1973

Martin, Richard, *Fashion and Surrealism*, Thames & Hudson, London, 1997; Rizzoli, New York, 1998

_____ and Harold Koda, *Orientalism: Visions of the East in Western Dress*, Metropolitan Museum, New York, 1994

Metropolitan Museum of Art, *The Costume Institute*, American Women of Style, 전시회 카탈로그, New York, 1972

_____, *Vanity Fair*, 전시회 카탈로그, New York, 1977

Milbank, Caroline Rennolds, *Couture*, Thames & Hudson, London, Stewart, Tabori and Chang, New York, 1985

_____, *New York Fashion*, Abrams, New York, 1989

Mulvagh, Jane, *Vogue History of 20th Century Fashion*, Viking, London, 1988

Musé de la Mode et du Costumes de la Ville de Paris, Palais Galliéra, *1945-1975 Elégance et création*, 전시회 카탈로그, Paris, 1977

_____, *Hommage aux donateurs*, 전시회 카탈로그, Paris, 1980

Museo Poldi Pezzoli, *1922-1943: Vent'anni di moda Italiana*, 전시회 카탈로그, Centro Di, Florence, 1980

Peacock, John, *The Chronicle of Western Costume*, Thames & Hudson, London; Abrams, New York, 1991

_____, *20th Century Fashion: The Complete Sourcebook*, Thames & Hudson, London and New York, 1993

_____, *Costume 1066-1990s*, Thames & Hudson, London and New York, 1994

Phizacklea, Annie, *Unpacking the Fashion Industry: Gender, Racism and Class in Production*, Routledge, London, 1990

Probert, Christina, *Brides in Vogue since 1910*, Thames & Hudson, London; Abbeville Press, New York, 1984

Remaury, Bruno, *Fashoin and Textile Landmarks: 1996*, Institute Français de la Mode, Paris, 1996

Richards, F., *The Ready-to-Wear Industry 1900-1950*, Fairchild Publications, New York, 1951

Roscho, Bernard, *The Rag Race*, Funk & Wagnalls Co., New York, 1963

Roselle, Bruno du, *La Mode*, Imprimerie Nationale, Paris, 1980

_____ and I. Forestier, *Les Métier de la mode et de l'habillement*, Marcel Valtat, Paris, 1980

Rothstein, N. (ed.), *Four Hundred Years of Fashion*, Victoria and Albert Museum Publications, London, 1984

Schmiechen, J.A., *Sweated Industries and Sweated Labor: The London Clothing Trades 1860-1914*, Croom Helm, London, 1984

Scott-James, Anne, In the Mink, Michael Joseph, London, 1952

Société des Expositions du Palais des Beaux Arts, Mode et art 1960-1990, 전시회 카탈로그, Brussels, 1995

Squire, Geoffrey, *Dress and Society 1560-1970*, Studio Vista, London, 1974

Steele, Valerie, *Paris Fashion: A Cultural History*, Oxford University Press, Oxford and New York, 1988

_____, *Women of Fashion: Twentieth Century Designers*, Rizzoli, New York, 1991

_____, *Fifty Years of Fashion*, Yale University Press, London and New Haven, 1997

Stevenson, Pauline, *Bridal Fashions*, Ian Allan, Addlesdown, Surrey, 1978

Taylor, Lou, *Mourning Dress*, Allen & Unwin, London, 1983

Torrens, D., *Fashion Illustrated: A Review of Women's Dress 1920-1950*, Studio Vista, London, 1974

Tucker, Andrew, *The London Fashion Book*, Thames & Hudson, London; Rizzoli, New York, 1998

Vecchio, W. and R. Riley, *The Fashion Makers*, Crown, New York, 1968

Vergani, Guido, *The Sala Bianca: The Birth of Italian Fashion*, Electa, Milan, 1992

Waugh, Norah, *The Cut of Women's Clothes 1600-1930*, Faber and Faber, London, 1968

Williams, Beryl, *Fashion Is Our Business*, John Gifford, London, 1948

Wills, G. and D. Midgley (eds), *Fashion Marketing*, Allen & Unwin, London, 1973

Wilson, Elizabeth and Lou Taylor, *Through the Looking Glass*, BBC Books, London, 1989

_____ and J. Ash (eds), *Chic Thrills: A Fashion Reader*, Pandora Press, London, 1992

Wray, M., *The Women's Outerwear Industry*, Gerald Duckworth & Co., London, 1957

연대순 복식사

1900년대-1930년대

Battersby, Martin, *Art Deco Fashion*, Academy Editions, London, 1974

Caffrey, Kate, *The 1900s Lady*, Gordon & Cremonesi, London, 1976

Coleman, Elizabeth Ann, *The Opulent Era: Fashions of Worth, Doucet and Pingat*, Brooklyn Museum with Thames & Hudson, New York and London, 1989

Dorner, Jane, *Fashion in the Twenties and Thirties*, Ian Allan, Addlesdown, Surrey, 1973

French Fashion Plates in Full Colour from the 'Gazette du Bon Ton', 1912-1925, Dover Publications, New York, 1979

Ginsburg, Madeleine, *The Art Deco Style of the 1920s*, Bracken Books, London, 1989

Herald, Jacqueline, *Fashions of a Decade: The 1920s*, B.T. Batsfords, London, 1991

Laver, James, *Women's Dress in the Jazz Age*, Hamish Hamilton, London, 1975

Musée de la Mode et du Costume de la

Ville de Paris, Palais Galliéra, *Grand Couturiers Parisiens 1910–1929*, 전시회 카탈로그, Paris, 1970

_____, *Paris Couture–années trente*, 전시회 카탈로그, Paris, 1987

Olian, Joanne, (ed.), *Authentic French Fashions of the Twenties: 413 Costume Designs from 'L'Art et la mode'*, Dover Publications, New York, 1990

Peacock, John, *Fashion Sourcebooks: The 1920s*, Thames & Hudson, London and New York, 1997

_____, *Fashion Sourcebooks: The 1930s*, Thames & Hudson, London and New York, 1997

Penn, Irving and Diana Vreeland, *Inventive Paris Clothes, 1900–1939*, Thames & Hudson, London, 1977

Robinson, Julian, *The Golden Age of Style*, Orbis Publishing, London, 1976

_____, *Fashion in the 30s*, Oresko Books, London, 1978

Stevenson, Pauline, *Edwardian Fashion*, Ian Allan, Addlesdown, Surrey, 1980

Victoria and Albert Museum and Scottish Arts Council, *Fashion, 1900–1939*, 전시회 카탈로그, Ideas Books, London, 1975

Zaletova, L. et al., *Costumes Revolution: Textiles, Clothing and Costume of the Soviet Union in the Twenties*, Trefoil Books, London, 1989

1940년대–1950년대

Baker, P., *Fashions of a Decade: The 1950s*, B.T. Batsford, London, 1991

Cawthorne, Nigel, *The New Look*, Hamlyn, London, 1996

Charles–Roux, Edmonde et al., *Théâtre de la mode*, Rizzoli, New York, 1991

Disher, M.L., *American Factory Production of Women's Clothing*, Devereaux, London, 1947

Dorner, Jane, *Fashion in the Forties and Fifties*, Ian Allan, Addlesdown, Surrey, 1975

Drake, Nicholas, *The Fifties in Vogue*, Heinemann, London, 1987

Geffrye Museum, *Utility Fashion and Furniture 1941–1951*. 전시회

카탈로그, London, 1974

Laboissonnière, W., *Blueprints of Fashion: Home Sewing Patterns of the 1940s*, Schiffer Publishing, Atglen, Pa., 1997

McDowell, Colin, *Fashion and the New Look*, Bloomsbury Publishing, London, 1997

Merriam, Eve, *Figleaf: The Business of Being in Fashion*, Lippincott, New York, 1960

Peacock, John, *Fashion Sourcebooks: The 1940s*, Thames & Hudson, London and New York, 1998

_____, *Fashion Sourcebooks: The 1950s*, Thames & Hudson, London and New York, 1997

Robinson, Julian, *Fashion in the 40s*, Academy Editions, London, 1976

Sheridan, Dorothy (ed.), *Wartime Women: A Mass Observation Anthology*, Mandrin, London, 1991

Sladen, Christopher, *The Conscription of Fashion*, Solar Press, Aldershot, Hants, 1995

Veillon, Dominique, *La Mode sous l'occupation*, Editions Payot et Rivages, Paris, 1990

Waller, Jane, *A Stitch in Time: Knitting and Crochet Patterns of the 1920s, 1930s and 1940s*, Gerald Duckworth & Co., London, 1972

Wood, Maggie, *We Wore What We'd Got: Women's Clothes in World War II*, Warwickshire Books, Exeter, 1989

1960년대

Bender, Marilyn, *The Beautiful People*, Coward McCann, New York, 1967

Bernard, Barbara, *Fashion in the 60s*, Academy Editions, London, 1978

Cawthorne, Nigel, *Sixties Source Book*, Virgin Publishing, London, 1989

Coleridge, Nicholas and Stephen Quinn (ed.), *The Sixties in Queen*, Ebury Press, London, 1987

Connickie, Yvonne, *Fashions of a Decade: The 1960s*, B.T. Batsford, London, 1990

Drake, Nicholas, *The Sixties: A Decade in Vogue*, Prentice Hall, New York, 1988

Edelstein, A.J., *The Swinging Sixties*, World Almanc Publications, New York, 1985

Harris, J., S. Hyde and G. Smith, *1966 and All That*, Trefoil Books, London, 1986

Lobenthal, Joel, *Radical Rags: Fashions of the Sixties*, Abbeville Press, New York, 1990

Peacock, John, *Fashion Sourcebooks: The 1960s*, Thames & Hudson, London and New York, 1998

Salter, Tom, *Carnaby Street*, M. and J. Hobbs, Walton–on–Thames, Surrey, 1970

Wheen, Francis, *The Sixties*, Century, London, 1982

1970년대–1990년대

Barr, Ann and Peter York, *The Official Sloane Ranger Handbook*, Ebury Press, London, 1982

Coleridge, Nicholas, *The Fashion Conspiracy*, Mandarin Heinemann, London, 1988

Fraser, K., *The Fashionable Mind: Reflections on Fashion 1970–1982*, Nonpareil Books, New York, 1985

Herald, Jacqueline, *Fashions of a Decade: The 1970s*, B.T. Batsford, London, 1992

Johnston, Lorraine (ed.), *The Fashion Year*, Zomba Books, London, 1985

Khornak, L., *Fashion 2001*, Columbus Books, London, 1982

Love, Harriet, *Harriet Love's Guide to Vintage Chic*, Holt, Rinehart & Winston, New York, 1982

McDowell, Colin, *The Designer Scam*, Hutchinson, London, 1994

Milinaire, C. and C. Troy, *Cheap Chic*, Omnibus Press, London and New York, 1975

O'Connor, Kaori (ed.), *The Fashion Guide*, Farrol Kahn, London, 1976

_____, *The 1977 Fashion Guide*, Hodder & Stoughton, London, 1977

_____, *The 1978 Fashion Guide*, Hodder & Stoughton, London, 1978

Peacock, John, *Fashion Sourcebooks: The 1970s*, Thames & Hudson, London and New York, 1997

_____, *Fashion Sourcebooks: The 1980s*,

Thames & Hudson, London & New York, 1998

Polan, Brenda (ed.), *The Fashion Year*, Zomba Books, London, 1983

_____, *The Fashion Year*, Zomba Books, London, 1984

York, Peter, *Style Wars*, Sidgwick and Jackson, London, 1978

디자이너

아즈딘 알라야 Azzedine Alaïa
Baudot, François, *Alaïa*, Thames & Hudson, London; Universe Publishing, New York, 1996

하디 에이미스 Hardy Amies
Amies, Hardy, *Just So Far*, Collins, London, 1954

_____, *Still Here*, Weidenfeld & Nicolson, London, 1984

조르조 아르마니 Giorgio Armani
Martin, Richard and Harold Koda, *Giorgio Armani: Images of Man*, Rizzoli, New York, 1990

로라 애슐리 Laura Ashley
Sebba, Anne, *Laura Ashley*, Weidenfeld & Nicolson, London, 1990

크리스토발 발렌시아가 Cristóbal Balenciaga
Deslandres, Yvonne et al., *The World of Balenciaga*, 전시회 카탈로그, Metropolitan Museum of Art, The Costume Institute, New York, 1973

Jouve, Marie-Andrée and Jacqueline Demornex, *Balenciaga*, Editions du Regard, Paris, 1988

Miller, Lesley, *Cristóbal Balenciaga*, B.T. Batsford, London, 1993

Musée Historique des Tissus, *Hommage à Balenciga*, 전시회 카탈로그, Lyons, 1986

피에르 발맹 Pierre Balmain
Balmain, Pierre, *My Years and Seasons*, Cassell, London, 1964

Musée de la Mode et du Costume de la Ville de Paris, Palais Galliéra, *Pierre Balmain: 40 années de création*, 전시회 카탈로그, Paris, 1985

Salvy, Gérard-Julien, *Pierre Balmain*, Editions du Regard, Paris, 1996

제프리 빈 Geoffrey Beene
Beene, Geoffrey, *Beene Unbound*, Fashion Institute of Technology and Geoffrey Beene Inc., New York, 1994

Cullerton, Brenda, Geoffrey Beene: The Anatomy of his Work, Abrams, New York, 1995

비바 Biba
Hulanicki, Barbara, *From A to Biba*, Hutchinson, London, 1983

로베르토 카푸치 Roberto Capucci
Bertelli, Carlo et al., *Roberto Capucci*, Editori Fabbr, Milan, 1990

피에르 카르댕 Pierre Cardin
Mendes, Valerie (ed.), *Pierre Cardin, Past, Present and Future*, Dirk Nishen, London, 1990

올레크 카시니 Oleg Cassini
Cassini, Oleg, *In My Own Fashion: An Autobiography*, Pocket, New York, 1987

_____, *A Thousand Days of Magic: Dressing Jacqueline Kennedy for the White House*, Rizzoli, New York, 1995

장-샤를 드 카스텔바자크 Jean-Charles de Castelbajac
Castelbajac, Jean-Charles de et al., *J.C. de Castelbajac*, Michel Aveline, Paris, 1993

코코 샤넬 Coco Chanel
Baillen, C., *Chanel Solitaire*, Collins, London, 1973

Baudot, François, *Chanel*, Thames & Hudson, London; Universe Publishing, New York, 1996

Charles-Roux, Edmonde, *Chanel*, Jonathan Cape, London, 1976

_____, *Chanel and Her World*, Weidenfeld & Nicolson, London, 1981

Haedrich, Marcel, *Coco Chanel: Her Life, Her Secrets*, Robert Hale, London, 1972

Haye, Amy de la and Shelley Tobin, *Chanel: The Couturière at Work*,

Victoria & Albert Museum Publications, London, 1994

Leymarie, Jean, *Chanel*, Rizzoli, New York, 1987

Madsen, Axel, *Coco Chanel: A Biography*, Bloomsbury Publishing, London, 1990

Morand, Paul, *L'Allure de Chanel*, Hermann, Paris, 1976

콤 데 가르송 Comme des Garçons
Grand, France, *Comme des Garçons*, Thames & Hudson, London; Universe Publishing, New York, 1998

Kawakubo, Rei, *Comme des Garçons*, Chikuma Shobo, Tokyo, 1986

Sudjic, Deyan, *Rei Kawakubo and Comme des Garçons*, Forth Estate, London, 1990

앙드레 쿠레주 André Courrèges
Guillaume, Valérie, *Courrèges*, Thames & Hudson, London; Universe Publishing, New York, 1998

찰스 크리드 Charles Creed
Creed, Charles, *Maid to Measure*, Jarrolds Publishing, London, 1961

소니아 들로네 Sonia Delaunay
Damase, Jacques, *Sonia Delaunay Fashion and Fabrics*, Thames & Hudson, London and New York, 1991

크리스티앙 디오르 Christian Dior
Bordaz, Robert et al., *Hommage à Christian Dior 1947-1957*, 전시회 카탈로그, Musée des Arts et de la Mode, Paris, 1986

Dior, Christian, *Talking about Fashion to Elie Rabourdin and Alice Chavanne*, Hutchinson, London, 1954

_____, *Dior by Dior*, Weidenfeld & Nicolson, London, 1957

Giroud, François, *Dior: Christian Dior 1905-1957*, Thames & Hudson, London, 1987

Graxotte, Pierre, *Christian Dior et moi*, Amiot Dumond, Paris, 1956

Keenan, Brigid, *Dior in Vogue*, Octopus Books, London, 1981

Martin, Richard and Harold Koda, *Christian Dior*, 전시회 카탈로그, Metropolitan Museum of Art, New York, 1996

돌체 앤드 가바나, Dolce & Gabbana
Casadio, Mariuccia, *Dolce & Gabbana*, Thames & Hudson, London; Gingko Press, Corte Madera, Calif., 1998
Dolce & Gabbana *et al.*, *10 Years of Dolce and Gabbana*, Abbeville Press, New York, 1996

페리 엘리스 Perry Ellis
Moore, Jonathan, *Perry Ellis: A Biography*, St. Martin's Press, New York, 1988

자크 파스 Jacque Fath
Guillaume, Valérie, *Jacque Fath*, Editions Paris–Musées, Paris, 1993

루이 페로 Louis Féraud
Baraquand, Michel *et al.*, *Louis Féraud*, Office du Livre, Fribourg, 1985

마리아노 포르투니 Mariano Fortuny
Deschodt, A. M., *Mariano Fortuny, un magicien de Venise*, Editions du Regard, Paris, 1979
Desvaux, Delphine, *Fortuny*, Thames & Hudson, London; Universe Publishing, New York, 1998
Kyoto Costume Instute, *Mariano Fortuny 1871–1949*, 전시회 카탈로그, Kyoto, 1885
Los Angeles County Museum, *A Remembrance of Mariano Fortuny, 1871–1949*, 전시회 카탈로그, Los Angeles, Calif., 1967
Musée Historique des Tissus, *Mariano Fortuny Venise*, 전시회 카탈로그, Lyons, 1980
Osma, Guillermo de, *Fortuny, His Life and His Work*, Aurum Press, London, 1980

존 갈리아노 John Galliano
McDowell, Colin, *Galliano*, Weidenfeld & Nicolson, London, 1997

장–폴 고티에 Jean-Paul Gaultier
Chenoune, Farid, *Jean Paul Gaultier*, Thames & Hudson, London; Universe Publishing, New York, 1996

루디 게른라이히 Rudi Gernreich
Moffitt, Peggy and William Claxton, *The Rudi Gernreich Book*, Rizzoli, New York, 1991

위베르 드 지방시 Hubert de Givenchy
Join–Diéterle, Catherine, *Givenchy: 40 Years of Creation*, Editions Paris–Musées, Paris, 1991

마담 그레 Madame Grès
Martin, Richard and Harold Koda, *Madame Grès*, Metropolitan Museum of Art, New York, 1994

구치 Gucci
McKnight, Gerald, *Gucci: A House Divided*, Sidgwick and Jackson, London, 1987

홀스턴 Halston
Gaines, Steven, *Simply Halston: The Untold Story*, Penguin Putnam, New York, 1991

노먼 하트넬 Norman Hartnell
Hartnell, Norman, *Silver and Gold*, Evans Bros., London, 1955
Museum of Costume, Bath, and Brighton Museum, *Norman Hartnell*, 전시회 카탈로그, Bath and Brighton, 1985

엘리자베스 호스 Elizabeth Hawes
Hawes, Elizabeth, *Radical by Design: The Life and Style of Elizabeth Hawes*, Dutton, New York, 1988

찰스 제임스 Charles James
Coleman, Elizabeth Ann, *The Genius of Charles James*, 전시회 카탈로그, Holt, Rinehart & Winston for the Brooklyn Museum, New York, 1982
Martin, Richard, *Charles James*, Thames & Hudson, London, 1997

다나 캐런 Donna Karan
Sischy, Ingrid, *Donna Karan*, Thames & Hudson, London; Universe Publishing, New York, 1998

겐조 Kenzo
Davy, Ross, *Kenzo: A Tokyo Story*, Penguin, Harmondsworth, Middx, 1985

캘빈 클라인 Calvin Klein
Gaines, Steven and Sharon Churcher, *Obsession: The Lives and Times of Calvin Klein*, Birch Lane Press, New York, 1994

크리치아 Krizia
Vercelloni, Isa Tutino, *Krizia: Una storia*, Skira, Milan, 1995

크리스티앙 라크루아 Christian Lacroix
Baudot, François, *Christian Lacroix*, Thames & Hudson, London; Universe Publishing, New York, 1997
Lacroix, Christian, *Pieces of a Pattern: Lacroix by Lacroix*, Thames & Hudson, London and New York, 1997
Mauriès, Patrick, *Christian Lacroix: The Diary of a Collection*, Thames & Hudson, London, 1996

칼 라거펠트 Karl Lagerfeld
Piaggi, Anna, *Karl Lagerfeld: A Fashion Journal*, Thames & Hudson, London and New York, 1986

잔느 랑뱅 Jeanne Lanvin
Barillé, Elisabeth, *Lanvin*, Thames & Hudson, London, 1997

랠프 로런 Ralph Lauren
Canadeo, Anne and Richard G. Young (eds), *Ralph Lauren: Master of Fashion*, Garrett Editions, Oklahoma, 1992
Trachtenberg, J.A., *Ralph Lauren*, Little, Brown; Boston, Mass., 1988

르사주 Lesage
Palmer White, Jack, *The Master Touch of Lesage*, Editions du Chêne, Paris, 1987

루실 Lucile
Etherington–Smith, Meredith and Jeremy Pilcher, *The IT Girls*, Hamish

Hamilton, London, 1986
Gordon, Lady Duff, *Discretions and Indiscretions*, London, 1932

클레어 매카딜 Claire McCardell
Kohle, Yohannan, *Claire McCardell: Redefining Modernism*, Abrams, New York, 1998

미소니 Missoni
Casadio, Mariuccia, *Missoni*, Thames & Hudson, London; Gingko Press, Corte Madera, Calif., 1997
Vercelloni, Isa Tutino (ed.), *Missonologia*, Electa, Milan, 1994

이세이 미야케 Issey Miyake
Benaim, Laurence, *Issey Miyake*, Thames & Hudson, London; Universe Publishing, New York, 1997
Holborn, Mark, *Issey Miyake*, Taschen, Cologne, 1995
Koike, Kazuko (ed.), *Issey Miyake: East Meets West*, Heibonsha, Tokyo, 1978
Miyake Design Studio, *Issey Miyake by Irving Penn*, Tokyo, 1989, 1990 and 1993–1995

프랑코 모스키노 Franko Moschino
Casadio, Mariuccia, *Moschino*, Thames & Hudson, London; Gingko Press, Corte Madera, Calif., 1997
Moschino, Franco and Lida Castelli (eds), *X Anni di Kaos! 1983–1993*, Edizioni Lybra Immagine, Milan, 1993

티에리 뮈글레 Thierry Mugler
Baudot, François, *Thierry Mugler*, Thames & Hudson, London; Universe Publishing, New York, 1998
Mugler, Thierry, *Thierry Mugler: Fashion Fetish and Fantasy*, Thames & Hudson, London; General Publishing Group, Santa Monika, Cali., 1998

진 뮤어 Jean Muir
Leeds City Art Galleries, *Jean Muir*, 전시회 카탈로그, Leeds, 1980

브루스 올드필드 Bruce Oldfield
Oldfeild, Bruce and Georgina Howell, *Bruce Oldfield's Seasons*, Pan

Books, London, 1987

마담 파캥 Madame Paquin
Arizzoli–Clémentel, P. et al., *Paquin: une rétrospective de 60 ans de haute couture*, 전시회 카탈로그, Musée Historique des Tissue, Lyons, 1989

장 파투 Jean Patou
Etherington–Smith, Meredith, *Patou*, Hutchinson, London, 1997

폴 푸아레 Paul Poiret
Baudot, François, *Paul Poiret*, Thames & Hudson, London, 1997
Deslandres, Yvonne, *Paul Poiret*, Thames & Hudson, London, 1987
Iribe, Paul, Les Robes de Paul Poiret racontées par Paul Iribe, Société Générale d'Impression, Paris, 1908
Musée de la Mode et du Costume de la Ville de Paris, Palais Galliéra, *Poiret et Nicole Groult*, 전시회 카탈로그, Paris, 1974
Musée Jacquemart–André, *Poiret le magnifique*, 전시회 카탈로그, Paris, 1974
Palmer White, Jack, *Paul Poiret*, Studio Vista, London, 1973
Poiret, Paul, *My First Fifty Years*, Victor Gollancz, London, 1931

에밀리오 푸치 Emillio Pucci
Casadio, Mariuccia, *Pucci*, Thames & Hudson, London; Universe Publishing, New York, 1998
Kennedy, Shirley, *Pucci: A Renaissance in Fashion*, Abbeville Press, New York, 1991

메리 퀀트 Mary Quant
London Museum, *Mary Quant's London*, 전시회 카탈로그, London, 1973
Quant, Mary, *Quant by Quant*, Cassell, London, 1966

파코 라반 Paco Rabanne
Kamitsis, Lydia, *Paco Rabanne*, Editions Assouline, Paris, 1997

잰드라 로즈 Zandra Rhodes
Rhodes, Zandra and Anne Knight, *The Art of Zandra Rhodes*, Jonathan Cape,

London, 1984

니나 리치 Nina Ricci
Pochna, Marie–France, Anne Bony and Patricia Canino, *Nina Ricci*, Editions du Regard, Paris, 1992

마르셀 로샤 Marcel Rochas
Mohrt, Françoise, *Marcel Rochas: 30 ans d'élégance et de créations*, Jacques Damase, Paris, 1983

소니아 리키엘 Sonia Rykiel
Rykiel, Sonia, Madeleine Chapsal and Hélène Cixous, *Rykiel par Rykiel*, Editions Herscher, Paris, 1985

이브 생 로랑 Yves Saint Laurant
Benaïm, Laurence, *Yves Saint Laurent*, Grasset Fasquelle, Paris, 1993
Bergé, Pierre, *Yves Saint Laurant*, Thames & Hudson, London; Universe Publishing, New York, 1997
Duras, M., *Yves Saint Laurant: Images of Design 1958–1988*, Alfred A. Knopf, New York, 1988
Madsen, Axel, *Living for Design: The Yves Saint Laurent Story*, Delacorte Press, New York, 1979
Musée des Arts et de la Mode, *Yves Saint Laurant*, 전시회 카탈로그, Paris, 1986
Rawsthorn, Alice, *Yves Saint Laurant: A Biography*, HarperCollins, London, 1996
Saint Laurant, Yves et al., *Yves Saint Laurant*, 전시회 카탈로그, Metropolitan Museum of Art, New York, 1983

엘사 스키아파렐리 Elsa Schiaparelli
Baudot, François, *Elsa Schiaparelli*, Thames & Hudson, London; Universe Publishing, New York, 1997
Musée de la Mode et du Costume de la Ville de Paris, Palais Galliéra, *Hommage à Schiaparelli*, 전시회 카탈로그, Paris, 1984
Palmer White, Jack, *Elsa Schiaparelli*, Aurum Press, London, 1986
Schiaparelli, Elsa, *Shocking Life*, J.M.

Dent, London, 1954

폴 스미스 Paul Smith
Jones, Dylan, Paul Smith True Brit,
　　Design Museum, London, 1996

에마누엘 웅가로 Emanuel Ungaro
Guerritore, Margherita, Ungaro, Electa,
　　Milan, 1992

발렌티노 Valentino
Morris, Bernadine, Valentino, Thames &
　　Hudso, London; Universe
　　Publishing, New York, 1996
Valentino et al., Valentino: Trent'anni di
　　Magia, 전시회 카탈로그, Accademia
　　Valentino, Bompiani, Milan, 1991

쟈니 베르사체 Gianni Versace
Casadio, Mariuccia, Versace, Thames &
　　Hudson, London; Gingko Press,
　　Corte Madera, Calif., 1998
_____, Gianni Versace, Metropolitan
　　Museum of Art and Abrams, New
　　York, 1997
Martin, Richard, Versace, Thames &
　　Hudson, London; Universe
　　Publishing/Vendome, New York,
　　1997
Versace, Gianni et al., A Sense of the
　　Future: Gianni Versace at the
　　Victoria and Albert Museum, Victoria
　　and Albert Museum Publications,
　　London, 1985
_____, Men without Ties, Abbeville Press,
　　New York, 1994
Versace, Gianni and Roy Strong, Do Not
　　Disturb, Abbeville Press, New York,
　　1996

마들렌 비오네 Madeleine Vionnet
Demornex, Jacqueline, Madeleine
　　Vionnet, Thames & Hudson,
　　London, 1991
Kamitsis, Lydia, Vionnet, Thames &
　　Hudson, London; Universe
　　Publishing, New York, 1996
Kirke, Betty, Madeleine Vionnet, Chronicle
　　Books, New York, 1998
Musée Historique des Tissus, Madeleine
　　Vionnet–Les Années d'innovation
　　1919–1939, 전시회 카탈로그,
　　Lyons, 1994

루이 뷔통 Louis Vuitton
Sebag-Montefiore, Huge, Kings on the
　　Catwalk: The Louis Vuitton and
　　Moët-Hennessy Affair, Chapmans,
　　London, 1992

비비언 웨스트우드 Vivienne Westwood
Krell, Gene, Vivienne Westwood, Thames
　　& Hudson, London; Universe
　　Publishing, New York, 1997
Mulvagh, Jane, Vivienne Westwood: An
　　Unfashionable Life, Harper Collins,
　　London, 1998

워스 Worth
De Marly, Diana, Worth, Farther of Haute
　　Couture, Elm Tree Books, London,
　　1980

요지 야마모토 Yohji Yamamoto
Baudot, François, Yohji Yamamoto,
　　Thames & Hudson, London, 1997

유키 Yuki
Etherington-Smith, Meredith, Yuki, Gnyuki
　　Torimaru (published privately),
　　London, 1998
Haye, Amy de la, Yuki: 20 Years, Victoria
　　and Albert Museum Publications,
　　London, 1992

사전 · 가이드 · 저널

Annual Journal, Fashion Theory, Berg,
　　Oxford
Anthony, P. and J. Arnold, Costume: A
　　General Bibliography, rev. ed.,
　　Costume Society, London, 1974
Baclawski, Karen, The Guide to Historic
　　Costume, B.T. Batsford, London,
　　1995
Calasibetta, Charlotte Mankey, Fairchild's
　　History of Fashion, Fairchild
　　Publications, New York, 1975
Cassin-Scott, Jack, The Illustrated
　　Encyclopaedia of Costume and
　　Fashion, Studio Vista, London, 1994
Casteldi, A. and A. Mulassano, The
　　Who's Who of Italian Fashion, G.
　　Spinelli, Florence, 1979
Davies, Stephanie, Costume Language: A
　　Dictionary of Dress Terms,
　　Cressrelles, Malvern Hills,
　　Herefordshire, 1994

Ironside, Janey, A Fashion Alphabet,
　　Michael Joseph, London, 1968
Journal of the Costume Society (UK),
　　Costume
Journal of the Costume Society of
　　America, Dress
Lambert, Eleanor, World of Fashion:
　　People, Places, Resources, R.R.
　　Bowker, New York, 1976
McDowell, Colin, McDowell's Directory of
　　Twentieth Century Fashion,
　　Frederick Muller, London, 1984
Martin, Richard (ed.), The St. James
　　Fashion Encyclopedia: A Survey of
　　Style from 1945 to the Present,
　　Visible Ink Press, Detroit, New York,
　　Toronto and London, 1997
Morris, Bernadine and Barbara Walz, The
　　Fashion Makers: An Inside Look at
　　America's Leading Designers,
　　Random House, New York, 1978
O'Hara Callan, Georgina, Dictionary of
　　Fashion and Fashion Designers,
　　Thames & Hudson, London and
　　New York, 1998
Picken, Mary Brooks, The Fashion
　　Dictionary, Funk & Wagnalls Co.,
　　New York, 1939
_____ and D.L. Miller, Dressmakers of
　　France: The Who, How and Why of
　　French Couture, Harper and Bros.,
　　New York, 1956
Remaury, Bruno, Dictionaire de la mode
　　au XXe Siècle, Editions du Regard,
　　Paris, 1994
Stegemeyer, Anne, Who's Who in
　　Fashion, Fairchild Publications, New
　　York, 1980
Thorne, Tony, Fads, Fashion and Cults,
　　Bloomsbury Publishing, London,
　　1993
Watkins, Josephine Ellis, Who's Who in
　　Fashion, 2nd ed., Fairchild
　　Publications, New York, 1975
Wilcox, R. Turner, The Dictionary of
　　Costume, B.T. Batsford, London,
　　1970

전기 · 문화사

Adburgham, Alison, A Punch History of
　　Manners and Modes, 1841–1940,
　　Hutchinson, London, 1961
Asquith, Cynthia, Remember and Be

Glad, James Barrie, London, 1952

Ballard, Bettina, *In My Fashion*, Secker & Warburg, 1960

Balsan, C.V., *The Glitter and the Gold*, Heinemann, London, 1954

Beaton, Cecil, *The Wandering Years. Diaries 1922–1939*, Weidenfeld & Nicolson, London, 1961

_____, *The Years Between. Diaries 1939–1944*, Weidenfeld & Nicolson, London, 1965

_____, *The Happy Years. Diaries 1944–1948*, Weidenfeld & Nicolson, London, 1972

_____, *The Strenuous Years. Diaries 1948–1955*, Weidenfeld & Nicolson, London, 1973

_____, *The Restless Years. Diaries 1955–1963*, Weidenfeld & Nicolson, London, 1976

_____, *The Parting Years. Diaries 1963–1974*, Weidenfeld & Nicolson, London, 1978

Beckett, J. and D. Cherry, *The Edwardian Era*, Phaidon and Barbican Art Gallery, London, 1987

Bloom, Ursula, *The Elegant Edwardian*, Hutchinson, London, 1957

Buckley, V.C., *Good Times: At Home and Abroad Between the Wars*, Thames & Hudson, London, 1979

Campbell, Ethyle, *Can I Help You Madam?*, Cobden-Sanderson, London, 1938

Carter, Ernestine, *With Tongue in Chic*, Michael Joseph, London, 1974

Chase, Edna Woolman and Ilka, *Always in Vogue*, Victor Gollancz, London, 1954

Clephane, Irene, *Ourselves 1900–1939*, Allen Lane, London, 1933

Cooper, Diana, *The Rainbow Comes and Goes*, Rupert Hart-Davis, London, 1958

_____, *The Light of Common Day*, Rupert Hart-Davis, London, 1959

_____, *Trumpets from the Steep*, Rupert Hart- Davis, London, 1960

Elizabeth, Lady Decies, *Turn of the World*, Lippincott, New York, 1937

Garland, Ailsa, *Lion's Share*, Michael Joseph, London, 1970

Garland, Madge, *The Indecisive Decade*,

Macdonald, London, 1968

Graves, Robert, *The Long Weekend*, Faber and Faber, London, 1940

Hawes, Elizabeth, *Fashion Is Spinach*, Random House, New York, 1938

_____, *Why Is a Dress?*, Viking Press, New York, 1942

_____, *It's Still Spinach*, Little, Brown, Boston, Mass, 1954

Hopkins, T. et al., *Picture Post 1938–1950*, Penguin Books, Harmondsworth, Middx, 1970

Keppel, Sonia, *Edwardian Daughter*, Hamish Hamilton, London, 1958

Laver, James, *Edwardian Promenade*, Edward Hulton, London, 1958

_____, *The Age of Optimism*, Weidenfeld & Nicolson, London, 1966

Littman, R.B. and D. O'Neil, *Life: The First Decade 1939–1945*, Thames & Hudson, London, 1980

Margaret, Duchess of Argyll, *Forget Not*, W.H. Allen, London, 1975

Margetson, Sheila, *The Long Party*, Saxon House, Farnborough, Hants, 1974

Marwick, Arthur, *The Home Front*, Thames & Hudson, London, 1976

_____, *Women at War 1914–1918*, Fontana, London, 1977

Mirabella, Grace, *In and Out of Vogue: A Memoir*, Doubleday, New York, 1994

Newby, Eric, *Something Wholesale*, Secker & Warburg, London, 1962

Nicols, Beverley, *The Sweet and Twenties*, Weidenfeld & Nicolson, London, 1958

Penrose, Antony, *The Lives of Lee Miller*, Thames & Hudson, London and New York, 1985

Pringle, Margaret, *Dance Little Ladies: The Days of the Debutante*, Orbis Books, London, 1977

Sackville-West, Vita, *The Edwardians*, Bodley Head, London, 1930

Seebohm, Caroline, *The Man Who Was Vogue: The Life and Times of Condé Nast*, Weidenfeld & Nicolson, London, 1982

Settle, Alison, *Clothes Line*, Methuen, London, 1937

Sinclair, Andrew, *The Last of the Best*, Weidenfeld & Nicolson, London,

1969

Snow, Carmel, *The World of Carmel Snow*, McGraw-Hill, New York, 1962

Spanier, Ginette, *It Isn't All Mink*, Collins London, 1959

_____, *And Now It's Sables*, Robert Hale, London, 1970

Sproule, Anna, *The Social Calendar*, Blandford Press, London, 1978

Stack, Prunella, *Zest for Life: Mary Bagot Stack and the League of Health and Beauty*, Peter Owen, London, 1988

Stanley, Louis T., *The London Season*, Hutchinson, London, 1955

Vickers, Hugo, *Gladys, Duchess of Marlborough*, Weidenfeld & Nicolson, London, 1979

_____, *Cecil Beaton: The Authorized Biography*, Weidenfeld & Nicolson, London, 1986

Vreeland, Diana, *D.V.*, Alfred A. Knopf, New York, 1984

Westminster, Loelia, Duchess of, *Grace and Favour*, Weidenfeld & Nicolson, London, 1961

Withers, Audrey, *Lifespan*, Peter Owen, London, 1994

Yoxall, H.W., *A Fashion of Life*, Heinemann, London, 1966

패션 이론

Barnes, Ruth and Joanne Eicher (eds), *Dress and Gender: Making and Meaning*, Berg, New York, 1992

Barthes, Roland, *The Fashion System*, Jonathan Cape, London, 1985

Bell, Quentin, *On Human Finery*, Hogarth Press, London; Schocken Books, New York, 1976

Bergler, Edmund, *Fashion and the Unconscious*, Robert Brunner, New York, 1953

Binder, P., *Muffs and Morals*, Harrap, London, 1953

Breward, Christopher, *The Culture of Fashion*, Manchester University Press, Manchester, 1995

Brydon, A. and S. Niessen, *Consuming Fashion*, Berg, New York, 1998

Craik, Jennifer, *The Face of Fashion: Cultural Studies in Fashion*, Routledge, London, 1994

Cunnington, C. Willet, *Why Women Wear Clothes*, Faber and Faber, London, 1941

Davis, Fred, *Fashion Culture and Identity*, University of Chicago Press, Chicago, Ill., 1992

Flügel, J.C., *The Psychology of Clothes*, Hogarth Press, London, 1930

Glynn, Prudence, *Skin to Skin: Eroticism in Dress*, Allen & Unwin, London, 1982

Hollander, Anne, *Seeing through Clothes*, University of California Press, Berkeley, Calif., 1978

_____, *Sex and Suits*, Alfred A. Knopf, New York, 1994

Horn Marilyn, J., *The Second Skin: An Interdisciplinary Study of Clothing*, 2nd ed., Houghton Mifflin, Boston, Mass., 1975

Langer, L., *The Importance of Wearing Clothes*, Constable & Co., London, 1959

_____, *How and Why Fashion in Men's and Women's Clothes Have Changed during the Past 200 Years*, John Murray, London, 1950

_____, *Modesty in Dress*, Heinemann, London, 1969

Lipovetsky, Gilles, *The Empire of Fashion*, Princeton University Press, Princeton, N.J., 1994

Lurie, Alison, *The Language of Clothes*, Hamlyn, Middx, 1982

McDowell, Colin, *Dressed to Kill: Sex, Power and Clothes*, Hutchinson, London, 1992

Roach, Mary Ellen and Joanne B. Eicher, *Dress, Adornment and the Social Order*, John Wiley & Sons, New York, 1965

Rudofsky, Bernard, *The Unfashionable Human Body*, Doubleday, New York, 1971

Ryan, Mary S., *Clothing: A Study in Human Behaviour*, Holt, Rinehart & Winston, New York and London, 1966

Schefer, Doris, *What Is Beauty? New Definitions from the Fashion Vanguard*, Thames & Hudson, London; Universe Publishing, New York, 1997

Sproles, G.B., *Fashion: Consumer Behavior towards Dress*, Burgess, Minneapolis, 1979

Steele, Valerie, *Fashion and Eroticism*, Oxford University Press, Oxford and New York, 1985

Veblen, Thorstein, *The Theory of the Leisure Class*, Macmillan and Co., New York, 1899

Warwick, A. and D. Cavallaro, *Fashioning the Frame*, Berg, New York, 1998

Wilson, Elizabeth, *Adorned in Dreams: Fashion and Modernity*, Virago, London, 1985

패션 일러스트레이션

Barbier, George, *The Illustrations of George Barbier in Full Colour*, Dover Publications, New York, 1977

Barnes, Colins, *Fashion Illustration*, Macdonald Orbis, London, 1988

Bure, Gilles de, *Gruau*, Editions Herscher, Paris, 1989

Drake, Nicholas, *Fashion Illustration Today*, Thames & Hudson, London and New York, 1987

Gaudriault, R., *La Gravure de mode feminine en France*, Editions Amateur, Paris, 1983

Ginsburg, Madeleine, *An Introduction to Fashion Illustration*, Warmington Compton Press, London, 1980

Grafton, Carol Belanger (ed.), *French Fashion Illustrations of the Twenties*, Dover Publications, New York, 1987

Hodgkin, Eliot, *Fahion Drawing*, Chapman and Hall, London, 1932

Marshall, Francis, *London West*, The Studio, London and New York, 1944

_____, *An Englishman in New York*, G.B. Publications, Margate, Kent, 1949

_____, *Fashion Drawing*, Studio Publications, 2nd ed., London, 1955

Packer, William, *The Art of Vogue Covers*, Octopus Books, New York, 1980

_____, *Fashion Drawing in Vogue*, Thames & Hudson, London and New York, 1983

Ramos, Juan, *Antonio: Three Decades of Fashion Illustration*, Thames & Hudson, London, 1995

Ridley, Pauline, *Fashion Illustration*,

Academy Editions, London, 1979

Sloane, E., *Illustrating Fashion*, Harper and Row, London and New York, 1977

Vertèa, Marcel, *Art and Fashion*, Studio Vista, London, 1944

패션 사진

Avedon, Richard, *Avedon Photographs 1947–1977*, Thames & Hudson, London, 1978

Beaton, Cecil, *The Book of Beauty*, Gerald Duckworth & Co., London, 1930

Dars, Celestine, *A Fashion Parade: The Seeberger Collection*, Blond & Briggs, London, 1978

Demarchelier, Patrick, *Fashion Photography*, Little, Brown; Boston, Mass., 1989

Devlin, Polly, *Vogue Book of Fashion Photography*, Thames & Hudson, London; William Morrow & Co., New York, 1979

Ewing, William, A., *The Photographic Art of Hoyningen–Huene*, Thames & Hudson, London; Rizzoli, New York, 1986

Farber, Robert, *The Fashion Photographer*, Watson–Guptill, New York, 1981

Gernsheim, A., *Fashioin and Reality 1840–1914*, Faber and Faber, London, 1963

Hall–Duncan, Nancy, *The History of Fashion Photography*, Alpin Book Company, New York, 1979

Harrison, Martin, *Appearances: Fashion Photography since 1945*, Jonathan Cape, London, 1991

_____, *Shots of Style*, 전시회 카탈로그, Victoria and Albert Museum Publications, London, 1985

_____, *David Bailey/Archive One*, Thames & Hudson, London; Penguin Putnam, New York, 1999

Klein, William, *In and Out of Fashion*, Jonathan Cape, London, 1994

Lang, Jack, *Thierry Mugler: Photographer*, Thames & Hudson, London, 1988

Lichfield, Patrick, *The Most Beautiful Women*, Elm Tree Books, London, 1981

Lloyd, Valerie, *The Art of Vogue Photographic Covers*, Octopus Books, London, 1986

Mendes, Valerie (ed.), *John French Fashion Photographer*, 전시회 카탈로그, Victoria & Albert Museum Publications, London, 1984

Nickerson, Camilla and Neville Wakefield, *Fashion Photography of the 90s*, Scalo, Berlin, 1997

Parkinson, Norman, *Sisters under the Skin*, Quartet Books, London, 1978

Penn, Irving, *Passages*, Alfred A. Knopf/Callaway, New York, 1991

Pepper, Terence, *Photographs by Norman Parkinson*, Gordon Fraser, London, 1981

_____, *High society Photographs 1897–1914*, National Portrait Gallery Publications, London, 1998

Roley, K. and C. Aish, *Fashion in Photographs 1900–1920*, B.T. Batsford, London, 1992

Ross, Josephine, *Beaton in Vogue*, Thames & Hudson, London; Potter, New York, 1986

영화 속의 패션

Beaton, Cecil, *Cecil Beaton's Fair Lady*, Weidenfeld & Nicolson, London, 1964

Chierchatti, David, *Hollywood Costume Design*, Studio Vista, London, 1976

Gaines, Jane and Charlotte Herzog (eds), *Fabrications: Costume and the Female Body*, Routledge, London, 1990

Greer Howard, *Designing Male*, Putnams, New York, 1949

Head, Edith and J.K. Ardmore, *The Dress Doctor*, Little, Brown; Boston, Mass., 1959

Kobal, John (ed.), *Hollywood Glamor Portraits*, Dover Publications, New York, 1976

La Vine, W.R., *In a Glamorous Fashion*, Allen & Unwin, London, 1981

Leese, Elizabeth, *Costume Design in the Movies*, BCW Publishing, Isle of Wight, 1976

McConathey, Dale and Diana Vreeland, *Hollywood Costume: Glamour! Glitter! Romance!*, Abrams, New York, 1976

Maeder, E. (ed.), *Hollywood and History: Costume Design in Film*, Thames & Hudson, London; Los Angeles, Calif., 1987

Metropolitan Museum of Art, Costume Institute, *Romantic and Glamorous Hollywood Design*, 전시회 카탈로그, New York, 1974

Sharaff, Irene, *Broadway and Hollywood: Costumes Designed by Irene Sharaff*, Van Nostrand Reinhold, New York, 1976

Whitworth Art Gallery, *Hollywood Film Costume*, 전시회 카탈로그, Manchester, 1977

패션 잡지

Braithwaite, B. and J. Barrell, *The Business of Women's Magazines*, Associated Business Press, London, 1979

Ferguson, M., *Forever Feminine: Women's Magazines and the Cult of Femininity*, Gower Publishing, Aldershot, Hants, 1986

Gibbs, David (ed.), *Nova 1965–1975*, Pavilion Books, London, 1993

Kelly, Katie, *The Wonderful World of Women's Wear Daily*, Saturday Review Press, New York, 1972

Millum, T., *Images of Woman*, Chatto & Windus, London, 1975

Mohrt, Françoise, *25 Ans de Marie-Claire, de 1954 à 1979*, Marie-Claire, Paris, 1979

Piaggi, Anna, *Anna Piaggi's Fashion Algebra*, Thames & Hudson, London and New York, 1998

White, Cynthia, *Women's Magazines 1693–1968*, Machael Joseph, London, 1970

Winship, L.W., *Inside Women's Magazines*, Pandora Press, London, 1987

Woodward, H., *The Lady Persuaders*, Ivan Obolensky, New York, 1960

모델

Castle, C., *Model Girl*, David and Charles, Newton Abbott, Devon, 1976

Clayton, Lucie, *The World of Modelling*, Harrap, London, 1968

Dawnay, Jean, *Model Girl*, Weidenfeld & Nicolson, London, 1956

Freddy, *Flying Mannequin: Memoirs of a Star Model*, Hurst & Blackett, London, 1958

Graziani, Bettina, *Bettina by Bettina*, Michael Joseph, London, 1963

Gross, Michael, *Model: The Ugly Business of Beautiful Women*, William Morrow & Co., New York, 1995

Helvin, Marie, *Catwalk: The Art of Model Style*, Michael Joseph, London, 1985

Jones, Lesley-Ann, *Naomi: The Rise and Rise of the Girl from Nowhere*, Vermilion, London, 1993

Keenan, Brigid, *The Women We Wanted to Look Like*, Macmillan, London, 1977

Kenore, Carolyn, *Mannequin: My Life as a Model*, Bartholomew, New York, 1969

Keysin, Odette, *Presidente Lucky, Mannequin de Paris*, Librairie Artheme Fayard, Paris, 1961

Liaut, Jean-Noël, *Modèles et mannequins 1945–1965*, Filipacchi, Paris, 1994

Marshall, Cherry, *Fashion Modelling as a Career*, Arthur Barker, London, 1957

_____, *The Catwalk*, Hutchinson, London, 1978

Menkes, Suzy, *How to Be a Model*, Sphere Books, London, 1969

Moncur, Susan, *They Still Shoot Models My Age*, Serpent's Tail, London, 1991

Mounia and D. Dubois-Jallais, *Princesse Mounia*, Editions Robert Laffont, Paris, 1987

Praline, *Mannequin de Paris*, Editions de Seuil, Paris, 1951

Schoeller, Guy, *Bettina*, Thames & Hudson, London; Universe Publishing, New York, 1997

Shrimpton, Jean, *The Truth about Modelling*, W.H. Allen, London, 1964

_____, *An Autobiography*, Ebury Press, London, 1990

Sims, Naomi, *How to Be a Top Model*, Doubleday, New York, 1989

Thurlow, Valerie, *Model in Paris*, Robert Hale, London, 1975

Twiggy, *Twiggy: An Autobiography*, Hart-Davis MacGibbon, London, 1975

Wayne, George, *Male Supermodels: The Men of Boss Models*, Thames & Hudson, London; Boss Models Inc., New York, 1996

남성복

Amies, Hardy, *An ABC of Men's Fashion*, Newnes, London, 1964

Bennett-England, Rodney, *Dress Optional*, Peter Owen, London, 1967

Binder, Pearl, *The Peacock's Tail*, Harrap, London, 1958

Brockhurst, H.E. *et al.*, *British Factory Production of Men's Clothes*, George Reynolds, London, 1950

Buzzaccarini, Bittoria de, *Men's Coats*, Zanfi Editori, Modena, 1994

Byrde, Penelope, *The Male Image: Men's Fashion in Britain, 1300-1970*, B.T. Batsford, London, 1979

Chenoune, Farid, *A History of Men's Fashion*, Editions Flammarion, Paris, 1996

Cohn, Nik, *Today There Are No Gentlemen*, Weidenfeld & Nicolson, London, 1971

Constantino, Maria, *Men's Fashion in the Twentieth Century*, B.T. Batsford, London, 1997

Corbin. H., *The Men's Clothing Industry: Colonial through Modern Times*, Fairchild Publications, New York, 1970

De Marly, Diane, *Fashion for Men: An Illustrated History*, B.T. Batsford, London, 1985

Edwards, Tim, *Men in the Mirror*, Cassell, London, 1997

Farren, Mick, *The Black Leather Jacket*, Plexus Publishing, London, 1985

Giorgetti, Cristina, *Brioni: Fifty Years of Style*, Octavo, Florence, 1995

McDowell, Colin, *The Man of Fashion: Peacock Males and Perfect Gentlemen*, Thames & Hudson, London and New York, 1997

Martin, Richard and Harold Koda, *Jocks and Nerds: Men's Style in the Twentieth Century*, Rizzoli, New York, 1989

Peacock, John, *Men's Fashion: The Complete Sourcebook*, Thames & Hudson, London and New York, 1996

Ritchie, Berry, *A Touch of Class: The Story of Austin Reed*, James & James, London, 1990

Schoeffler, O. and Gale William, *Esquire's Encyclopaedia of 20th Century Men's Fashions*, McGraw-Hill, New York, 1973

Taylor, John, *It's a Small, Medium, Outsize World*, Hugh Evelyn, London, 1966

Wainwright, David, *The British Tradition: Simpson-A World of Style*, Quiller Press, London, 1996

Walker, Richard, *The Savile Row Story: An Illustrated History*, Prion, London, 1988

스트리트 · 팝 · 하위문화 스타일

Barnes, Richard, *Mods*, Eel Pie Publishing, London, 1979

Cohen, S., *Folk Devils and Moral Panics: The Creation of the Mods and Rockers*, MacGibbon & Kee, London, 1972

Dingwall, Cathie and Amy de la Haye, *Surfers, Soulies, Skinheads and Skaters*, Victoria and Albert Museum Publications, London, 1996

Hall, Stuart and Tony Jefferson, *Resistance through Rituals*, Routledge, London, 1990

Hebdige, Dick, *Subculture: The Meaning of Style*, Methuen, London, 1979

Hennessy, Val, *In the Gutter*, Quartet Books, London, 1978

Kingswell, Tamson, *Red or Dead: The Good, the Bad and the Ugly*, Thames & Hudson, London; Watson-Guptill, New York, 1998

Knight, Nick, *Skinhead*, Omnibus Press, London and New York, 1982

McDermott, Catherine, *Street Style*, Design Council, London, 1987

Polhemus, Ted, *Street Style*, Thames & Hudson, London and New York, 1994

_____, *Style Surfing: What to Wear in the Third Millennium*, Thames & Hudson, London and New York, 1996

_____, *Diesel: World Wide Wear*, Thames & Hudson, London; Watson-Guptill, New York, 1998

_____, and Lynn Proctor, *Pop Styles*, Hutchinson, London, 1984

Savage, Jon, *England's Dreaming: Sex Pistols and Punk Rock*, Faber and Faber, London, 1991

Stuart, Johnny, *Rockers*, Plexus Publishing, London, 1987

스포츠웨어

Colmer, M., *Bathing Beauties: The Amazing History of Female Swimwear*, Sphere Books, London, 1977

Fashion Institute of Technology, *All American: A Sportswear Tradition*, 전시회 카탈로그, New York, 1985

Lee-Potter, Charlie, *Sportswear in Vogue since 1910*, Thames & Hudson, London; Abbeville Press, New York, 1984

Probert, Christina, *Swimwear in Vogue since 1910*, Thames & Hudson, London; Abbeville Press, New York, 1981

Silmon, Pedro, *The Bikini*, Virgin Publishing, London, 1986

Tinling, Teddy, *White Ladies*, Stanley Paul, London, 1963

_____, *Sixty Years in Tennis*, Sidgwick and Jackson, London, 1983

왕실 의상

Blanchard, T. and T. Graham, *Dressing Diana*, Weidenfeld & Nicolson, London, 1998

Christies, *Dresses from the Collection of Diana, Princess of Wales*, 경매 카탈로그, New York, June 1997

Edwards, A. and Robb, *The Queen's Clothes*, Rainbird Publishing Group, London, 1977

Hartnell, Norman, *Royal Courts of Fashion*, Cassell, London and New York, 1971

Howell, Georgina, *Diana: Her Life in Fashion*, Pavilion Books, London,

1998

McDowell, Colin, *A Hundred Years of Royal Style*, Muller, Blond & White, London, 1985

Menkes, Suzy, *The Royal Jewels*, Graftan, London, 1986

_____, *The Winsor Style*, Grafton, London, 1987

Owen, J., *Diana Princess of Wales: The Book of Fashion*, Colour Library Books, Guildford, Surrey, 1983

속옷

Carter, Alison, *Underwear: The Fashion History*, B.T. Batsford, London, 1992

Cunnington, C. Willet and Phyllis, *The History of Underclothes*, Michael Joseph, London, 1951

Ewing, Elizabeth, *Dress and Undress: A History of Women's Underwear*, B.T. Batsford, London; Drama Books Specialists, New York, 1978

Koike, Kazuko et al., *The Underwear Story*, New York Fashion Institute of Technology and the Costume Institute, Tokyo, 전시회 카탈로그, New York and Tokyo, 1982

Martin, Richard and Harold Koda, *Infra Apparel*, Metropolitan Museum of Art, New York, 1993

Morel, Juliette, *Lingerie Parisienne*, Academy Editions, London, 1976

Musée de la Mode et du Costume de la Ville de Paris, Palais Galliéra, *Secrets d'élégance 1750–1950*, 전시회 카탈로그, Paris, 1978

Page, C., Foundations of Fashion: The Symington Collection, Leicestershire Museum, Leicestershire, 1981

Probert, Christina, *Lingerie in Vogue since 1910*, Thames & Hudson, London; Abberville Press, New York, 1981

Saint-Laurent, Cecil, *The History of Ladies' Underwear*, Michael Joseph, London, 1968

Waugh, Nora, *Corsets and Crinolines*, B.T. Batsford, London, 1954

액세서리

Amphlett, H., *Hats*, Richard Sadler, London, 1974

Baynes, Ken and Kate, *The Shoe Show:*

British Shoes since 1790, The Crafts Council, London, 1979

Centre Sigma Laine, *Souliers par Roger Vivier*, 전시회 카탈로그, Bordeaux, 1980

Chaille, François, *The Book of Ties*, Editions Flammarion, Paris, 1994

Clark, Fiona, *Hats*, B.T. Batsford, London, 1982

Corson, R., *Fashions in Eyeglasses from the 14th Century to the Present Day*, Peter Owen, London, 1967

Cumming, Valerie, *Gloves*, B.T. Batsford, London, 1982

Daché, Lilly, *Talking through My Hats*, John Gifford, London, 1946

Doe, Tamasin, *Patrick Cox: Wit, Irony and Footwear*, Thames & Hudson, London; Watson-Guptill, New York, 1998

Double, W.C., *Design and Construction of Handbags*, Oxford University Press, London, 1960

Doughty, Robin, *Feather Fashions and Bird Preservation*, University of California Press, Berkeley, Calif., 1975

Eckstein, E. and J. Firkins, *Hat Pins*, Shire Album 286, Shire Publications, Princes Risborough, Bucks, 1992

Epstein, Diana, *Buttons*, Studio Vista, London, 1968

Farrell, Jeremy, *Umbrellas and Parasols*, B.T. Batsford, London, 1986

_____, *Socks and Stockings*, B.T. Batsford, London, 1992

Ferragamo, Salvatore, *Shoemaker of Dreams: The Autobiography of Salvatore Ferragamo*, Harrap, London, 1957

Foster, Vanda, *Bags and Purses*, B.T. Batsford, London, 1982

Friedel, Robert, *Zipper: An Exploration in Novelty*, W.W. Norton & Co., New York, 1994

Ginsburg, Madeleine, *The Hat: Trends and Traditions*, Studio Editions, London, 1990

Gordon, John and Alice Hiller, *The T-shirt Book*, Ebury Press, London, 1988

Grass, Milton E., *History of Hosiery*, Fairchild Publications, New York, 1955

Houart, Victor, *Buttons: A Collector's Guide*, Souvenir Press, London, 1977

Luscomb, S.C., *The Collector's Encyclopaedia of Buttons*, Crown, New York, 1968

McDowell, Colin, *Hats: Status, Style and Glamour*, Thames & Hudson, London and New York, 1997

Mazza, Samuel, *Scarparentola*, Idea Books, Milan, 1993

Mercié, Marie, *Voyages autour d'un chapeau*, Editions Ramsay/de Cortanze, 1990

Peacock, Primrose, *Buttons for the Collector*, David and Charles, Newton Abbott, Devon, 1972

Probert, Christina, *Hats in Vogue since 1910*, Thames & Hudson, London; Abbeville Press, New York, 1981

_____, *Shoes in Vogue since 1910*, Thames & Hudson, London; Abbeville Press, New York, 1981

Provoyeur, Pierre, *Roger Vivier*, Editions du Regard, Paris, 1991

Ricci, Stefania et al., *Salvatore Ferragamo: The Art of the Shoe 1898–1960*, Rizzoli, New York, 1992

Richter, Madame Eve, *ABC of Millinery*, Skeffington and Son, London, 1950

Smith, A.L. and K. Kent, *The Complete Button Book*, Doubleday, New York, 1949

Solomon, Michael, *Chic Simple: Spectacles*, Thames & Hudson, London; Alfred A. Knopf, New York, 1994

Swann, June, *Shoes*, B.T. Batsford, London, 1982

Thaarup, Aage, *Heads and Tales*, Cassell, London, 1956

_____ and D. Shackell, *How to Make a Hat*, Cassell, London, 1957

Trasko, Mary, *Heavenly Soles*, Abbeville Press, New York, 1989

Wilcox, Claire, *A Century of Style: Bags*, Quarto, London, 1998

Wilcox, R. Turner, *The Mode in Hats and Headdresses*, Charles Scribner's Sons, New York and London, 1959

Wilson, Eunice, *A History of Shoe Fashions*, Pitman, New York, 1969

Yusuf, Nilgin, *Georgina von Etzdorf: Sensuality, Art and Fabric*, Thames & Hudson, London; Watson-Guptill, New York, 1998

헤어스타일과 화장품

Angelouglou, M., *A History of Make-up*, Studio Vista, London, 1970

Antoine, *Antoine by Antoine*, W.H. Allen, London, 1946

Banner, L.W., *American Beauty*, Alfred A. Knopf, New York, 1983

Castelbajac, Kate de, *The Face of the Century: 100 Years of Make-up and Style*, Thames & Hudson, London and New York, 1995

Chorlton, Penny, *Cover-up: Taking the Lid off the Cosmetics Industry*, Grapevine, Wellingborough, Northants, 1988

Cooper, Wendy, *Hair*, Aldus Editorial, Mexico, 1971

Corson, R., *Fashions in Hair*, Peter Owen, London, 1965

____, *Fashions in Make-up from Ancient to Modern Times*, Peter Owen, London, 1972

Cox, J. Stevens, *An Illustrated Dictionary of Hairdressing and Wig-making*, Hairdressers Technical Council, London, 1966

Garland, Madge, *The Changing Face of Beauty*, Weidenfeld & Nicolson, London, 1957

Ginsberg, Sreve, *Reeking Havoc*, Warner Books, New York, 1989

Graves, Charles, *Devotion to Beauty: The Antoine Story*, Jarrolds Publishing, London, 1962

Lewis, A.A and C. Woodworth, *Miss Elizabeth Arden: An Unretouched Portrait*, W.H. Allen, London, 1973

Linter, Sandy, *Disco Beauty*, Angus and Robertson, London, 1979

MacLaughlin, Terence, *The Gilded Lily*, Cassell, London, 1972

Michael, Liz and Rachel Urquhart, *Chic Simple: Women's Face*, Thames & Hudson, London; Alfred A. Knopf, New York, 1997

Perutz, K., *Beyond the Looking Glass: Life in the Beauty Culture*, Hodder & Stoughton, London, 1970

Price, Joan and Pat Booth, *Making Faces*, Michael Joseph, London, 1980

Raymond, *The Outrageous Autobiography of Mr Teasie-Weasie*, Wyndham, London, 1976

Robinson, Julian, *Body Packaging*, Watermark Press, Sydney, N.S.W., 1988

Rubinstein, Helena, *The Art of Feminine Beauty*, Victor Gollancz, London, 1930

____, *My Life for Beauty*, Bodley Head, London, 1964

Sassoon, Vidal, *Sorry I Kept You Waiting Madam*, Cassell, London, 1968

Scavullo, Francesco, *Scavullo on Beauty*, Random House, New York, 1976

Wolf, Naomi, *The Beauty Myth*, Chatto & Windus, London, 1990

패턴

Arnold, Janet, *Patterns of Fashion 2, c. 1860-1940*, Macmillan, London, 1977

Hunnisett, Jean, *Period Costume for Stage and Screen: Patterns for Women's Dress 1800-1909*, Players Press, Studio City, Calif., 1991

Kidd, Mary, T., *Stage Costume*, A. & C. Black, London, 1996

Shaeffer, Clare B., *Couture Sewing Techniques*, Taunton Press, Newton, Conn., 1993

Waugh, Norah, *The Cut of Women's Clothes 1600-1930*, Faber and Faber, London, 1968

도판 출처

스케치와 사진을 제공해주신 모든
디자이너와 회사에 감사드립니다.
James Abbe: 16; © ADAGP, Paris and
DACS, London 1999: 61, 62, 63, 64;
The Advertising Archives: 84, 100, 101,
162; AKG, London: 115, 116; Hardy
Amies 제공: 152; Giorgio Armani 제공:
249, 250, 265(사진 © Peter Lindbergh);
Peter Ascher 제공: 181; Laura Ashley
제공: 225; Barnabys Picture Library: 60,
113; 개인소장/Christie's Images/
Bridgeman Art Library, London/New York.
© Salvador Dali-Foundation
Gala-Salvador Dali/DACS 1999: 106;
Brooklyn Museum of Art 사진 제공: 2;
Camera Press: 201(사진 Hans de Boer),
229(U. Steiger/SHE), 237, 238, 239(사진
Glenn Harvey); Pierre Cardin 제공: 179,
185, 207; Centre de Documentation de la
Mode et du Textile, Paris: 68, 70; Fonds
Chanel 제공, 사진 © Karl Largerfeld: 246;
Christie's Images: 111; © Condé Nast/
Vogue: 105, 114; Corbis: 121(Hulton
Getty), 124(Hulton Getty), 129(Genevieve
Naylor), 130(Hulton Getty), 131(Hulton
Getty), 132, 133(UPI/Bettmann), 220(UPI/
Bettmann), 263, 264(Vittoriano Rastelli);
개인소장. © DACS 1999: 30; Pamela
Diamond: 79; Discovery Museum,
Newcastle upon Tyne(Tyne & Wear
Museums): 224; E.T. Archive: 12, 94,
95; Ferragamo 제공: 96, 97; Chantal
Fribourg, Paris: 164; Gazette du bon ton:
28, 29, 57, 69; Jean-Paul Gaultier 제공:
257; Rudi Gernreich 제공: 197; Ronald
Grant Archive: 65, 161, 204; Shirin Guild
제공: 262(사진 Robin Guild); Lulu Guinness
제공: 276; Halston 제공: 216; Harper's
Bazaar: 81, 103(사진 © George
Hoyningen-Huene); Hulton Getty: 3, 10,
23, 24, 38, 51, 55, 66, 71, 75, 76, 78,
80, 85, 86, 88, 93, 99, 117, 136, 151,
160, 165, 186, 187, 188, 189, 190, 191,
194, 198, 199, 200, 210, 218, 219, 221;
i-D 잡지, 230(사진 © Barry Lategan); The
Trustees of the Imperial War Museum,
London: 54, 123; Betsey Johnson 제공:
193; Norma Kamali 제공: 256; Kenzo
제공: 209; Calvin Klein 제공: 253; 사진 ©
Nick Knight: 241; Kobal Collection: 174;

Krizia: 214(사진 Alfa Castaldi); Christian
Lacroix 제공: 247(사진 © Jean-François
Gâté); Ralph Lauren 제공: 254; Library of
Congress, Washington DC: 21, 39;
London Features International: 184; Mary
McFadden 제공: 217; 사진 © Niall
McInerney: 226, 231, 232, 233, 234,
235, 236, 240, 242, 243, 244, 245, 248,
255, 258, 259, 260, 261, 266, 267, 268,
269, 270, 271, 273, 274, 275, 277, 279,
280; Magnum/사진 © Robert Capa: 139;
Maryhill Museum of Art: 137, 138; ©
Association Willy Maywald/© ADAGP,
Paris and DACS, London 1999: 135,
140, 141, 142, 143, 144, 145, 146, 148,
153, 166, 167, 168, 177, 178; Lee Miller
Archives: 114, 134; Missoni/Gai Pearl
Marshall 제공: 211, 212, 252; Moschino/
Gai Pearl Marshall 제공: 228; Museum of
London: 20; National Portrait Gallery,
London 제공: 15; Copyright SYLVIE
NISSEN Galleries
http://www.rene-gruau.com: 104;
Collection Edouard Pecourt: 37; Pictorial
Press: 98; 개인 소장: 1, 4, 5, 6, 7, 8, 9,
11, 13, 14, 17, 18, 19, 22, 25, 26, 34,
35, 36, 40, 41, 42, 43, 44, 45, 46, 48,
49, 50, 52, 56, 59, 74, 77, 82, 83, 87,
89, 90, 91, 92, 108, 110, 118, 119, 120,
125, 126, 127, 128, 149, 150, 158;
Popperfoto: 183; Emilio Pucci: 182;
Rapho: 147(사진 © Robert Doisneau);
Zandra Rhodes, UK: 222, 227(사진 Clive
Arrowsmith); Clements Ribeiro 제공:
278(사진 Tim Griffiths); Royal Photographic
Society: 72(사진 © Hoyningen-Huene);
Sonia Rykiel 제공: 206, 208; Yves Saint
Laurant: 169, 170, 171, 172, 202(사진 ©
Helmut Newton), 203, 205; Seeberger
Archive, Bibliothèque Nationale, Paris: 31,
47, 67, 102; Sotheby's, Cecil beaton
Archive 제공: 2, 3, 107; Gianni Versace:
251; Valentino 제공: 213; Victoria & Albert
Museum: 27, 32, 33, 73, 109, 112, 122,
155, 173, 175 & 176(사진 © John French)
192; Roger Vivier 제공: 195, 196; Yuki
제공: 223

감사의 말

지원해주시고 자료를 제공해주신 많은
분들께 감사드립니다. 특히 Lou Taylor 교수,
Marie-Andrée Jouve, Elizabeth Ann
Coleman, Timothy d'Arch Smith, Ernest
and Diane Connell, Faith Evans, John
Stokes 교수, Susan North, Jane Mulvagh,
Avril Hart, Sarah Woodcock, David
Wright, Michael Neal, Lucy Pratt, Bruno
Remaury 교수, Claire Wilcox, Debbie
Sinfield께 감사드립니다. 아울러 친절하게
자료와 사진을 제공해주신 디자이너와 홍보
담당자, 의상 소장자들께도 감사드립니다.

찾아보기

이탤릭으로 된 숫자는 도판번호이며,
*는 찾아보기 항목의 표시이다.

옮긴이의 말

시즌마다 발표되는 세계 유명 디자이너의 컬렉션에는 한 시대를 풍미했던 패션 스타일이나 패션 아이콘을 부활시킨 레트로 룩이 등장한다. 과거의 패션은 부분적으로 차용되어 현대적인 신소재나 디테일, 혹은 에스닉한 요소들과 결합되거나 여러 시대의 스타일이 혼합된 절충적인 스타일로 만들어진다. 오래 전부터 과거의 복식은 디자이너들에게 새로운 스타일 창조를 위한 영감을 제공해왔지만 최근 문화 전반에 일고 있는 복고 열풍과 함께 비교적 가까운 과거라 할 수 있는 지난 100년간의 패션이 가장 매혹적이고 훌륭한 스타일의 원천으로 부상하고 있다.

20세기 초의 아르누보 스타일, 1920년대의 플래퍼 룩, 1940년대의 밀리터리 룩, 1950년대의 뉴 룩, 1960년대의 히피 스타일, 1970년대의 디스코 룩 등은 일반인들에게도 낯설지 않을 것이다. 특히 요즘 1960년대, 1970년대, 그리고 1980년대 스타일이 자주 화두로 떠오르고 있는 것은 우리가 기억할 수 있거나 어렴풋이 느낄 수 있는 가깝고도 친숙한 과거이기 때문이 아닌가 생각한다.

20세기에는 끊임없이 패션 컬렉션이 등장하고 매스컴의 뉴스를 장식하면서 모든 이들이 패션에 관심을 가지게 되었다. 해외의 유명 미술관들이 20세기 패션 스타일에 관한 전시회를 개최하게 되었으며, 1990년대부터는 20세기 패션의 역사를 다룬 책이 쏟아져 나왔다. 우리나라 역시 각 대학 의상 관련 학과들이 한층 더 중요해진 현대 패션 역사에 관한 강좌를 개설하기 시작했다. 하지만 20세기 패션의 역사를 정리하고 평가하는 작업이 해외에서 활발히 진행되고 있는 반면 패션에 대한 관심이 어느 나라보다 높다는 우리나라에서는 정작 체계적으로 정리된 자료를 구하기 힘든 것이 현실이다. 지난 몇 년간 현대 패션사를 강의하면서 우리말 교재의 필요성을 절실히 느껴 그동안 교재로 사용해오던 밸러리 멘데스(Valerie Mendes)와 에이미 드 라 헤이(Amy de la Haye)가 쓴 『20th Century Fashion』의 번역을 결심하게 되었다.

『20th Century Fashion』은 1900년대 초의 아르누보 스타일에서 1990년대 말 스트리트 패션까지 빠르게 변화한 지난 100년간 서구 패션의 역사를 간략하면서도 포괄적으로 살펴보는 개설서다. 각 시대마다 유행했던 대표적인 스타일과 영향력 있고 창의적인 디자이너, 하위문화 그룹의 독특한 의상은 물론 신소재의 개발, 액세서리, 화장, 헤어스타일의 변화뿐만 아니라 패션 산업의 발달까지 20세기 패션 전반을 폭넓게 다룬다.

특히 20세기 패션의 변화를 편의에 따라 10년 단위로 나누기보다는 주요 스타일의 변화와 세계적인 사건에 따라 각 장을 구분해 서술하는 방식을 택하고 있다. 이러한 구분은 스타일의 변화를 사회적, 경제적, 정치적, 문화적인 맥락 안에서 이해하도록 하며 20세기 패션의 흐름을 한눈에 파악할 수 있게 해준다. 더불어 다양하고 적절하게 선정된 도판과, 본문 내용을 보충할 뿐만 아니라 의상 디자인에 대한 이해를 돕는 자세한 도판설명도 장점으로 꼽을 수 있다. 주제별로 구분해서 제시한 방대한 참고문헌은 더욱 깊이 연구하고자 하는 대학원생들에게 도움이 되리라 생각한다.

이 책이 새로운 스타일을 창조해 나가는 디자이너와 패션을 공부하는 학생들에게 도움이 되길 바라며 패션에 관심이 많은 일반인들에게도 널리 읽혀졌으면 한다. 책으로 출판하기까지 도움을 주신 여러분들께, 그리고 오랜 기간 꼼꼼하게 교정을 보느라 수고해주신 한국미술연구소의 김선정 씨에게 감사드린다.